全国高等职业教育"十三五"规划教材

8051 单片机原理及应用

主 编 王 彪 武漫漫

参 编 万 弢 房金雅 黄 河

机械工业出版社

本书以国内广泛使用的 51 系列单片机中的 8051 为例，系统地介绍了单片机的工作原理及应用技术。主要内容包括单片机系统基本知识、8051 单片机的基本结构、开发软件使用、8051 单片机的指令系统、汇编语言程序设计、8051 单片机的中断系统、8051 单片机的定时/计数器、8051 单片机的串行接口、LED 数码管显示与键盘、秒表与数字钟的设计、温度湿度测量仪的设计，并介绍了如何利用 WAVE6000 和 Proteus 进行单片机系统仿真。

本书根据职业教育的要求和学生的特点，本着理论够用的原则，突出实用性、操作性，在编排上由浅入深、循序渐进、图文并茂，旨在使学生熟悉单片机基本开发环境，掌握单片机应用系统开发技术。

本书可作为应用型本科及高职高专院校的电子信息类、自动化类专业的教材，也可作为单片机爱好者和工程技术人员的参考用书。

本书配有授课电子课件，相关例题、实例的源代码、Proteus 仿真电路原理图及习题参考答案，可以登录 www. cmpedu. com 免费注册、审核通过后下载，或联系编辑索取（QQ：1239258369，电话：010-88379739）。

图书在版编目（CIP）数据

8051 单片机原理及应用/王彪，武漫漫主编.—北京：机械工业出版社，2018.7

全国高等职业教育"十三五"规划教材

ISBN 978-7-111-60504-1

Ⅰ.①8… Ⅱ.①王… ②武… Ⅲ.①单片微型计算机-高等职业教育-教材 Ⅳ.①TP368.1

中国版本图书馆 CIP 数据核字（2018）第 161829 号

机械工业出版社（北京市百万庄大街 22 号　邮政编码 100037）
策划编辑：王　颖　责任编辑：鹿　征
责任校对：肖　琳　责任印制：张　博
三河市宏达印刷有限公司印刷
2018 年 9 月第 1 版第 1 次印刷
184mm×260mm · 16 印张 · 390 千字
0001—3000 册
标准书号：ISBN 978-7-111-60504-1
定价：49.00 元

全国高等职业教育规划教材
电子类专业编委会成员名单

出 版 说 明

《国务院关于加快发展现代职业教育的决定》指出：到 2020 年，形成适应发展需求、产教深度融合、中职高职衔接、职业教育与普通教育相互沟通，体现终身教育理念，具有中国特色、世界水平的现代职业教育体系，推进人才培养模式创新，坚持校企合作、工学结合，强化教学、学习、实训相融合的教育教学活动，推行项目教学、案例教学、工作过程导向教学等教学模式，引导社会力量参与教学过程，共同开发课程和教材等教育资源。机械工业出版社组织全国 60 余所职业院校（其中大部分是示范性院校和骨干院校）的骨干教师共同策划、编写并出版的"全国高等职业教育规划教材"系列丛书，已历经十余年的积淀和发展，今后将更加紧密结合国家职业教育文件精神，致力于建设符合现代职业教育教学需求的教材体系，打造充分适应现代职业教育教学模式的、体现工学结合特点的新型精品化教材。

"全国高等职业教育规划教材"涵盖计算机、电子和机电 3 个专业，目前在销教材 300 余种，其中"十五""十一五""十二五"累计获奖教材 60 余种，更有 4 种获得国家级精品教材。该系列教材依托于高职高专计算机、电子和机电 3 个专业编委会，充分体现职业院校教学改革和课程改革的需要，其内容和质量颇受授课教师的认可。

在系列教材策划和编写的过程中，主编院校通过编委会平台充分调研相关院校的专业课程体系，认真讨论课程教学大纲，积极听取相关专家意见，并融合教学中的实践经验，吸收职业教育改革成果，寻求企业合作，针对不同的课程性质采取差异化的编写策略。其中，核心基础课程的教材在保持扎实的理论基础的同时，增加实训和习题以及相关的多媒体配套资源；实践性较强的课程则强调理论与实训紧密结合，采用理实一体的编写模式；涉及实用技术的课程则在教材中引入了最新的知识、技术、工艺和方法，同时重视企业参与，吸纳来自企业的真实案例。此外，根据实际教学的需要对部分课程进行了整合和优化。

归纳起来，本系列教材具有以下特点。

1）围绕培养学生的职业技能这条主线来设计教材的结构、内容和形式。

2）合理安排基础知识和实践知识的比例。基础知识以"必需、够用"为度，强调专业技术应用能力的训练，适当增加实训环节。

3）符合高职学生的学习特点和认知规律。对基本理论和方法的论述容易理解、清晰简洁，多用图表来表达信息；增加相关技术在生产中的应用实例，引导学生主动学习。

4）教材内容紧随技术和经济的发展而更新，及时将新知识、新技术、新工艺和新案例等引入教材。同时注重吸收最新的教学理念，并积极支持新专业的教材建设。

5）注重立体化教材建设。通过主教材、电子教案、配套素材光盘、实训指导和习题及解答等教学资源的有机结合，提高教学服务水平，为高素质技能型人才的培养创造良好的条件。

由于我国高等职业教育改革和发展的速度很快，加之我们的水平和经验有限，因此在教材的编写和出版过程中难免出现问题和疏漏。恳请使用这套教材的师生及时向我们反馈质量信息，以利于我们今后不断提高教材的出版质量，为广大师生提供更多、更适用的教材。

机械工业出版社

前　言

单片机作为嵌入式微控制器，在工业控制、家用电器、智能仪表、汽车、通信设备、医疗器械、办公设备等众多领域得到了广泛的应用。各高等院校的电子信息类、自动化类等专业的学生在课程设计、毕业设计、科研项目中会广泛应用到单片机知识，并且在今后工作中也会密切接触到与单片机有关的工程项目。虽然单片机的种类很多，但由于8051单片机具有高性价比、资料多、开发装置多而且成熟、芯片功能够用适用等特点，因此8051单片机仍是单片机入门学习的首选机型。

本书以8051单片机为例，系统地介绍了单片机的工作原理及应用技术。在内容选取上淡化原理、注重实践、软硬结合、虚拟仿真，沿用传统单片机学习与开发经验，又结合目前流行的单片机软、硬件仿真软件Proteus，进行实物装置的虚拟仿真学习与训练，能帮助初学者提高学习兴趣和效率。本书注重单片机实用技术学习与训练，有利于培养读者分析和解决实际应用项目问题的能力，重点突出读者实践动手能力的提升。

本书在内容编排上，前8章为8051单片机的基本知识讲解，采用传统知识体系结构安排章节内容，符合人们对事物的认知规律；借鉴了项目式教学任务驱动的优点，采用趣味实例、小制作对知识点进行讲解，提高学习兴趣；采用Proteus进行软件仿真，直观地展示抽象的知识，提高学习效率。后3章为应用实例，所选内容均为单片机在日常生活中的应用，通过完成实例的制作，读者可提高解决实际问题和动手的能力，并且能获得学习的成就感，可以更好地促进对单片机的深入学习。

本书可作为应用型本科及高职高专院校的电子信息类、自动化类专业的教材，也可作为单片机爱好者和工程技术人员的参考用书。

本书配有授课电子课件、相关例题、实例的源代码、Proteus仿真电路原理图及习题参考答案，可以登录www.cmpedu.com免费注册、审核通过后下载，或联系编辑索取（QQ：1239258369，电话：010-88379739）。

本书由河南职业技术学院王彪、武漫漫任主编。其中，第1～5章、第11章、附录由河南职业技术学院王彪编写；第6、7章由河南职业技术学院武漫漫编写；第8章由温州市苍南县龙港第二职业学校房金雅编写；第9章由新乡职业技术学院黄河编写；第10章由河南职业技术学院万弢编写。

本书在编写过程中，参考了大量的著作、教材和文献资料，在此一并向有关作者、编者表示真诚的感谢。

由于作者水平有限，书中不妥或错误之处，敬请读者批评指正。

编　者

目　录

第1章 单片机系统基本知识

1.1 认识单片机

1.1.1 单片机的概念

1. 电子数字计算机的问世

1946 年 2 月 14 日，第一台电子数字计算机 ENIAC 诞生于美国宾夕法尼亚大学，并于次日正式对外公布，这标志着计算机时代的到来。ENIAC 是电子管计算机，时钟频率仅有 100kHz，但能在 1s 的时间内完成 5000 次加法运算。与现代的计算机相比，它有许多不足，但它的问世开创了计算机科学技术的新纪元，对人类的生产和生活方式产生了巨大的影响。

电子计算机的发展经历了从电子管、晶体管、集成电路到大（超大）规模集成电路共四个阶段，即通常所说的第一代、第二代、第三代和第四代计算机。现在广泛使用的微型计算机是大规模集成电路技术发展的产物，因此它属于第四代计算机，而单片机则是微型计算机的一个分支。从 1971 年微型计算机问世以来，由于实际应用的需要，微型计算机向着两个方向发展：一个是高速度、大容量、高性能的高档微机（PC、笔记本等）方向发展；而另一个则是向稳定可靠、体积小和价格低廉的单片机方向发展。但两者在原理和技术上是紧密联系的。

2. 电子数字计算机的经典结构

匈牙利籍数学家冯·诺依曼在数字计算机方案的设计上做出了重要的贡献。1946 年 6 月，他提出了"程序存储"和"二进制运算"的思想，进一步构建了数字计算机由运算器、控制器、存储器、输入设备和输出设备组成这一计算机的经典结构，如图 1-1 所示。

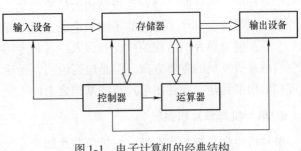

图 1-1 电子计算机的经典结构

3. 什么是单片机

一台能够工作的计算机要有这样几个部分：CPU（Central Processing Unit，中央处理单元：进行运算、控制）、RAM（Random Access Memory，随机存储器：数据存储）、ROM（Read Only Memory，只读存储器：程序存储）、输入/输出设备（串行口、并行口等）。在个人计算机上这些部分被分成若干块芯片或者插卡，安装在一个称为主板的印制电路板上。而在单片机中，这些部分全部被做到一块集成电路芯片中，形成芯片级的微型计算机，称为单片微型计算机（Single Chip Microcomputer），简称单片机。

单片机自从问世以来，就在控制领域得到广泛应用，特别是近年来，许多功能电路都被集成在单片机内部，如 A/D、D/A、PWM、WDT、I^2C 总线接口等，极大提高了单片机的测量和控制能力，现在所说的单片机已突破了微型计算机（Microcomputer）的传统内容，更准确的名称应为微控制器 MCU（MicroController Unit）。在国际上，"微控制器"的叫法似乎更通用一些，而在我国则习惯使用"单片机"这一名称，因此本书使用"单片机"一词。

4. 单片机的位数

微软推出的 Windows 7 是 64 位操作系统；而 Windows XP 则是 32 位操作系统；本书用到的 8051 单片机是 8 位的，而有些厂家生产的单片机则是 16 位或 32 位的。那么，这些位数（即 64、32、16、8）代表什么意义呢？

简单地说，这些位数指的是 CPU 能一次处理的数据的最大长度。当然，这里的位是指二进制的位，而非十进制的位。8051 是 8 位的单片机，意味着它如果要处理 16 位数据就需要分两次处理。

5. 通用单片机和专用单片机

根据控制应用的需要，可以将单片机分成为通用型和专用型两种类型。

通用型单片机是一种基本芯片，它的内部资源比较丰富，性能全面且适用性强，能覆盖多种应用需求。用户可以根据需要设计成各种应用的控制系统，即通用单片机有一个再设计的过程，通过用户的进一步设计，才能组建成一个以通用单片机芯片为核心再配以其他外围电路的应用控制系统。本书所介绍的都是通用型单片机的内容。

然而在单片机的控制应用中，有许多时候是专门针对某个特定产品的，例如洗衣机和空调上的单片机等。这种应用的最大特点是针对性强而且数量巨大，为此厂家常与芯片制造商合作，设计和生产专用的单片机芯片。由于专用单片机芯片是针对一种产品或一种控制应用而专门设计的，设计时已经对系统结构的最简单化、软硬件资源利用的最优化、可靠性和成本的最佳化等方面都作了通盘的考虑和论证，所以专用单片机具有十分明显的综合优势。

今后，随着单片机应用的广泛和深入，各种专用单片机芯片将会越来越多，并且必将成为今后单片机发展的重要方向。但是应当说明，无论专用单片机在应用上有多么"专"，其原理和结构都是建立在通用单片机的基础之上的。

6. 单片机与单片机系统

单片机通常是指芯片本身，它是由芯片制造商生产的，在它上面集成的是一些作为基本组成部分的运算器电路、控制器电路、存储器、中断系统、定时器/计数器以及输入/输出接口电路等。但一个单片机芯片并不能把计算机的全部电路都集成到其中，例如组成时钟电路和复位电路的石英晶体、电阻、电容等，这些元器件在单片机系统中只能以散件的形式出现。此外，在实际的控制应用中，常常需要扩展外围电路和外围芯片。从中可以看到单片机和单片机系统的差别，即：单片机只是一个芯片，而单片机系统则是在单片机芯片的基础上扩展其他电路或芯片构成的具有一定应用功能的计算机系统。

通常所说的单片机系统都是为实现某一控制应用需要由用户设计的，是一个围绕单片机芯片而组建的计算机应用系统。在单片机系统中，单片机处于核心地位，是构成单片机系统的硬件和软件基础。

在单片机硬件的学习上，既要学习单片机也要学习单片机系统，即单片机芯片内部的组成和原理，以及单片机系统的组成方法。

7. 单片机系列产品

目前，国内单片机应用呈现百花齐放之势，很多类型的单片机逐渐进入中国，这给我们增加了选择余地。目前有可能接触和使用的单片机主要有以下种类。

1）51 系列。基于 51 内核的单片机依然是最多的，目前国内较常见的有以下几种。

① Philips 公司的 LPC 系列，基于 51 内核的微控制器，每个机器周期只需 6 个时钟周期，比标准 51 快一倍；嵌入了诸如掉电检测、模拟功能以及片内 RC 振荡器等功能，可减少外部元器件的使用；低功耗。该系列芯片适用于大批量、低成本、低功耗的应用，如电子门禁系统、倒车雷达、里程表等。

② SST 公司的 SST89C54、SST89C58，具有在应用中可编程（IAP）功能、在系统可编程（ISP）功能，不占用户资源，串口下载，无需编程器、仿真机，芯片就是仿真机。

③ Cygnal 公司的 C8051F 系列单片机，该系列单片机大部分指令只需一个时钟周期即可完成（89C51 的一条指令最少为 12 个时钟周期），因而该系列单片机的运行速度大大加快。其余改进包括多加了中断源、复位源，带有 JTAG 接口，可在系统编程调试，可实现捕捉、高速输出、PWM 功能等，是 51 系列单片机中的高端产品。

④ ATMEL 公司的 AT89S 系列单片机，该系列单片机是一种低功耗、高性能的 8 位微控制器，具有在线可编程 Flash 程序存储器。使用 ATMEL 公司高密度非易失性存储器技术制造，与标准 8051 产品指令和引脚完全兼容。片上 Flash 程序存储器即能在线编程，也能用常规编程器编程。在单芯片上，拥有灵巧的 8 位 CPU 和在线可编程 Flash 程序存储器，使得 AT89S 系列单片机为众多嵌入式控制应用系统提供高灵活、超有效的解决方案。

2）美国微芯科技股份有限公司的 PIC 系列。它是久负盛名的 RISC 单片机，工艺性能优良、抗干扰能力强、系列品种齐全，其 OTP（一次性可编程）产品大批量用于家电控制等场合，某些内置 Flash ROM 的型号用于工业控制也很合适。

3）ATMEL 公司的 AVR 系列，号称速度最快的 8 位单片机，该系列单片机的特点是片内采用 Flash ROM，可多次擦写，高速度、低功耗，每条指令只需 1 个时钟周期即可执行完毕，具有串行下载功能，高低档品种齐全，便于选择。

4）德州仪器公司出品的 MSP430 系列是一种特低功耗的混合信号微控制器，该系列芯片具有 16 位 RISC 结构，价格低廉，该系列单片机主要用于各种智能仪表、测试测量系统等。

5）ST 意法半导体公司的 STM32 系列是以 ARM Cortex - M3 为内核开发生产的 32 位微控制器（单片机），专为高性能、低成本、低功耗的嵌入式应用专门设计。

6）飞思卡尔（Freescale）半导体公司，就是原来的 Motorola 公司半导体产品部。于2004 年从 Motorola 分离出来，更名为 Freescale。Freescale 系列单片机采用哈佛结构和流水线指令结构，在许多领域内都表现出低成本、高性能的特点，它的体系结构为产品的开发节省了大量时间。此外 Freescale 系列单片机从低端到高端，从 8 位到 32 位全系列应有尽有，并提供了多种集成模块和总线接口，可以在不同的系统中更灵活地发挥作用。

1.1.2　单片机的发展概况

自从 1975 年美国德克萨斯仪器公司（TI 公司）的第一个单片机 TMS - 1000 问世以来，迄今为止，已有 40 多年的历史，单片机技术也已成为计算机技术的一个独特分支，在众多领域，尤其是在智能化仪器仪表、检测和控制系统中有着广泛的应用。

单片机的发展大致可分为四个阶段。

第一阶段：单片机探索阶段。以 Intel 公司 MCS - 48，Motorola 公司 6801 为代表，属低档型 8 位机。其特点是：存储器容量较小、寻址范围小（不大于 4KB）、无串行接口、指令系统功能不强。

第二阶段：单片机完善阶段。以 Intel 公司 MCS - 51，Motorola 公司 68HC05 为代表，属高档型 8 位机。此阶段，8 位单片机体系进一步完善，特别是 MCS - 51 系列单片机在世界和我国得到了广泛的应用，奠定了它在单片机领域的经典地位，形成了事实上的 8 位单片机标准结构。其特点是：结构体系完善、性能已大大提高、面向控制的特点进一步突出。

第三阶段：8 位机和 16 位机争艳阶段，也是单片机向微控制器发展的阶段。此阶段 Intel 公司推出了 16 位的 MCS - 96 系列单片机，世界其他芯片制造商也纷纷推出了性能优异的 16 位单片机，但由于价格不菲，其应用面受到一定限制。相反，MCS - 51 系列单片机由于其性能价格比高，却得到了广泛的应用，并吸引了世界许多知名芯片制造厂商，竞相以 80C51 为内核，扩展部分测控系统中使用的电路技术、接口技术、A/D、D/A 和看门狗等功能部件，推出了许多与 80C51 兼容的 8 位单片机。其特点是：片内面向测控系统的外围电路增强，使单片机可以方便灵活地用于复杂的自动测控系统及设备；强化了微控制器的特征，进一步巩固和发展了 8 位单片机的主流地位。

第四阶段：微控制器全面发展阶段。随着单片机在各个领域全面深入地发展和应用，世界各大电气、半导体厂商普遍投入，出现了高速、大寻址范围、强运算力的 8 位/16 位/32 位通用型单片机以及小型廉价的专用型单片机，百花齐放，全面发展，单片机已进入一个可广泛选择和全面发展的应用时代。其特点是：速度越来越快、功能越来越强、品种越来越多。

1.1.3　单片机的特点

由于单片机是把微型计算机主要部件都集成在一块芯片上，即一块芯片就是一个微型计算机。因此，单片机具有以下特点：

1）有优异的性能价格比。目前国内市场上，有些单片机的价格只有几元人民币，加上少量外围元器件，就能构成一台功能相当丰富的智能化控制装置。

2）集成度高、体积小、可靠性好。单片机把各功能部件集成在一块芯片上，内部采用总线结构，减少了各芯片之间的连线，大大提高了单片机的可靠性与抗干扰能力。而且，由于单片机体积小，所以易于采取电磁屏蔽或密封措施，适合在恶劣环境下工作。

3）控制能力强。单片机指令丰富，能充分满足工业控制的各种要求。

4）低功耗、低电压，便于生产便携式产品。

5）易扩展。可根据需要并行或串行扩展，构成不同应用规模的计算机控制系统。

1.1.4 单片机的应用

单片机的应用极为广泛，已深入到国民经济的各个领域，几乎无处不在，对各行业的技术改造和产品的更新换代起着积极的推动作用。单片机应用的主要领域有：

1) 工业自动化控制。工业自动化控制是最早采用单片机控制的领域之一。如各种测控系统、过程控制、程序控制、机电一体化、PLC、工业机器人等。在化工、建筑、冶金等各种工业领域都要用到单片机控制。利用单片机进行生产过程的实时控制，既可以提高自动化水平、提高控制的准确度、提高产品质量，又可以降低成本、减小劳动强度。

2) 智能化仪表。采用单片机的智能化仪表大大提升了仪表的性能，使之具有数据存储、数据处理、自动测试、自动校准及自动诊断故障的能力，增加了仪器仪表功能，提高了测量精度和测量的可靠性。如用于逻辑分析仪、色谱仪、医疗器械等。

3) 智能化家用电器。各种家用电器普遍采用单片机智能化控制代替传统的电子线路控制，升级换代，提高档次。如高档玩具、洗衣机、空调、电视机、微波炉、电冰箱、电饭煲以及各种视听设备等。

4) 智能化通信产品。最突出的是手机，当然手机内的芯片属专用型单片机。

5) 办公自动化设备。现代办公室中使用的大量通信和办公设备多数嵌入了单片机。如打印机、复印机、传真机、绘图仪、考勤机、电话以及通用计算机中的键盘译码、磁盘驱动等。

6) 商业营销设备。在商业营销系统中已广泛使用的电子秤、收款机、条码阅读器、银行卡刷卡机、出租车计价器以及仓储安全监测系统、商场保安系统、空气调节系统、冷冻保险系统等都采用了单片机控制。

7) 汽车电子产品。汽车仪表、发动机管理系统、自动驾驶系统、ABS 系统、纯电动汽车和混合动力汽车的电源管理系统、可视倒车雷达系统等都离不开单片机。

8) 航空航天系统和国防军事、尖端武器。单片机用于飞机的飞行控制、导弹的制导，能够对目标数据进行计算、分析，并向地面指挥系统传送数据及接收指令，使得目标跟踪更准确。

9) 科学研究。小到实验测控台，大到卫星、运载火箭，单片机都发挥着重要作用。

1.1.5 单片机技术的发展趋势

随着单片机需求的发展，各生产厂家都不断地改善单片机的功能，单片机技术的进步反映在内部结构、功率消耗、外部电压等级以及制造工艺上。这几方面，较为典型地说明了单片机的水平。目前，用户对单片机的需要越来越多，要求也越来越高。下面分别就以下 5 个方面说明单片机技术的进步和发展状况。

1) 内部结构的进步和发展。单片机内部集成的部件越来越多。这些部件包括常用的电路，例如定时器、比较器、A/D 转换器、D/A 转换器、各种通信接口、Watchdog 电路、LCD 控制器等。

有的单片机为了构成控制网络或形成局部网，内部含有局部网络控制模块 CAN。例如，意法半导体（ST）公司的 STM32F1 系列；Infineon 公司的 C505C、C515C、C167CR；飞思卡尔公司的 68HC08AZ 系列等。特别是在单片机 C167CS - 32FM 中，内部集成了 2 个 CAN

控制器。因此，这类单片机十分容易构成网络，在控制系统较为复杂时十分有用。

为了能在变频控制中方便地使用单片机，形成最具经济效益的嵌入式控制系统。有的单片机内部设置了专门用于变频控制的脉宽调制控制电路，这些单片机有 Fujitsu 公司的 MB89850 系列、MB89860 系列；飞思卡尔公司的 MC68HC08 系列 MR16、MR24 等。在这些单片机中的脉宽调制电路有 6 个通道输出，可产生三相脉宽调制交流电压，并且内部含死区控制等功能。

特别引人注目的是，现在有的单片机已采用所谓的三核（TrCore）结构。这是一种建立在系统级芯片（System on a chip）概念上的结构。这种单片机由 3 个核组成：一个是微控制器和数字信号处理器（Digital Signal Processing，DSP）；一个是数据和程序存储器核；最后一个是外围专用集成电路（ASIC）。这类单片机的最大特点在于把 DSP 和微控制器同时集成在一个片上。虽然从结构定义上讲，DSP 是单片机的一种类型，但其作用主要反映在高速计算和特殊处理（如快速傅里叶变换等）上，把它和传统单片机结合，可以大大提高单片机的功能。这是目前单片机最大的进步之一。这种单片机最典型的有 Infineon 公司的 TC10GP，Hitachi 公司的 SH7410、SH7612 等。这些单片机都是高档单片机，微控制器都是 32 位的，而 DSP 采用 16 或 32 位结构，工作频率一般在 60MHz 以上。

2）功耗的进步。现在新的单片机的功耗越来越小，特别是很多单片机都设置了多种工作方式，这些工作方式包括等待、暂停、睡眠、空闲、节电等工作方式。Philips 公司的单片机 P87LPC762 是一个很典型的例子，在空闲时，其功耗为 1.5mA，而在节电方式中，其功耗只有 0.5mA。而在功耗上最令人惊叹的是 TI 公司的 MSP430 系列单片机，它是一个 16 位的单片机系列，有超低功耗工作方式。它的超低功耗方式有 LPM1、LPM3、LPM4 三种：当电源为 3V 时，如果工作于 LMP1 方式，即使外围电路处于活动，由于 CPU 不活动，振荡器处于 1~4MHz，这时功耗只有 50μA；在 LPM3 方式时，振荡器处于 32kHz，这时功耗只有 1.3μA；在 LPM4 方式时，CPU、外围及振荡器都不活动，则功耗只有 0.1μA。

3）电源电压的进步。扩大电源电压范围以及在较低电压条件下仍然能工作是今天单片机发展的目标之一。目前，一般单片机都可以在 3.3~5.5V 的条件下工作。而有一些厂家现已生产出可以在 2.2~6V 的条件下工作的单片机。这些单片机有 Fujitsu 公司的 MB89191~89195、MB89121~125A、MB89130 系列等，而且该公司的 F2MC—8L 系列单片机绝大多数都满足 2.2~6V 的工作电压条件。此外，TI 公司的 MSP430X11X 系列的工作电压也可以低达 2.2V。

4）制造工艺上的进步。现在的单片机基本上采用的是 CMOS 技术，且大多数已经采用了 0.6μm 以上的光刻工艺。有个别的公司，如飞思卡尔公司则已采用 0.35μm 甚至是 0.25μm 光刻工艺技术。这些技术的进步大大地提高了单片机的内部密度和可靠性。

单片机的封装水平也已经大大提高，随着贴片工艺的出现，单片机也大量采用了各种复合贴片工艺的封装方式，以大量减小体积。如 Microchip 公司推出的 8 引脚的单片机，PIC12CXXX 系列，它有 0.5~2KB 程序存储器、25~128B 数据存储器、6 个 I/O 端口以及 1 个定时器，有时还含 4 通道 A/D 转换器，完全可以满足一些低档系统的应用。

5）应用领域的拓展。随着单片机功能和性能的提高，其应用领域不断拓展。目前，把单片机嵌入式设备和 Internet 连接已是一种趋势。Internet 一向是一种采用服务器—客户机模式的技术。要实现嵌入式设备和 Internet 连接，就需要把传统的 Internet 理论和嵌入式设备的实践都颠倒过来。为了使嵌入式设备（例如单片机控制的机床、单片机控制的门锁）能切实可行地和 Internet 连接，就要求专门为嵌入式微控制器设备设计网络服务器，使嵌入式设备可以和 Internet 相连，并通过标准网络浏览器进行远程控制。目前，为了把以单片机为核心的嵌入式设备和 Internet 相连，已有多家公司在进行这方面的研究，并且已经运用于实际。

综上所述，单片机在目前的发展形势下，表现出如下几大趋势：

1）可靠性及应用水平越来越高，和 Internet 连接已是一种明显的趋势。

2）所集成的部件越来越多。

3）功耗越来越低，和模拟电路结合越来越多。

随着半导体工艺技术的发展及系统设计水平的提高，单片机还会不断产生新的变化和进步，最终人们会发现，单片机与微机系统之间的差距会越来越小，甚至难以辨认。

1.2 单片机系统的组成

一个完整的单片机系统由两大部分组成：硬件和软件。硬件是组成单片机系统的物理实体；软件则是使用和管理硬件的程序。

1.2.1 硬件

单片机系统的硬件由单片机芯片和外部设备组成；而单片机芯片则包含微处理器（CPU）、存储器（存放程序指令或数据的 ROM、RAM 等）、输入/输出口（I/O 口）及其他功能部件如定时/计数器、中断系统等。它们通过地址总线（AB）、数据总线（DB）和控制总线（CB）连接起来，如图 1-2 所示。

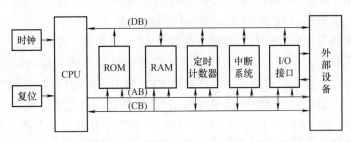

图 1-2　单片机系统的硬件结构框图

1. 微处理器（CPU）

微处理器是单片机的核心。它主要由三部分组成：寄存器阵列、运算器和控制器。

寄存器阵列是微处理器内部的临时存储单元，包括通用寄存器组和专用寄存器。通用寄存器组用来存放数据和地址，减少 CPU 访问存储器的次数，从而提高运行速度。专用寄存器用来存放特定的数据或地址。例如程序计数器 PC、堆栈指针 SP、地址锁存器、地址缓冲器等。其中程序计数器 PC，专门用于存放现行指令的 16 位地址。CPU 就是根据 PC 中的地址到 ROM 中去读取程序指令。每当取出现行指令 1 个字节后，PC 就自动加 1，PC + 1→PC，当遇到转移指令或子程序时，PC 内容会被指定的地址取代，实现程序转移。

运算器用来完成算术运算和逻辑运算操作，是处理信息的主要部件。运算器主要由累加器 A、暂存寄存器 TMP、标志寄存器 F、算术逻辑单元 ALU 等组成。累加器 A 用来存放参与算术运算和逻辑运算的一个操作数和运算结果。暂存寄存器 TMP 用来存放参与算术运算和逻辑运算的另一个操作数。标志寄存器 F 用来保存 ALU 操作结果的条件标志，如进位标志、奇偶标志等。算术逻辑单元 ALU 由加法器和其他逻辑电路组成，其基本功能是进行加法和移位，并由此实现其他各种算术和逻辑运算。

控制器是分析和执行指令的部件。它是统一指挥单片机按一定时序协调工作的核心。控制器主要由程序计数器 PC、指令寄存器 TP、指令译码器 ID、定时和控制逻辑电路等组成。CPU 总是根据程序计数器 PC 中的地址到 ROM 中去读相应地址存储单元中的指令码或数据。指令寄存器 IR 用于存放从 ROM 中读出的指令操作码。指令译码器 ID 是分析指令操作的部件。指令操作码经译码后产生对应某一特定操作的信号。定时和控制逻辑电路，可分为定时和微操作两部分。定时部件用来产生脉冲序列和各种节拍脉冲，每种节拍脉冲对应一种微操作。微操作控制部件根据指令译码器产生的信号，按一定时间顺序发出一系列节拍脉冲，作为一系列微操作控制信号，来完成指令规定的全部操作。

2. 总线

总线是用于传送信息的公共途径。总线可以分为数据总线、地址总线、控制总线，总线把微处理器（CPU）、程序存储器（ROM）、数据存储器（RAM）、定时/计数器、中断系统、I/O 接口连接在一起，如图 1-3 所示。采用总线结构，可以减少信息传输线的根数、提高系统的可靠性、增加系统的灵活性。

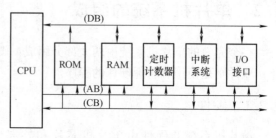

图 1-3　单片机的总线结构

数据总线 DB（Data Bus）用来在微处理器与程序存储器、数据存储器、定时/计数器、中断系统、输入/输出接口之间传送指令代码和数据信息。通常微处理器的位数和数据总线的位数一致，8 位微处理器就有 8 根数据线。数据总线是双向的，既可从 CPU 输出，也可以输入到 CPU 中。

地址总线 AB（Address Bus）用于传送地址信息。当微处理器与存储器或外部设备交换信息时，必须指明要与哪个存储单元或哪个外部设备交换。因此，地址总线必须和所有存储器的地址线对应相连，也必须和所有 I/O 接口设备码相连。这样，当微处理器对存储器或外设读/写数据时，只要把单元地址码或外设的设备码送到地址总线上便可选中对象。地址总线是单向的，即地址总是从 CPU 传向存储器或外设。地址线的数目决定了 CPU 可以直接访问的存储器的单元数目，如在 8 位单片机中，它通常为 16 根，CPU 可直接访问的存储器的单元数目为 $2^{16} = 65536 = 64KB$（64K 字节）。

控制总线 CB（Control Bus）用来传送使单片机各个部件协调工作的定时信号和控制信号，从而保证正确执行指令所要求的各种操作。控制总线是双向总线，可分为两类，一类由 CPU 发向存储器或外部设备进行某种控制，例如读写操作控制信号；另一类由存储器或外部设备发向 CPU 表示某种信息或请求，例如忙信号、A/D 转换结束信号、中断请求信号等。控制线的数目与微处理器的位数没有直接关系，一般受引脚数量的限制，控制总线的根数不会太多。

3. 存储器

存储器是用来存放程序和数据的部件。

（1）存储器的分类

按照存储器与微处理器的关系，可分为内存储器和外存储器。内存储器设在 CPU 芯片内部，存放当前运算所需要的程序和数据，容量较小，但存取速度快。外存储器设在 CPU 芯片外部，存放大量暂时不直接参与运算的程序和数据，需要时可以成批传送至内存储器。外存储器容量大，但存取速度较慢。

按照存储器存取功能，存储器可分为随机存取存储器（Random Access Memory，RAM）和只读存储器（Read Only Memory，ROM）两大类。

RAM 可以随机写入或读出，读写速度快、读写方便。缺点是电源断电后，存储的信息即丢失。主要用于存放各种数据。

ROM 一般用来存放固定程序和数据。其特点是信息写入后，能长期保存，不会因断电而丢失。所谓"只读"指一般不能写入。当然并非完全不能写入，若完全不能写入，那么读出的内容从何而来？要对 ROM 写入必须在一定条件下才能完成写入操作。

按照写入的方式不同，ROM 可分为 MaskROM、OTPROM、EPROM、E^2PROM 和 Flash ROM。

MaskROM（掩膜 ROM）的写入是由生产厂商用最后一道掩膜工艺来写入信息的，用户不能擦写更改。因为用户无法自行写入，必须委托生产厂商在制造芯片时一次性写入。显然，MaskROM 不能作为试制或小批量产品，只适用于大批量成熟产品。

OTPROM（One Time Programmable ROM）在芯片出厂时未写入信息，可由用户自行用专门的编程器一次性写入。写入后，不能更改。若要更改，芯片则将作废。

EPROM（Ultra－Violet Erasable Programmable ROM）可由用户用专门的 EPROM 编程器自行写入。需要修改时，可先用紫外线照射，擦除原有信息，再次写入新的信息，能多次使用。在单片机系统运行过程中，不能随机地写入，只能读出。

E^2PROM（Electrically EPROM）比 EPROM 具有更大的灵活性。EPROM 擦除时必须在专用的强紫外线擦除器中照射几分钟，写入时又必须在特定的电压（例如 12.5V）下才能写入，使用起来尚不方便。而 E^2PROM 擦除是采用电擦除方法，写入时一般也不需高电压，在 TTL 电压下就能实现写入操作。因而 E^2PROM 比 EPROM 性能更优越，但价格较高。

Flash ROM 是一种新型的电可擦除、非易失性存储器，使用方便、价格低廉、可多次擦写，近年来应用广泛。

（2）存储器的结构

存储器由存储体、地址译码器和控制电路组成，如图 1-4 所示。

存储体是存储数据信息的载体，由一系列存储单元组成，每个存储单元都有确定的地址。存储单元通常按字节编址，1 个存储单元为 1 个字节，每个字节能存放 1 个 8 位二进制数。就像一个大仓库，分成许多房间，大仓库相当于存储体，房间相当于字节，房间都有编号，编号就是地址。

地址译码器将 CPU 发出的地址信号转换为对存储体中某一存储单元的选通信号。相当于 CPU 给出地址，地址译码器找出相应地址房间的钥匙。通常地址是 8 位或 16 位，输入到地址译码器，产生相应

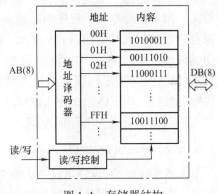

图 1-4　存储器结构

的选通线，8 位地址能产生 $2^8 = 256$ 根选通线，即能选通 256B。16 位地址能产生 $2^{16} = 65536 = 64K$ 根选通线，即能选通 64KB。当然要产生 65536 根选通线是很难想象的，实际上它是分成 256 根行线和 256 根列线，$256 \times 256 = 65536$，合起来有 65536 个存储单元。

存储器控制电路包括片选控制、读/写控制和带三态门的输入/输出缓冲电路。片选控制确定存储器芯片是否工作。读/写控制确定数据传输方向：若是读指令，则将已选通的存储单元中的内容传送到数据总线上；若是写指令，则将数据总线上的数据传送到已选通的存储单元中。带三态门的输入/输出缓冲电路用于数据缓冲和防止总线上数据竞争。数据总线相当于一条交通繁忙的大道，必须在绿灯控制的条件下，车辆才能进入这条大道，否则要撞车发生交通事故。同理，存储器的输出端是连接在数据总线上的，存储器中的数据是不能随意传送到数据总线上的。例如，若数据总线上的数据是"1"（高电平 5V），存储器中的数据是"0"（低电平 0V），两种数据若碰到一起就会发生短路而损坏单片机。因此，存储器输出端口不仅能呈现"1"和"0"两种状态，还应具有第三种状态"高阻"态。呈"高阻"态时，输出端口相当于断开，对数据总线不起作用，此时数据总线可被其他器件占用。当其他器件呈"高阻"态时，存储器在片选允许和输出允许的条件下，才能将自己的数据输出到数据总线上。

（3）存储器的读操作

例如，若要将存储器 30H 中的内容 0AH 读出，其简化过程如下。

1）CPU 将地址码 30H 送到地址总线上，经存储器地址译码器选通地址为 30H 的存储单元。

2）CPU 发出"读"信号，存储器读/写控制开关将数据传输方向拨向"读"。

3）存储器将地址为 30H 的存储单元中的数据 0AH 送到数据总线上。

4）CPU 将数据总线上的数据 0AH 读入指定的某一寄存器。

对存储单元的读操作，不会破坏其原来的内容，相当于复制。

（4）存储器的写操作

例如，若要将数据 22H 写入存储器地址为 66H 的存储单元中，其简化过程如下。

1）CPU 将地址码 66H 送到地址总线上，经存储器地址译码器选通地址为 66H 的存储单元。

2）CPU 将数据 22H 送到数据总线上。

3）CPU 发出"写"信号，存储器读/写控制开关将数据传送方向拨向"写"。

4）存储器将数据总线上的数据 22H 送入已被选中的地址为 66H 的存储单元中。

对存储单元的写操作，覆盖了其原来的内容。

（5）堆栈

堆栈是存储器中的特殊群体。在 RAM 中专门辟出一个连续存储区，用来暂时存放子程序断口地址、中断断口地址和其他需要保存的数据，其结构如图 1-5 所示。栈底地址可在 CPU 复位后的初始化程序中设置。图中设为 60H，需要存入的数据依次存入。堆栈指针 SP 指出栈顶存储单元的地址。堆栈操作无论是存入或取出数据，均只能依次存入或依次取出，不能越位，必须遵循"先进后出、后进先出"的原则。

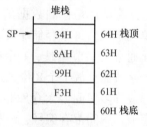

图 1-5　堆栈

4. 输入/输出设备及其接口电路

单片机系统的输入/输出设备也称为外部设备，简称 I/O 设备。如果这些设备与 CPU 交换信息，并对它们进行输入/输出控制，必须有输入/输出接口电路，简称 I/O 接口电路。

输入设备用于输入原始数据、程序和控制命令，例如键盘、鼠标、扫描仪、摄像机等。

输出设备用于输出计算机数据处理的结果信息和计算机工作状态信息，例如屏幕显示器、打印机、LED 数码管显示器、绘图仪等。

输入/输出设备一般不能与 CPU 直接相连，而是通过某种电路完成寻址、数据缓冲、输入/输出控制、功率驱动、A/D、D/A 等功能，这种电路称为 I/O 接口电路。例如 8255、8155、8279、0809、0832 等芯片。

1.2.2　软件

单片机能正常工作，除了有良好的硬件设施外，还要配以必需的软件，即程序。单片机程序设计语言可分为三类：机器语言、汇编语言和高级语言。

机器语言是计算机可以识别和直接执行的语言，它由一组二进制代码组成，不同的微处理器机器语言一般也不同。用机器语言编写程序，直观性差，可读性差，麻烦费时，容易出错，实际上不可行。

汇编语言是用助记符替代机器语言中的操作码，用 16 进制数替代二进制代码。这种语言比较直观、易于记忆和检查、可读性较好。但是计算机执行时，必须将汇编语言翻译成机器语言。翻译的方法有两种，一种是手工汇编，即由编程者查阅指令表或凭记忆来完成这一工作；另一种是机器汇编，即应用专门的汇编软件自动将汇编语言转换成机器语言。一般来说，由于机器汇编方便快捷，已几乎没有人采用手工汇编了。汇编语言与机器语言一样，随微处理器不同而不同，即不同的微处理器有不同的汇编语言。

高级语言是采用类似自然语言并与具体计算机类型基本无关的程序设计语言。高级语言克服了汇编语言的缺点，更直观，更便于阅读，且不随微处理器不同而不同。高级语言编写的程序必须经过编译程序翻译成机器语言，才能被计算机执行。高级语言与汇编语言相比，汇编语言具有占用内存少、执行速度快的优点，更适合于快速实时处理系统。目前适用于 MCS-51 的高级语言有 Basic、C、PL/M 等语言，通常选用 C 语言。

综上所述，三种语言的特点是显而易见的。本书介绍的是汇编语言，虽然不同单片机汇编语言不同，但语言规则有许多相似之处，掌握一种汇编语言，对其他机型也可达到举一反三的效果。

笔者认为初学单片机者可以选用汇编语言，这样可以更好地熟悉单片机内部资源，更加深入地认识单片机。所编写的程序比较小且没有复杂的数学运算时也可以选用汇编语言。如果编写的程序比较大或者有复杂的数学运算时，选用 C 语言会更加方便。如果编写的程序比较大或者有复杂的数学运算且某些地方对程序执行时间要求很精确时，可以采用 C 语言中嵌套汇编语言的方法，对程序执行时间要求很精确的地方采用汇编语言编写，其他部分采用 C 语言编写。

1.3　单片机应用系统的开发过程

1.3.1　开发流程

由于单片机内部没有任何驻机软件，因此，要实现一个产品应用系统时，需要进行软、硬件开发。单片机应用系统的开发流程如图 1-6 所示，除了产品立项后的方案论证、总体设计外，主要有硬件系统设计与调试、应用程序设计、仿真调试和系统脱机运行检查四部分。

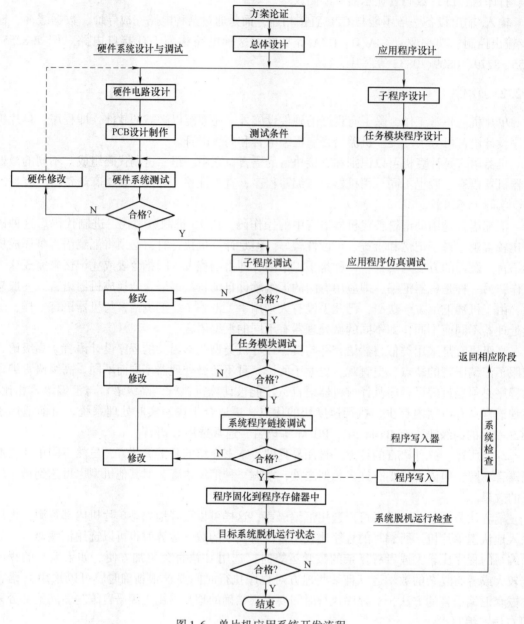

图 1-6 单片机应用系统开发流程

1.3.2 开发工具

一个单片机应用系统从提出任务到正式投入运行的过程，称为单片机的开发。开发过程所用的设备称为开发工具。

1. 硬件设计

根据工程要求，绘制电路原理图，根据电路原理图设计制作印制电路板，俗称 PCB，这个 PCB 在设计开发中称为目标板，需要到工厂专门定制。简单的电路在实验阶段可以使用面包板或通用电路板替代，学校实验室一般都有和仿真器配套的实验目标板。绘制电路原理图和设计制作印制电路板都需要借助 CAD 软件完成，如 Protel、OrCAD 等，图 1-7 所示是常用的 Protel 设计软件启动和工作界面。有关这类软件的使用可以参看相关资料。

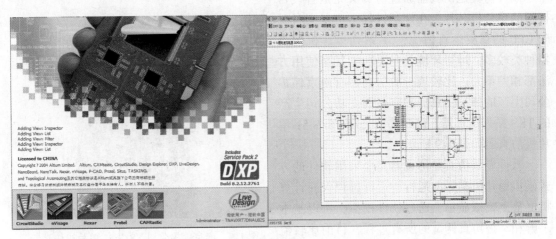

图 1-7　Protel 设计软件启动和工作界面

2. 程序设计

确定了硬件设计，然后要针对目标板进行软件程序设计。无论是使用汇编语言还是高级语言，编写好源程序后，都要进行编译，编译中发现语法错误要进行修改，只要没有语法格式错误就可以形成可执行".HEX"文件或者".BIN"文件。之后文件的执行、调试必须借助仿真器。比较流行的编译软件有 Keil 和 WAVE。图 1-8 所示是 WAVE6000 的工作界面。

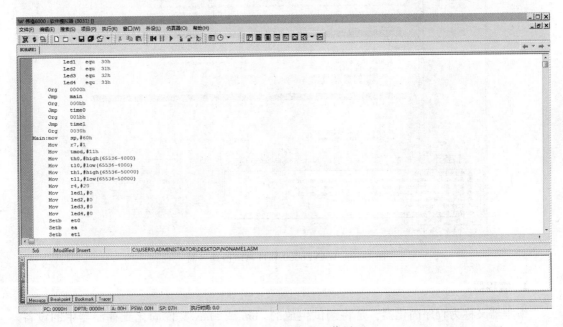

图 1-8　WAVE6000 的工作界面

13

3. 仿真器

编写好源程序后，进行程序调试时需对其进行仿真。仿真有两种形式，一种是真正的仿真，称为硬件仿真；另一种是软件仿真，又称为模拟仿真。

硬件仿真是仿真器通过仿真头完全替代目标板的单片机芯片，在调试过程中可以实时反映 CPU 的真实运行情况，51 系列单片机仿真器种类较多，运行环境及主要功能甚至使用方法都相差不大。比较流行的仿真器有南京伟福公司生产的伟福仿真器和广州周立功公司生产的 TKS 系列仿真器。南京伟福公司 V8/S 51 单片机仿真器如图 1-9 所示。

软件调试仿真是仿真器完全采用软件的方式模拟单片机实际的运行，运行过程仅在计算机屏幕上模拟显示，通过软件模拟，可以基本了解和掌握仿真调试的所有过程，目前比较流行的仿真软件有 Keil 和 WAVE。图 1-10 所示是常用的 WAVE6000 软件调试仿真界面。

图 1-9　南京伟福公司 V8/S 51 单片机仿真器

图 1-10　WAVE6000 软件调试仿真界面

4. 编程器

编程器又称为程序固化器，是将调试生成的 .bin 或 .hex 文件固化到存储器中的设备。对于不同型号的单片机或存储器，厂家都要为其提供配套的编程器对其进行程序固化。通用编程器可以支持多种型号的芯片程序的读、写操作。图 1-11 为周立功公司生产的 EasyPRO 90B 通用编程器。

5. ISP 系统在线编程

系统在线编程（In - system Programmable，ISP）是指用户可将已编译好的程序代码通过一条"下载线"直接写入到单片机的编程（烧录）方法，已经编程的单片机也可以用 ISP 方式擦除或再编程，在整个编程过程中不必将单片机从目标板上移出。ISP 所用的"下载线"并非不需要成本，但相对于传统的"编程器"来说其成本已经大大降低了，淘宝上可以买到 ISP 下载线，支持 ATMEL 公司的 AVR 系列和 51 系列单片机的下载线大概十几元人民币，而编程器至少需要人民币两三百元。通常 Flash 型芯片会具备 ISP 下载能力。因单片机的生产厂商众多，片内带 Flash 的单片机型号也较多，所以 ISP 专用下载线及相应的 ISP 固化软件也不同。图 1-12 为支持 ATMEL 公司的 AVR 系列和 51 系列单片机的下载线。图 1-13 为 AVR fighter 软件启动和工作界面，该软件用于 ATMEL 公司的 AVR 系列和 51 系列单片机通过下载线向单片机烧录程序。

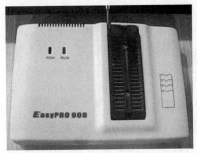

图 1-11　周立功公司生产的 EasyPRO 90B 通用编程器

图 1-12　支持 ATMEL 公司的 AVR 系列和 51 系列单片机的下载线

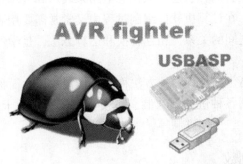

图 1-13　AVR fighter 软件启动和工作界面

6. 单片机系统的 Proteus 设计与仿真平台

Proteus 软件是由英国 Lab Center Electronics 公司开发的 EDA 工具软件。它是目前世界上最先进、最完整的多种型号微处理器系统的设计与仿真平台，它真正实现了在计算机中完成电路原理图设计、电路分析与仿真、微处理器设计与仿真、系统测试与功能验证直到形成印制电路板的完整电子设计、研发过程。如图 1-14 所示是 Proteus 设计与仿真平台，可进行电路设计、单片机软件设计与仿真。

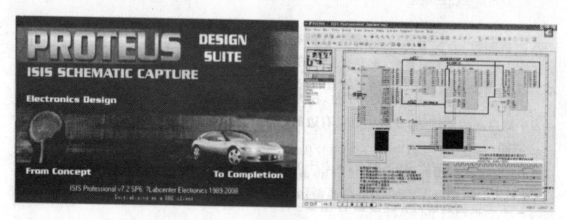

图 1-14　Proteus 设计与仿真平台

1.4　单片机中数的表示方法及运算

在计算机中，最基本的功能是进行大量的"数的运算与加工处理"。但计算机只能"识别"二进制数，即计算机内部处理的数据（数值数据、字符、图形、声音等）必须用二进制数的 0、1 来表示。所以，二进制数及其编码是所有计算机的基本语言。而用户在书写时则可以采用任何进制形式的数来表示。在计算机中，用二进制数表示和处理非常方便，其基本信息只有"0"或"1"，同时可以表达一些特殊的信息，如脉冲的"有"或"无"，电压的"高"或"低"，电路的"通"或"断"等。用"0"或"1"两种状态表示，鲜明可靠，容易识别，实现方便，计算机正是利用只有两种状态的双稳态电路来表示和处理这种信息的。但二进制数位数多，书写和识读不便，在计算机软件编制过程中又常常需要用到十六进制数。十进制数、二进制数、十六进制数之间的关系、相互转换和运算方法，是学习计算机必备的基础知识。

凡是采用数字符号排列，按照由低位到高位进位计数的方法称为进位计数制，简称为计数制或进位制。在人们的日常生活中，会碰到各种进位计数制，不仅有最常使用的十进制，还有二进制、八进制、十二进制、十六进制、二十四进制等。

1.4.1　二进制数、十进制数和十六进制数

1. 十进制数

十进制数的主要特点：

1）基数是 10。由 10 个数码（数符）构成：0、1、2、3、4、5、6、7、8、9。

2）进位规则是"逢十进一"。

所谓基数是指计数制中所用到的数码的个数。如十进制数共有 0~9 十个数码，故基数

为 10，计数规则是"逢十进一"。当基数为 M 时，便是"逢 M 进一"。在进位计数制中常用"基数"来区别不同的进制。

【例1-1】 $111.11 = 1 \times 10^2 + 1 \times 10^1 + 1 \times 10^0 + 1 \times 10^{-1} + 1 \times 10^{-2}$

$\qquad\qquad\quad = 100 + 10 + 1 + 0.1 + 0.01$

上述 10^2、10^1、10^0、10^{-1}、10^{-2} 称为十进制数各数位的"权"，可以看出同样是 1，但在不同的数位代表的数值的大小是不一样的。

十进制数可以在数的后面放一个字母 D（Decimal）作为标识符，表示这个数是十进制数。

2. 二进制数

二进制数的特点：

1）基数是 2。只有两个数码：0 和 1。

2）进位规则是"逢二进一"。每左移一位，数值增大一倍；右移一位，数值减小一半。

二进制数可以在数的后面放一个字母 B（Binary）作为标识符，表示这个数是二进制数。

【例1-2】 二进制数 111.11B，各位数码 1 代表的数值如图 1-15 所示，转化为十进制数可表达为：

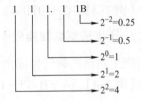

$111.11B = 1 \times 2^2 + 1 \times 2^1 + 1 \times 2^0 + 1 \times 2^{-1} + 1 \times 2^{-2} = 7.75$

其中，2^2、2^1、2^0、2^{-1}、2^{-2} 称为二进制数各数位的"权"。

图 1-15　二进制数 111.11B

3. 十六进制数

十六进制数的特点：

1）基数是 16。由 16 个数符构成：0、1、…、9、A、B、C、D、E、F。其中 A、B、C、D、E、F 分别代表 10、11、12、13、14、15。

2）进位规则是"逢十六进一"。

与其他进制的数一样，同一数符在不同数位所代表的数值是不相同的。左移一位，数值增大 16 倍；右移一位，数值缩小 16 倍。在十六进制数的后面加一个字母 H（Hexadecimal）表示是十六进制数。例如，数 1111.11H 中，各位数符都有 1，代表的数值如图 1-16 所示，转化为十进制数可表达为：

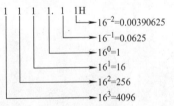

图 1-16　十六进制数 1111.11H

$1111.11H = 1 \times 16^3 + 1 \times 16^2 + 1 \times 16^1 + 1 \times 16^0 + 1 \times 16^{-1} + 1 \times 16^{-2} = 4369.06640625$

其中，16^3、16^2、16^1、16^0、16^{-1}、16^{-2} 称为二进制数各数位的"权"。

十六进制数与二进制数相比，大大缩小了位数，缩短了字长。一个 4 位二进制数只需要用 1 位十六进制数表示，一个 64 位二进制只需用 16 位十六进制数表示。十六进制数、二进制数和十进制数对应关系如表 1-1 所示。

二进制数用尾缀 B 表示，十六进制数用尾缀 H 表示，十进制数用尾缀 D 表示，但通常十进制数尾缀 D 可省略，即无尾缀属十进制数。二进制数和十六进制数则必须加尾缀。

表 1-1 十六进制数、二进制数和十进制数对应关系表

十进制数	十六进制数	二进制数	十进制数	十六进制数	二进制数
0	0H	0000B	8	8H	1000B
1	1H	0001B	9	9H	1001B
2	2H	0010B	10	AH	1010B
3	3H	0011B	11	BH	1011B
4	4H	0100B	12	CH	1100B
5	5H	0101B	13	DH	1101B
6	6H	0110B	14	EH	1110B
7	7H	0111B	15	FH	1111B

1.4.2 数制转换

1. 二进制数转换成十进制数

把二进制数转换成十进制数时,只要将二进制数按权展开,然后相加即可。

【例 1-3】 $1011.01B = 1 \times 2^3 + 0 \times 2^2 + 1 \times 2^1 + 1 \times 2^0 + 0 \times 2^{-1} + 1 \times 2^{-2} = 11.25$

2. 十六进制数转换成十进制数

把十六进制数转换成十进制数时,只要将十六进制数按权展开,然后相加即可。

【例 1-4】 $3A.8H = 3 \times 16^1 + 10 \times 16^0 + 8 \times 16^{-1} = 58.5$

3. 十进制数转换成二进制数

十进制数转换成二进制数,整数部分和小数部分要分别进行转换,然后将结果合并在一起。

整数部分的转换方法是除 2 直到商为 0 为止,逆序取余。

【例 1-5】 将十进制数 57 转换成二进制数。

$$
\begin{array}{r|r|l}
2 & 57 & 1 \\
2 & 28 & 0 \\
2 & 14 & 0 \\
2 & 7 & 1 \\
2 & 3 & 1 \\
2 & 1 & 1 \\
& 0 &
\end{array}
$$

$57 = 111001B$

小数部分的转换方法是乘 2 顺序取整。

【例 1-6】 将十进制数 0.75 转换成二进制数。

$$
\begin{array}{r}
0.75 \\
\times \quad 2 \\
\hline
1 \leftarrow \boxed{1}.5 \\
\times \quad 2 \\
\hline
1 \leftarrow \boxed{1}.0
\end{array}
$$

$0.75 = 0.11B$

4. 十进制数转换成十六进制数

十进制数转换成十六进制数，整数部分和小数部分要分别进行转换，然后将结果合并在一起。

整数部分的转换方法是除 16 直到商为 0 为止，逆序取余。

【例 1-7】 将十进制数 58 转换成十六进制数。

$$
\begin{array}{r|cc}
16 & 58 & A \\
\hline
16 & 3 & 3 \\
\hline
& 0
\end{array}
$$

$58 = 3AH$

小数部分的转换方法是乘 16 顺序取整。

【例 1-8】 将十进制数 0.984375 转换成十六进制数。

$$
\begin{array}{r}
0.984375 \\
\times \quad\quad 16 \\
\hline
F \longleftarrow \boxed{15}.75 \\
\times \quad\quad 16 \\
\hline
C \longleftarrow \boxed{12}.0
\end{array}
$$

$0.984375 = 0.FCH$

需要指出的是：十进制整数，都可以用二进制数或十六进制数准确地表示。但对于十进制小数，有可能无法准确地表示，只能转换成二进制或十六进制的无限小数。遇到这种情况，一般可根据精度要求取其足够的位数。

5. 二进制数转换成十六进制数

4 位二进制数具有 16 个状态（$2^4 = 16$），而 1 位十六进制数也具有 16 个状态，所以 1 位十六进制数对应于 4 位二进制数，转换十分方便。二进制数、十进制数、十六进制数之间的转换关系如表 1-1 所示。对 0 ~ 15 之间二进制、十进制、十六进制数的对应关系和相互转换，要熟记。

二进制数转换成十六进制数的方法是只要将二进制数的整数部分自右向左分成 4 位一组，最后不足 4 位时在左面用 0 填充；小数部分自左向右 4 位一组，最后不足 4 位时在右面用 0 填充。每组用相应的十六进制数代替即可。

【例 1-9】 $1011001B = \underline{0101}\ \underline{1001}B = 59H$

$\quad\quad\quad\quad 11.11B = \underline{0011}\ .\ \underline{1100}B = 3.CH$

6. 十六进制数转换成二进制数

十六进制数转换成二进制数的方法是只要将每一位十六进制数用相应的 4 位二进制数表示即可。

【例 1-10】 $4FH = \underline{0100}\ \underline{1111}B$

$\quad\quad\quad\quad E.1H = \underline{1110}\ .\ \underline{0001}B$

1.4.3 二进制数的运算

计算机中采用二进制数，不仅因为计算机可以采用数字电路的两种稳定状态，而且还由于二进制数的运算特别简单。

1. 二进制数加法运算

运算规则：① $0+0=0$

        ② $0+1=1$

        ③ $1+1=10$，向高位进 1

【例 1-11】

$$
\begin{array}{rl}
01110101B & \text{加数} \\
+\ 01001111B & \text{加数} \\
\hline
11000100B & \text{和}
\end{array}
$$

2. 二进制数减法运算

运算规则：① $0-0=0$

        ② $1-0=1$

        ③ $1-1=0$

        ④ $0-1=1$，向高位借 1

【例 1-12】

$$
\begin{array}{rl}
01110101B & \text{被减数} \\
-\ 01001111B & \text{减数} \\
\hline
00100110B & \text{差}
\end{array}
$$

3. 二进制数乘法运算

运算规则：① $0\times0=0\times1=1\times0=0$

        ② $1\times1=1$

【例 1-13】

$$
\begin{array}{rl}
1101B & \text{被乘数} \\
\times\ \ 1010B & \text{乘数} \\
\hline
0000 & \\
1101 & \\
0000 & \left.\right\}\ \text{部分积} \\
+\ \ 1101 & \\
\hline
10000010B & \text{乘积}
\end{array}
$$

从上例可知，进行乘法运算时，若乘数为 1，则把被乘数照抄一遍，它的最后一位应与相应的乘数位对齐；若乘数为 0，则无作用；当所有的乘数乘过以后，再把各部分积相加，便得到最后的乘积。因而二进制数的乘法实质上是由"加"（即加被乘数）和"移位"（对齐乘数位）两种操作实现的。

4. 二进制数除法运算

除法运算是乘法的逆运算。与十进制相类似，可从被除数的最高位数开始取出与除数相同的位数，减去除数。够减商记 1；不够减商记 0。然后将被除数的下一位移到余数上，继续够减商记 1，不够减商记 0。直至被除数的位都下移完为止。

【例 1-14】

$$
\begin{array}{r}
01101B \quad 商 \\
除数\ 110B\ \overline{\smash{\big)}\ 1001110B} \quad 被除数 \\
110 \\
\overline{111} \\
110 \\
\overline{110} \\
110 \\
\overline{0} \quad 余数
\end{array}
$$

综上所述，二进制的加、减、乘、除等算术运算，可以归纳为加、减、移位三种操作。实际上，在计算机中为了简化设备，只设置加法器，而无减法器。此时需要将减法运算转化为加法运算，这样计算机中二进制数的四则运算就可以归纳为加法和移位两种操作。

5. 二进制数"与"运算

两个二进制数之间的"与"运算，是将这两个数按权位对齐，然后逐位相"与"。

运算规则：① $0 \wedge 0 = 0$

② $1 \wedge 0 = 0$

③ $0 \wedge 1 = 0$

④ $1 \wedge 1 = 1$

【例 1-15】 $11010011B \wedge 10111001B$

$$
\begin{array}{r}
11010011B \\
\wedge\ \ 10111001B \\
\hline
10010001B
\end{array}
$$

因此，$11010011B \wedge 10111001B = 10010001B$

6. 二进制数"或"运算

两个二进制数之间的"或"运算与"与"运算相同，按权位对齐后逐位相"或"。

运算规则：① $0 \vee 0 = 0$

② $1 \vee 0 = 1$

③ $0 \vee 1 = 1$

④ $1 \vee 1 = 1$

【例 1-16】 $11010011B \vee 10111001B$

$$
\begin{array}{r}
11010011B \\
\vee\ \ 10111001B \\
\hline
11111011B
\end{array}
$$

因此，$11010011B \vee 10111001B = 11111011B$

7. 二进制数"异或"运算

两个二进制数之间的"异或"运算与"与"运算相同，按权位对齐后逐位相"异或"。

运算规则：① $0 \oplus 0 = 0$

② 1 ⊕ 0 = 1

③ 0 ⊕ 1 = 1

④ 1 ⊕ 1 = 0

【例1-17】 10110101B⊕10011100B

$$
\begin{array}{r}
10110101B \\
\oplus \quad 10011100B \\
\hline
00101001B
\end{array}
$$

因此，10110101B⊕10011100B = 00101001B

1.4.4 十六进制数的运算

1. 十六进制数加法运算

十进制加法，其和满十进位。同理，十六进制加法满 16 进位。

【例1-18】 86H + ABH = 131H

$$
\begin{array}{r}
8\,6\,H \\
+ \quad A\,B\,H \\
\hline
1\,3\,1\,H
\end{array}
$$

6 + B（11）= 17 = 11H，满 16 低位向高位进位；8 + A（10）+ 1（进位）= 19 = 13H，因此 86H + ABH = 131H。

2. 十六进制数减法运算

十进制减法，借位 1 代表 10。同理，十六进制减法，借位 1 代表 16。

【例1-19】 286H – ABH = 1DBH

$$
\begin{array}{r}
2\,8\,6\,H \\
- \quad A\,B\,H \\
\hline
1\,D\,B\,H
\end{array}
$$

低位 6 减 B 不够减，向中位借 1，借 1 代表 16，（16 + 6）– B = 11 = BH；中位 8 被低位借 1 后余 7，7 减 A 不够减，向高位借 1，仍代表 16，（16 + 7）– A = 13 = DH，因此，286H – ABH = 1DBH。

3. 十六进制数"与""或""异或"运算

十六进制数"与""或""异或"运算应先化成二进制数，然后按二进制数"与""或""异或"运算的方法进行。

1.4.5 数据在计算机中的表示

在数字中，数的正负是用"＋""－"来表示的。在计算机中，数的正负在最高位分别用"0"和"1"表示。8 位微型计算机中约定，最高位 D7 表示正负号，其他 7 位表示数值，如图 1-17 所示。

D7 = 1 表示负数，D7 = 0 表示正数。

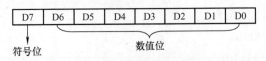

图 1-17　8 位有符号数表示方法

例如：N1 = + 1010101B，N2 = − 1010101B，则在计算机中，N1 = 01010101B，N2 = 11010101B。为了区别原来的数与它在计算机中的表示形式，我们将已经数码化了的带符号数称为机器数。而把原来的数称为机器数的真值，上例中提到的 + 1010101B、− 1010101B 为真值，而 01010101B、11010101B 为机器数。

在计算机中，机器数有三种表示方法：原码、反码和补码。

1. 原码

将正数在符号位用 0 表示，负数在符号位用 1 表示。而数值位保持原样的机器数称为原码。

（1）正数

正数的原码与原来的数相同。$[X]_原 = X(X > 0)$

【例 1-20】 求 $X = +1$ 的原码

解： $X = +1 = +0000001B$

$\quad [X]_原 = X = 0\ 0000001B$

（2）负数

负数的原码符号位置 1，而数值位不变。

【例 1-21】 求 $X = -1$ 的原码

解： $X = -1 = -0000001B$

$\quad [X]_原 = X = 1\ 0000001B$

（3）0

0 的原码表示法有两种，正 0 和负 0，分别为：

$$[+0]_原 = 00000000B$$

$$[-0]_原 = 10000000B$$

由于最高位为符号位，因此，8 位二进制原码表示的数的范围是 − 127 ~ + 127。

2. 反码

反码的表示方法如下：

（1）正数

正数的反码与正数的原码相同。$[X]_反 = X(X > 0)$

【例 1-22】 求 $X = +1$ 的反码

解： $X = +1 = +0000001B$

$\quad [X]_反 = X = 0\ 0000001B$

（2）负数

负数的反码由其绝对值按位求反后得到，符号位取"1"。负数的 $[X]_反$ 可理解为将 $[X]_原$ 符号位保持"1"不变，数值位按位取反。

【例 1-23】 求 $X = -1$ 的反码

解：$X = -1 = -0000001B$

$$[X]_\text{反} = X = 1\ 1111110B$$

（3）0

在反码中 0 也有两种表示法，正 0 和负 0，分别为：

$$[+0]_\text{反} = 00000000B$$

$$[-0]_\text{反} = 11111111B$$

由于最高位为符号位，因此，8 位二进制反码表示的数的范围是 $-127 \sim +127$。

3. 补码

为了理解补码的意义，先以一个钟表的例子来说明，假若现在正确时间为 3 点整，而钟表却错误地指在 6 点整。为了校准时钟，可有两种拨正时针的方法：

一是倒拨，即 $6 - 3 = 3$。

二是顺拨，需要拨 9 格，即：$6 + 9 = 12$（自动丢失）$+ 3 = 3$。

当时针拨过 12 点后重新从 0 开始，即 12 自动丢失，这个自动丢失的数（12）就叫作模。上述加法称为"按模 12 的加法"，数学表达式为：$6 + 9 = 3$（模 12）。

这样，我们就可以把 $6 - 3 = 3$ 这一减法运算化为加法运算 $6 + 9 = 3$（模 12）。其中 9 称为（-3）的模 12 的补码。

$[X]_\text{补}$、X 与模的一般关系为：

$$[X]_\text{补} = 模 + X$$

8 位二进制数满 256 向更高位进位，即丢失，因此 8 位二进制数的模为 $2^8 = 256$。

如何来求 8 位二进制数的补码呢？为了简化说明，我们不推导过程，只得出求补码的方法（结论）。

（1）正数

正数的补码与正数的原码相同。$[X]_\text{补} = X(X > 0)$

【例 1-24】 求 $X = +1$ 的补码

解：$X = +1 = +0000001B$

$$[X]_\text{补} = X = 0\ 0000001B$$

（2）负数

负数的补码可由它的反码加 1 后得到：

$$[X]_\text{补} = [X]_\text{反} + 1(X < 0)$$

【例 1-25】 求 $X = -1$ 的补码

解：$X = -1 = -0000001B$

$$[X]_\text{反} = 1\ 1111110B$$

$$[X]_\text{补} = [X]_\text{反} + 1 = 1\ 1111111B$$

（3）0

0 的补码只有一种，其表达式为：

$$[+0]_\text{补} = [-0]_\text{补} = 00000000B$$

对于 8 位二进制数，补码表示的范围是 $-128 \sim +127$。原码、反码和补码对应关系见表 1-2。

表 1-2　原码、反码和补码对应关系表

无符号二进制数	无符号十进制数	原　码	反　码	补　码
00000000	0	$+0$	$+0$	0
00000001	1	$+1$	$+1$	$+1$
00000010	2	$+2$	$+2$	$+2$
…	…	…	…	…
01111101	125	$+125$	$+125$	$+125$
01111110	126	$+126$	$+126$	$+126$
01111111	127	$+127$	$+127$	$+127$
10000000	128	-0	-127	-128
10000001	129	-1	-126	-127
10000010	130	-2	-125	-126
…	…	…	…	…
11111101	253	-125	-2	-3
11111110	254	-126	-1	-2
11111111	255	-127	-0	-1

综上所述，8 位二进制数的原码、反码和补码有下列关系：

① 对于正数：$[X]_原 = [X]_反 = [X]_补$

② 对于负数：$[X]_反 = [X]_原$ 数值位取反，符号位不变。

$$[X]_补 = [X]_反 + 1$$

采取补码运算，可以将减法运算转换成加法运算。

【例 1-26】　求 $Y = 99 - 63$

解：　$99 = 01100011B$，$[99]_补 = 01100011B$

$-63 = -00111111B$，$[-63]_补 = 11000001B$

$[Y]_补 = [99]_补 + [-63]_补 = 00100100B$

$$
\begin{array}{r}
01100011B \quad [99]_补 \\
+ \quad 11000001B \quad [-63]_补 \\
\hline
1\,00100100B \quad [Y]_补
\end{array}
$$

因在 8 位机中，和只保留 8 位，进位 1 自动丢失。由于 $D_7 = 0$，说明 Y 是正数，因此，$Y = [Y]_补 = 00100100B = 36$。与直接做减法相比，$Y = 99 - 63 = 36$，其运算结果两者完全相同。在微型计算机中，带符号数采用补码表示后，运算器中只设置加法器，可以简化硬件结构。

1.4.6 常用编码

1. 8421 BCD 码

人们习惯上用十进制数对计算机输入输出数据，而计算机又必须用二进制数进行分析运算，就要求计算机将十进制数转换成二进制数，这会影响计算机的工作速度。为了简化硬件电路和节省转换时间，可采用二进制码对每一位十进制数字编码，称为二—十进制数或 BCD 码（Binary Coded Decimal Code），用标识符 $[……]_{BCD}$ 表示，这种编码方式的特点是保留了十进制的权，数字则用二进制码表示。

（1）编码方法

BCD 码有多种表示方法，最常用的编码为 8421 码，8421 代表了每一位的权。其编码原则是十进制数的每一位数字用 4 位二进制数来表示，而 4 位二进制数有十六种状态，其中1010、1011、1100、1101、1110 和 1111 这 6 个编码舍去不用，用余下的 10 种状态表示 0～9 十个数字。它们之间的对应关系如表 1-3 所示。

表 1-3　BCD 码与十进制数对应关系

十 进 制 数	BCD 码
0	0000
1	0001
2	0010
3	0011
4	0100
5	0101
6	0110
7	0111
8	1000
9	1001

二—十进制数是十进制数，逢十进一，只是数符 0～9 用 4 位二进制码 0000～1001 表示而已。每 4 位以内按二进制进位；4 位与 4 位之间按十进制进位。

（2）BCD 码与十进制数之间的转换关系

由表 1-3 不难看出十进制数与 BCD 码之间的转换是十分方便的，只要把数符 0～9 与0000～1001 互换就行了。

【例 1-27】 将 $[001001000110.0110]_{BCD}$ 转换成十进制数。

解：$[0010\ 0100\ 0110.0110]_{BCD}=246.6$

（3）BCD 码与二进制数之间的转换关系

BCD 码与二进制数之间不能直接转换，通常要先转换成十进制数。

【例 1-28】 将二进制数 11010011B 转换成 BCD 码。

解：$11010011B=211=[0010\ 0001\ 0001]_{BCD}$

需要指出的是，决不能把 $[0010\ 0001\ 0001]_{BCD}$ 误认为二进制码 0010 0001 0001B，二进制码 0010 0001 0001B 的值为 529，而 $[0010\ 0001\ 0001]_{BCD}$ 的值为 211，显然两者是不一样的。

（4）BCD 码运算

BCD 码用 4 位二进制数表示，但 4 位二进制数最多可表示 16 种状态，余下 6 种状态，1010～1111 在 BCD 编码中称为非法码或冗余码。在 BCD 码的运算中将会出现冗余码，需要作某些修正，才能得到正确的结果。

1）BCD 码加法。

前已述及，BCD 码低位与高位之间是逢"十"进一的，而 4 位二进制数是逢十六进一的。因此，当两个 BCD 码相加时，若各位的和均在 0～9 之间，则其加法运算规则与二进制数加法规则完全相同；若相加后的低 4 位（或高 4 位）二进制数大于 9，或大于 15（即低 4 位或高 4 位的最高位有进位），则应对低 4 位（或高 4 位）加 6 修正。

【例 1-29】 已知，$X = [00100001]_{BCD}$，$Y = [00100100]_{BCD}$，求 $X + Y$。

解：

```
      高4位 低4位
      0010  0001  （21）
  +   0010  0100  （24）
      ─────────────
      0100  0101  （45）
```

由于低 4 位和高 4 位均无进位，也不超过 9，因此不需要修正。

【例 1-30】 已知，$X = [01001000]_{BCD}$，$Y = [01101001]_{BCD}$，求 $X + Y$。

解：

```
      高4位 低4位
      0100  1000  （48）
  +   0110  1001  （69）
      ─────────────────────────────────────
      1011  0001  低4位向高4位进位，高4位出现非法码
  +   0110  0110  低4位加6修正，    高4位加6修正
      ─────────────────────────────────────
    1 0001 0111  （117）
```

由于低 4 位向高 4 位进位，表明该数大于 15；且高 4 位出现大于 9 的非法码。因此，高 4 位和低 4 位均要加 6 修正，修正后的结果为 117，正确。

【例 1-31】 已知，$X = [10000100]_{BCD}$，$Y = [10010100]_{BCD}$，求 $X + Y$。

解：

```
      高4位 低4位
      1000  0100  （84）
  +   1001  0100  （94）
      ─────────────────────────────
    1 0001 1000  高4位向更高位进位
  +   0110       高4位加6修正
      ─────────────────────────────
    1 0111 1000  （178）
```

由于高 4 位向更高位进位，高 4 位须加 6 修正，修正后结果 178，正确。

从上述例题中看出，BCD 码加法的操作方法与二进制数加法相同，但有时会出错，需要修正，修正的条件和方法是：

① 低 4 位向高 4 位进位，低 4 位加 6 修正；

② 低 4 位出现非法码，低 4 位加 6 修正；

③ 高 4 位出现非法码，高 4 位加 6 修正；

④ 高 4 位向更高位进位，高 4 位加 6 修正。

若同一 4 位同时出现两种情况，则只需做一次加 6 修正，手工修正比较麻烦，但在单片

机指令中有自动修正 BCD 码的指令，在此我们只需了解修正的原因、条件和方法。

2）BCD 码减法。

BCD 码进行减法操作时，也会出现需要修正的现象，BCD 码减法修正的条件和方法是：

① 低 4 位向高 4 位借位，低 4 位减 6 修正；

② 低 4 位出现非法码，低 4 位减 6 修正；

③ 高 4 位出现非法码，高 4 位减 6 修正；

④ 高 4 位向更高位借位，高 4 位减 6 修正。

【例 1-32】已知，$X = [00100111]_{BCD}$，$Y = [00010010]_{BCD}$，求 $X - Y$。

解：

```
        高4位 低4位
        0010 0111 （27）
      - 0001 0010 （12）
        0001 0101 （15）
```

未发生借位，未出现非法码，不需修正。

【例 1-33】已知，$X = [00101000]_{BCD}$，$Y = [01011001]_{BCD}$，求 $X - Y$。

解：

```
        高4位 低4位
        0010 1000 （28）
      - 0101 1001 （59）
        1100 1111  高低4位均出现非法码，且均向高位借位
      - 0110 0110  高低4位均减6修正
        0110 1001 （69）
```

同时出现非法码和向高位借位两种情况，只需要修正一次。

需要指出的是，BCD 码属于无符号数，其减法若出现被减数小于减数时，需向更高位借位，运算结果与十进制数不同。例如，BCD 码数：27 - 69 = 58（127 - 69）；十进制数：27 - 69 = -42。

2. ASCII 码

计算机在处理信息时，有时需要处理字符或字符串，如从键盘输入的信息或打印的信息都是以字符方式处理的，因此，计算机必须能用二进制数表示字符。

计算机中最常用的字符编码是美国信息交换标准代码 ASCII（American Standard Code for Information Interchange）。ASCII 码用 7 位二进制数表示字符编码。ASCII 码表见表 1-4。

表 1-4 ASCII 码表

b3b2b1b0 \ b6b5b4	000	001	010	011	100	101	110	111
0000	NUL	DLE	SP	0	@	P	`	p
0001	SOH	DC1	!	1	A	Q	a	q
0010	STX	DC2	"	2	B	R	b	r
0011	ETX	DC3	#	3	C	S	c	s
0100	EOT	DC4	$	4	D	T	d	t
0101	ENQ	NAK	%	5	E	U	e	u
0110	ACK	SYN	&	6	F	V	f	v

b6b5b4 b3b2b1b0	000	001	010	011	100	101	110	111
0111	BEL	ETB	`	7	G	W	g	w
1000	BS	CAN	(	8	H	X	h	x
1001	HT	EM	)	9	I	Y	i	y
1010	LF	SUB	*	:	J	Z	j	z
1011	VT	ESC	+	;	K	[	k	{
1100	FF	FS	,	<	L	\	l	|
1101	CR	GS	-	=	M	]	m	}
1110	SO	RS	.	>	N	^	n	~
1111	SI	US	/	?	O	—	o	DEL

表中：NUL——空 　　　　　　　　　BEL——数据链换码
　　　SOH——标题开始　　　　　　DC1——设备控制 1
　　　STX——正文结束　　　　　　DC2——设备控制 2
　　　ETX——本文结束　　　　　　DC3——设备控制 3
　　　EOT——传输结果　　　　　　DC4——设备控制 4
　　　ENQ——询问　　　　　　　　NAK——否定
　　　ACK——承认　　　　　　　　SYN——空转同步
　　　BEL——报警符（可听见的信号）ETB——信息组传送结束
　　　BS——退一格　　　　　　　　CAN——作废
　　　HT——横向列表（穿孔卡片指令）EM——纸尽
　　　LF——换行　　　　　　　　　SUB——减
　　　VT——垂直制表　　　　　　　ESC——换码
　　　FF——走纸控制　　　　　　　FS——文字分隔符
　　　CR——回车　　　　　　　　　GS——组分隔符
　　　SO——移位输出　　　　　　　RS——记录分隔符
　　　SI——移位输入　　　　　　　US——单位分隔符
　　　SP——空间（空格）　　　　　DEL——作废

　　ASCII 码用 7 位二进制数表示，可表达 $2^7 = 128$ 个字符，其中包括数码（0 ~ 9），英文大小写字母，标点符号和控制字符。7 位 ASCII 码分成两组：高 3 位一组，低 4 位一组，分别表示这些符号的列序和行序，如图 1-18 所示。

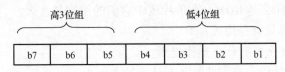

图 1-18　7 位 ASCII 码

　　要确定某数字、字母或控制操作符，可先在 ASCII 码表中查是哪一项。然后根据该项的位置从相应的列和行中找出高 3 位和低 4 位编码，组合以后就是所需的 ASCII 码。

【例 1-34】 写出字符 0、9、a 的 ASCII 码值。

解：通过查表，字符 0、9、a 的 ASCII 码值依次为 30H、39H、61H。

1.5　实训 1　单片机系统的认识

1. 实训目的

1）了解单片机的种类、应用领域。

2）认识单片机系统的组成。

2. 实训内容

1）查阅资料，写出至少 3 家单片机生产公司的名字及它们的部分产品型号，并说明这些型号的单片机是几位机。

2）举例说明日常生活中哪些商品中包含单片机（至少写出 5 种）。

3）查阅资料，设计一个用单片机实现的数字钟（电子表），画出其组成框图。

1.6　习题

1. 单片机和 PC 都是微型计算机，两者有什么区别？

2. 冯·诺依曼提出数字计算机应由哪几部分组成？

3. 什么是单片机？

4. 单片机有哪些特点？

5. 举例说明单片机的主要应用领域。

6. 什么是总线？单片机中的总线可以分为哪几种？采用总线有什么优点？

7. 什么是 RAM？什么是 ROM？在单片机中它们的用途是什么？

8. 存储器主要由哪几部分构成？

9. 堆栈的功能是什么？有什么操作规则？

10. 单片机程序设计语言有哪些？各有什么特点？

11. 简要说明单片机应用系统的开发流程。

12. 二进制数、十进制数、十六进制数各用什么字母尾缀作为标识符？无标识符时表示什么进制数？

13. 写出 0 ~ 15 的二进制数和十六进制数。

14. 将下列十进制数转换成二进制数（小数取 4 位）。

(1) 0.23   (2) 23   (3) 68.5

15. 将下列十进制数转换成十六进制数（小数取 4 位）。

(1) 0.78   (2) 78   (3) 203.5

16. 将下列二进制数转换成十进制数。

(1) 0.101B   (2) 111011B   (3) 101101.01B

17. 将下列二进制数转换成十六进制数。

(1) 0.101B   (2) 111011B   (3) 101101.01B

18. 将下列十六进制数转换成十进制数。

(1) 0.1BH   (2) A1BH   (3) F7.EDH

19. 已知 $X = 11101B$，$Y = 101B$，试求 $X + Y$、$X - Y$、$X \times Y$、$X \div Y$、$X \wedge Y$、$X \vee Y$、$X \oplus Y$。

20. 已知 $X = CEH$，$Y = 7FH$，试求 $X + Y$、$X - Y$、$X \wedge Y$、$X \vee Y$、$X \oplus Y$。

21. 写出 8 位机中，+78、0 和 -100 的原码、反码和补码。

22. 写出下列数的 BCD 码。

(1) 54   (2) 101101B   (3) 1DH

23. 已知 $X = [1001\ 0111]_{BCD}$，$Y = [1000\ 0101]_{BCD}$，试求 $X + Y$、$X - Y$。

24. 写出下列字符的 ASCII 码。

(1) A (2) n (3) 4

(4) %   (5) @   (6) 回车符 CR

第 2 章　8051 单片机的基本结构

8051 系列单片机具有类型多、体积小、功能全、面向控制、开发应用方便等特点，在工业实时控制、智能控制、测控等方面得到了广泛的应用。本章主要介绍 8051 系列单片机的基本组成和工作原理，通过介绍其内部硬件结构、引脚功能、存储器结构、I/O 接口和 CPU 组成，重点讨论其应用特性和外部特性，也就是从用户的角度分析 8051 系列单片机向我们提供了哪些资源、如何应用它们，使读者对 8051 系列单片机的内部结构和工作原理有较为详细的了解。

2.1　内部结构和引脚功能

2.1.1　内部结构

在 8051 系列单片机中，有 2 个子系列：51 子系列和 52 子系列。每个子系列有若干种型号。51 子系列有 8051、8751 和 8031 三个型号，后来经过改进产生了 80C51、87C51 和 80C31 三个型号；52 子系列有 8052、8752 和 8032 三个型号，改进后的型号是 80C52、87C52 和 80C32。改进后的型号更加省电。52 子系列比对应的 51 子系列增加了定时器 T2，并将内部程序存储器增加到 8KB。Intel 公司停止生产 8051 系列单片机之后，将生产许可权转让给许多其他公司，于是出现了许多与 8051 兼容的单片机。现在生产 8051 兼容单片机的公司都对其进行了不同程度的改进和提高。我们现在使用的比较多的有 AT89C51、AT89S51 等。

下面以 8051 系列单片机的典型型号 8051（即 51 子系列）为例，来介绍其结构及功能。52 子系列和其他改进型的产品将根据使用的需要适当介绍。8051 的内部逻辑结构图如图 2-1 所示。

分析图 2-1，并按其功能部件划分可以看出 8051 单片机内部集成了 CPU、RAM、ROM、定时/计数器和 I/O 口等各功能部件，并由内部总线把这些部件连接在一起。图 2-2 为按功能划分的 8051 单片机内部结构简化框图。

8051 单片机内部包含以下一些功能部件：

1）一个 8 位中央处理器 CPU（又称为微处理器）。

CPU 的内部结构是由运算器和控制器组成，是单片机的核心部件。其中包括算术逻辑运算单元 ALU、累加器 ACC、程序状态字寄存器 PSW、堆栈指针 SP、寄存器 B、程序计数器（指令指针）PC、指令寄存器 IR、暂存器等部件。

2）128B 的片内数据存储器 RAM。

片内数据存储器用于存放数据、运算结果等。

3）4KB 的片内程序存储器 ROM。

用于存放程序、原始数据和表格。现在的改进产品里一般都换成了 Flash 存储器。

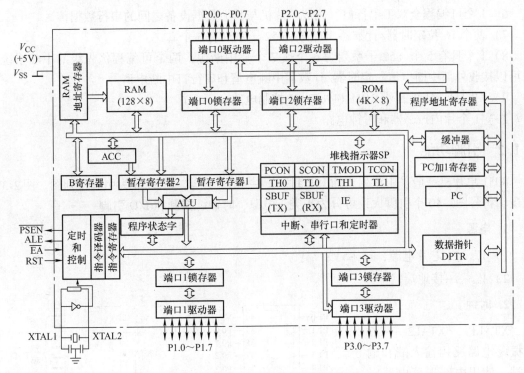

图 2-1 8051 单片机内部逻辑结构图

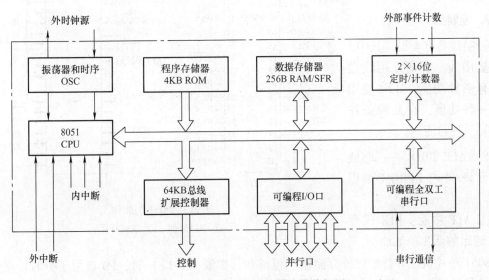

图 2-2 8051 单片机内部结构简化框图

4) 18 个特殊功能寄存器 SFR。

CPU 内部包含了一些外围电路的控制寄存器、状态寄存器以及数据输入/输出寄存器，这些外围电路的寄存器构成了 CPU 内部的特殊功能寄存器。18 个特殊功能寄存器 SFR 有 3 个是 16 位的，共占用了 21B。

5) 4 个 8 位并行输入输出 I/O 接口。

P0 口、P1 口、P2 口、P3 口（共 32 线），用于并行输入或输出数据。

6) 1个可编程全双工串行口，完成单片机与其他数据设备之间的串行数据传送。

7) 两个16位定时器/计数器T0、T1（52子系列有3个）。

8) 1个具有5个（52子系列为6个或7个）中断源，两个可编程优先级的中断系统，它可以接收外部中断申请、定时器/计数器中断申请和串行口中断申请。

9) 可寻址64KB的外ROM和外RAM控制电路。

10) 1个片内振荡器和时钟电路。

2.1.2 引脚功能

8051单片机一般采用双列直插DIP封装，共40个引脚，图2-3a为引脚排列图。图2-3b为逻辑符号图。40个引脚大致可分为4类：电源、时钟、控制和I/O引脚。

1. 电源

1) V_{CC}——芯片电源，接 +5V；

2) V_{SS}——接地端。

2. 时钟

XTAL1、 XTAL2——晶体振荡电路反相输入端和输出端。使用内部振荡电路时外接石英晶体。

3. 控制线

控制线共有4根，其中3根是复用线。所谓复用线是指具有两种功能，正常使用时是一种功能，在某种条件下是另一种功能。

1) ALE/PROG——地址锁存允许/片内EPROM编程脉冲。

① ALE功能：用来锁存P0口送出的低8位地址。

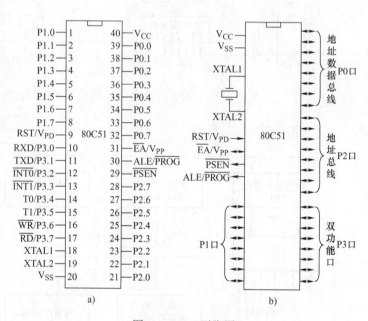

图 2-3 8051 引脚图

a) 引脚排列　b) 逻辑符号

8051单片机在并行扩展外存储器（包括并行扩展I/O口）时，P0口用于分时传送低8位地址和数据信号，且均为二进制数。那么如何区分是低8位地址还是8位数据信号呢？当ALE信号有效时，P0口传送的是低8位地址信号；ALE信号无效时，P0口传送的是8位数据信号。在ALE信号的下降沿，锁定P0口传送的内容，即低8位地址信号。

需要指出的是，当CPU不执行访问外RAM指令（MOVX）时，ALE以时钟振荡频率1/6的固定频率输出，因此ALE信号也可作为外部芯片CLK时钟或其他需要。但是，当CPU执行MOVX指令时，ALE将跳过一个ALE脉冲。

ALE端可驱动8个LSTTL门电路。

② $\overline{PROG}$功能：片内有 EPROM 的芯片，在 EPROM 编程期间，此引脚输入编程脉冲。

2）$\overline{PSEN}$——外 ROM 读选通信号。

8051 读外 ROM 时，每个机器周期内$\overline{PSEN}$两次有效输出。$\overline{PSEN}$可作为外 ROM 芯片输出允许$\overline{OE}$的选通信号。在读内 ROM 或读外 RAM 时，$\overline{PSEN}$无效。

$\overline{PSEN}$可驱动 8 个 LSTTL 门电路。

3）RST/V_{PD}——复位/备用电源。

① 正常工作时，RST（Reset）端为复位信号输入端，只要在该引脚上连续保持两个机器周期以上高电平，8051 单片机即实现复位操作，复位后一切从头开始，CPU 从程序存储器地址为 0000H 的存储单元处开始执行指令。

② V_{PD}功能：在V_{CC}掉电情况下，该引脚可接上备用电源，由V_{PD}向片内 RAM 供电，以保持片内 RAM 中的数据不丢失。

4）$\overline{EA}$/V_{PP}——内外 ROM 选择/片内 EPROM 编程电源。

① $\overline{EA}$功能：正常工作时，$\overline{EA}$为内外 ROM 选择端。8051 单片机 ROM 寻址范围为 64KB，其中 4KB 在片内，60KB 在片外（8031 单片机无内 ROM，全部在片外）。当$\overline{EA}$保持高电平时，先访问片内的程序 ROM，但当 PC（程序计数器）值超过 4KB（0FFFH）时，将自动转向执行外 ROM。当$\overline{EA}$保持低电平时，则只访问外 ROM，无论芯片内是否有内 ROM。对 8031 芯片，片内无 ROM，因此$\overline{EA}$必须接地。

② V_{PP}功能：片内有 EPROM 的芯片，在 EPROM 编程期间，此引脚用于施加编程电源V_{PP}。

对 4 个控制引脚，应熟记其第一功能，了解其第二功能。严格来讲，8051 的控制线还应包括 P3 口的第二功能。

4. I/O 引脚

8051 共有 4 个 8 位并行 I/O 端口，共 32 个引脚。

1）P0 口——8 位双向 I/O 口。

在不并行扩展外存储器（包括并行扩展 I/O 口）时，P0 口可用作双向 I/O 口。在并行扩展外存储器（包括并行扩展 I/O 口）时，P0 口用于分时传送低 8 位地址（地址总线）和 8 位数据信号（数据总线）。

P0 口能驱动 8 个 LSTTL 门电路。

2）P1 口——8 位准双向 I/O 口（"准双向"是指该口内部有固定的上拉电阻）。

P1 口能驱动 4 个 LSTTL 门电路。

3）P2 口——8 位准双向 I/O 口。

在不并行扩展外存储器（包括并行扩展 I/O 口）时，P2 口可用作双向 I/O 口。在并行扩展外存储器（包括并行扩展 I/O 口）时，P2 口用于传送高 8 位地址（地址总线）。

P2 口能驱动 4 个 LSTTL 门电路。

4）P3 口——8 位准双向 I/O 口。

可作一般 I/O 口用，同时 P3 口每一引脚还具有第二功能，用于特殊信号输入输出和控制信号（属控制总线）。P3 口第二功能如下：

P3.0——RXD：串行口输入端。

P3.1——TXD：串行口输出端。

P3.2——$\overline{INT0}$：外部中断 0 请求输入端。

P3.3——$\overline{INT1}$：外部中断 1 请求输入端。

P3.4——T0：定时/计数器 0 外部信号输入端。

P3.5——T1：定时/计数器 1 外部信号输入端。

P3.6——$\overline{WR}$：外 RAM 写选通信号输出端。

P3.7——$\overline{RD}$：外 RAM 读选通信号输出端。

P3 口驱动能力为 4 个 LSTTL 门电路。

上述 4 个 I/O 口，各有各的用途。在不并行扩展外存储器（包括并行扩展 I/O 口）时，4 个 I/O 口都可作为双向 I/O 口用。

在并行扩展外存储器（包括并行扩展 I/O 口）时，P0 口专用于分时传送低 8 位地址信号和 8 位数据信号，P2 口专用于传送高 8 位地址信号。P3 口根据需要常用于第二功能，真正可提供给用户使用的 I/O 口是 P1 口和一部分未用作第二功能的 P3 口端线。

2.2 存储器

8051 单片机在存储器的设计上，将程序存储器 ROM 和数据存储器 RAM 分开，各有自己的寻址系统、控制信号和功能。程序存储器用于存放程序和表格常数；数据存储器用于存放程序运行数据和结果。

8051 单片机的存储器从物理上可以分为 4 个存储空间，分别是：4KB 片内程序存储器、64KB 片外程序存储器、256B 片内数据存储器和 64KB 片外数据存储器。图 2-4 为 8051 单片机存储空间配置图。

不同的存储空间用不同的指令和控制信号实现读、写功能操作：

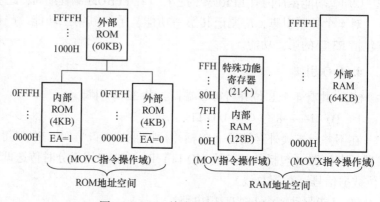

图 2-4　8051 单片机存储空间配置图

1）ROM 空间用 MOVC 指令实现只读功能操作，用$\overline{PSEN}$信号选通读外 ROM。

2）外 RAM 空间用 MOVX 指令实现读写功能操作，用$\overline{RD}$信号选通读外 RAM，用$\overline{WR}$信号选通写外 RAM。

3）内 RAM（包括特殊功能寄存器）用 MOV 指令实现读、写功能操作。

2.2.1　程序存储器（ROM）

计算机的工作是按照事先编制好的程序命令一条条循序执行的，程序存储器就是用来存放这些已编好的程序和表格常数。51单片机的程序存储器ROM空间共64KB。其中60KB在片外，地址范围1000H~FFFFH；还有低段4KB ROM因芯片而异：8051和8751在片内，8031不在片内，地址范围0000H~0FFFH。无论片内片外ROM，地址空间是统一的，不重叠。对于有内ROM的芯片（8051和8751），当$\overline{EA}$接高电平时，复位后先从内ROM地址为0000H的存储单元开始执行程序，当PC值超出片内4KB ROM空间时，会自动转向片外ROM地址为1000H的存储单元依次执行程序；当$\overline{EA}$接低电平时，复位后从外ROM地址为0000H的存储单元开始执行程序。对于8031单片机，$\overline{EA}$必须接地。

读ROM是以程序计数器PC作为16位地址指针，依次读相应地址ROM中的指令和数据，每读一个字节，PC+1→PC，这是CPU自动形成的。但是有些指令有修改PC的功能，例如转移类指令和MOVC指令，CPU将按修改后PC的16位地址读ROM。

读外ROM的过程：CPU从PC中取出当前ROM的16位地址，分别由P0口（低8位）和P2口（高8位）同时输出，ALE信号有效时由地址锁存器锁存低8位地址信号，地址锁存器输出的低8位地址信号和P2口输出的高8位地址信号同时加到外ROM 16位地址输入端，当$\overline{PSEN}$信号有效时，外ROM将相应地址存储单元中的数据送至数据总线（P0口），CPU读入后存入指定单元。

实际应用时，程序存储器的容量由用户根据需要扩展，而程序地址空间原则上也可由用户任意安排，但程序最初运行的入口地址是固定的，用户不能更改。

需要指出的是，64KB中有一小段范围是8051单片机系统专用单元，0003H~0023H是5个中断源中断服务程序入口地址，用户不能安排其他内容。8051单片机复位后，PC=0000H，CPU从地址为0000H的ROM单元中读取指令和数据。从0000H到0003H只有3B，根本不可能安排一个完整的系统程序，而8051单片机又是依次读ROM字节的，因此，这3B只能用来安排一条无条件转移指令，跳转到其他合适的地址范围去执行真正的主程序。当中断响应后，系统能按中断种类自动转到各中断的入口地址去执行程序。因此，虽然在中断地址区中本应存放中断服务程序，但在通常情况下，8个单元难以存下一个完整的中断服务程序，因此一般也是从中断入口地址开始存放一条无条件转移指令，以便中断响应后，通过中断入口地址，再转到中断服务程序的实际入口地址去。8051单片机程序存储器的入口地址见表2-1。

表2-1　8051单片机程序存储器的入口地址

入口地址名称	地　址
复位后程序入口地址	0000H
外部中断0入口地址	0003H
定时器T0溢出中断入口地址	000BH
外部中断1入口地址	0013H
定时器T1溢出中断入口地址	001BH
串行口中断入口地址	0023H

2.2.2　数据存储器（RAM）

数据存储器一般采用随机存取存储器（RAM）。这种存储器是一种在使用过程中利用程序随时可以写入信息，又可以随时读出信息的存储器。51 单片机数据存储器有片内和片外两部分。片内有 256B 的 RAM，地址范围为 00H ~ FFH。片外数据存储器可以扩展 64KB 存储器空间，地址范围为 0000H ~ FFFFH，但两者的地址空间是分开的，各自独立。

1. 片外数据存储器

外部数据存储器一般由静态 RAM 芯片组成。扩展存储器容量的大小，由用户根据需要而定，但 51 单片机访问外部数据存储器可用 1 个特殊功能寄存器——数据指针寄存器 DPTR 进行寻址。由于 DPTR 为 16 位，可寻址的范围可达 64KB，所以扩展外部数据存储器的最大容量是 64KB。

片外数据存储器寻址空间的数据传送使用专门的 MOVX 指令。控制信号是 P3 口中的 $\overline{WR}$ 和 $\overline{RD}$。

读外 RAM 的过程：外 RAM 16 位地址分别由 P0 口（低 8 位）和 P2 口（高 8 位）同时输出，ALE 信号有效时由地址锁存器锁存低 8 位地址信号，地址锁存器输出的低 8 位地址信号和 P2 口输出的高 8 位地址信号同时加到外 RAM 16 位地址输入端，当 $\overline{RD}$ 信号有效时，外 RAM 将相应地址存储单元中的数据送至数据总线（P0 口），CPU 读入后存入累加器 A 中。

写外 RAM 的过程与读外 RAM 的过程相同。只是控制信号不同，$\overline{RD}$ 信号换成 $\overline{WR}$ 信号。当 $\overline{WR}$ 信号有效时，外 RAM 将数据总线（P0 口分时传送）上的数据写入相应地址存储单元中。

外部数据存储器主要用于存放数据和运算结果。一般情况下，只有在内 RAM 不能满足应用要求时，才外接 RAM。但外 RAM 存储器空间有一个非常重要的用途，可以用来扩展 I/O 口，扩展 I/O 口与扩展外 RAM 统一编址。从理论上讲，每一个字节都可以扩展为一个 8 位 I/O 口，因此扩展个数可达 65536 个，可根据需要灵活应用。

2. 片内数据存储器

从广义上讲，8051 内 RAM（128B）和特殊功能寄存器（128B）均属于片内 RAM 空间（片内数据存储器分布如图 2-5 所示），读写指令均用 MOV 指令。但为加以区别，内 RAM 通常指 00H ~ 7FH 的低 128B 空间，它又可以分成 3 个物理空间：工作寄存器区、位寻址区和数据缓冲区。

（1）工作寄存器区

内部 RAM 块的 00H ~ 1FH 区属工作寄存器区，共分 4 个组，每组有 8 个工作寄存器 R0 ~ R7，共 32 个内部 RAM 单元，见表 2-2。工作寄存器是 8051 单片机的重要寄存器，指令系统中有专用于工作寄存器操作的指令，读写速度比一般内 RAM 要快，指令字节比一般直接寻址指令要短，另外工作寄存器还具有间址功能，能给编程和应用带来方便。

工作寄存器共有 4 组，但程序每次只用

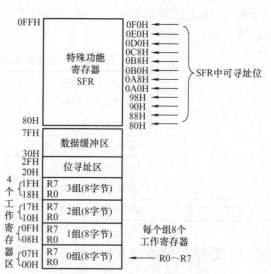

图 2-5 片内数据存储器分布图

1 组，没选用的工作寄存器组所对应的单元可以作为一般的数据缓冲区使用。选择哪一组寄存器工作由程序状态字寄存器 PSW 中的 PSW.3（RS0）和 PSW.4（RS1）两位来选择。CPU 通过软件修改 PSW 中 RS0 和 RS1 两位的状态，就可任选一个工作寄存器组工作，这个特点使 51 系列单片机具有快速现场保护功能，提高程序的效率和响应中断的速度。

表 2-2　工作寄存器与内部 RAM 单元关系

工作寄存器 0 组		工作寄存器 1 组		工作寄存器 2 组		工作寄存器 3 组	
地址	寄存器	地址	寄存器	地址	寄存器	地址	寄存器
00H	R0	08H	R0	10H	R0	18H	R0
01H	R1	09H	R1	11H	R1	19H	R1
02H	R2	0AH	R2	12H	R2	1AH	R2
03H	R3	0BH	R3	13H	R3	1BH	R3
04H	R4	0CH	R4	14H	R4	1CH	R4
05H	R5	0DH	R5	15H	R5	1DH	R5
06H	R6	0EH	R6	16H	R6	1EH	R6
07H	R7	0FH	R7	17H	R7	1FH	R7

（2）位寻址区

从 20H～2FH 共 16 字节属位寻址区。16 字节（Byte，缩写为大写 B）每个字节有 8 位（bit，缩写为小写 b），共 128 位，每一位均有一个位地址。表 2-3 为位寻址区位地址映像表。

表 2-3　位寻址区位地址映像表

字 节 地 址	位地址							
	D7	D6	D5	D4	D3	D2	D1	D0
2FH	7FH	7EH	7DH	7CH	7BH	7AH	79H	78H
2EH	77H	76H	75H	74H	73H	72H	71H	70H
2DH	6FH	6EH	6DH	6CH	6BH	6AH	69H	68H
2CH	67H	66H	65H	64H	63H	62H	61H	60H
2BH	5FH	5EH	5DH	5CH	5BH	5AH	59H	58H
2AH	57H	56H	55H	54H	53H	52H	51H	50H
29H	4FH	4EH	4DH	4CH	4BH	4AH	49H	48H
28H	47H	46H	45H	44H	43H	42H	41H	40H
27H	3FH	3EH	3DH	3CH	3BH	3AH	39H	38H
26H	37H	36H	35H	34H	33H	32H	31H	30H
25H	2FH	2EH	2DH	2CH	2BH	2AH	29H	28H
24H	27H	26H	25H	24H	23H	22H	21H	20H
23H	1FH	1EH	1DH	1CH	1BH	1AH	19H	18H
22H	17H	16H	15H	14H	13H	12H	11H	10H
21H	0FH	0EH	0DH	0CH	0BH	0AH	09H	08H
20H	07H	06H	05H	04H	03H	02H	01H	00H

在 8051 单片机中，RAM、ROM 均以字节为单位。但是一般 RAM 只有字节地址，操作时只能 8 位整体操作，不能按位单独操作。而位寻址区的 16 个字节，非但有字节地址，而且字节中每一位有位地址，可位寻址、位操作。所谓位寻址、位操作是指按位地址对该位进行置 1、清 0、求反或判转。

位寻址区的主要用途是存放各种标志位信息和位数据。需要指出的是，位地址 00H ~ 7FH 和内 RAM 字节地址 00H ~7FH 编址相同，且均用 16 进制数表示，在 8051 单片机指令系统中，有位操作指令和字节操作指令。位操作指令中的地址是位地址，字节操作指令中的地址是字节地址，虽然编址相同，在指令执行中，CPU 不会搞错，但用户，特别是初学者却容易搞错，应用中应予以注意。

（3）数据缓冲区

内 RAM 中 30H ~7FH 为数据缓冲区，属一般内 RAM，共 80 个单元，用于存放各种数据和中间结果，起到数据缓冲的作用。

2.2.3 特殊功能寄存器（SFR）

8051 系列单片机内的锁存器、定时器、串行口、数据缓冲器及各种控制寄存器、状态寄存器都以特殊功能寄存器的形式出现，它们不连续地分布在高 128B 片内 RAM 80H ~ FFH 中，表 2-4 为特殊功能寄存器地址映像表。

表 2-4　特殊功能寄存器地址映像表

SFR 名称	符号	位地址/位定义名/位编号								字节地址
		D7	D6	D5	D4	D3	D2	D1	D0	
B 寄存器	B	F7H	F6H	F5H	F4H	F3H	F2H	F1H	F0H	F0H
累加器 A	ACC	E7H	E6H	E5H	E4H	E3H	E2H	E1H	E0H	E0H
		ACC. 7	ACC. 6	ACC. 5	ACC. 4	ACC. 3	ACC. 2	ACC. 1	ACC. 0	
程序状态字寄存器	PSW	D7H	D6H	D5H	D4H	D3H	D2H	D1H	D0H	D0H
		Cy	AC	F0	RS1	RS0	OV	F1	P	
		PSW. 7	PSW. 6	PSW. 5	PSW. 4	PSW. 3	PSW. 2	PSW. 1	PSW. 0	
中断优先级控制寄存器	IP	BFH	BEH	BDH	BCH	BBH	BAH	B9H	B8H	B8H
		—	—	—	PS	PT1	PX1	PT0	PX0	
I/O 端口 3	P3	B7H	B6H	B5H	B4H	B3H	B2H	B1H	B0H	B0H
		P3. 7	P3. 6	P3. 5	P3. 4	P3. 3	P3. 2	P3. 1	P3. 0	
中断允许控制寄存器	IE	AFH	AEH	ADH	ACH	ABH	AAH	A9H	A8H	A8H
		EA	—	—	ES	ET1	EX1	ET0	EX0	
I/O 端口 2	P2	A7H	A6H	A5H	A4H	A3H	A2H	A1H	A0H	A0H
		P2. 7	P2. 6	P2. 5	P2. 4	P2. 3	P2. 2	P2. 1	P2. 0	
串行数据缓冲器	SBUF									99H
串行数据缓冲器	SCON	9FH	9EH	9DH	9CH	9BH	9AH	99H	98H	98H
		SM0	SM1	SM2	REN	TB8	RB8	TI	RI	

SFR 名称	符号	位地址/位定义名/位编号								字节地址
		D7	D6	D5	D4	D3	D2	D1	D0	
I/O 端口 1	P1	97H	96H	95H	94H	93H	92H	91H	90H	90H
		P1.7	P1.6	P1.5	P1.4	P1.3	P1.2	P1.1	P1.0	
定时/计数器 1 （高字节）	TH1									8DH
定时/计数器 0 （高字节）	TH0									8CH
定时/计数器 1 （低字节）	TL1									8BH
定时/计数器 0 （低字节）	TL0									8AH
定时/计数器 方式选择	TMOD	GATE	C/$\overline{\text{T}}$	M1	M0	GATE	C/$\overline{\text{T}}$	M1	M0	89H
定时/计数器 控制寄存器	TCON	8FH	8EH	8DH	8CH	8BH	8AH	89H	88H	88H
		TF1	TR1	TF0	TR0	IE1	IT1	IE0	IT0	
电源控制及 波特率选择	PCON	SMOD	—	—	—	GF1	GF0	PD	IDL	87H
数据指针 （高字节）	DPH									83H
数据指针 （低字节）	DPL									82H
堆栈指针	SP									81H
I/O 端口 0	P0	87H	86H	85H	84H	83H	82H	81H	80H	80H
		P0.7	P0.6	P0.5	P0.4	P0.3	P0.2	P0.1	P0.0	

表 2-4 中罗列了这些特殊功能寄存器的名称、符号和字节地址，其中字节地址能被 8 整除的特殊功能寄存器（字节地址末位为 0 或 8）可位寻址位操作。可位寻址的特殊功能寄存器每一位都有位地址，有的还有位定义名。如 PSW.0 是位编号，代表程序状态字寄存器 PSW 最低位，它的位地址为 D0H，位定义名为 P，编程时三者都可使用。有的特殊功能寄存器有位定义名，却无位地址，也不可位寻址位操作。例如 TMOD，每一位都有位定义名：GATE、C/$\overline{\text{T}}$、M1、M0，但无位地址，因此不可位寻址位操作。不可位寻址位操作的特殊功能寄存器只有字节地址，无位地址。

下面先介绍部分特殊功能寄存器，其余部分将在后续有关章节中叙述。

1. 累加器 ACC

累加器 ACC 是 8051 单片机中最常用的寄存器。许多指令的操作数取自 ACC，许多运算的结果存放在 ACC 中。

乘除法指令必须通过 ACC 进行。累加器 ACC 的指令助记符为 A。

2. 寄存器 B

在 8051 乘除法指令中要用到寄存器 B。此外，B 可作为一般寄存器用。

3. 程序状态字寄存器 PSW

PSW 也称为标志寄存器，存放各有关标志。其结构和定义见表 2-5。

表 2-5　PSW 的结构和定义

位地址	D7H	D6H	D5H	D4H	D3H	D2H	D1H	D0H
位定义名	Cy	AC	F0	RS1	RS0	OV	F1	P
位编号	PSW.7	PSW.6	PSW.5	PSW.4	PSW.3	PSW.2	PSW.1	PSW.0

（1）Cy——进位标志

在累加器 A 执行加减法运算时，若最高位有进位或借位，Cy 置 1，否则清 0。在进行位操作时，Cy 是位操作累加器，指令助记符用 C 表示。

（2）AC——辅助进位标志

在累加器 A 执行加减法运算时，若低半字节 ACC.3 向高半字节 ACC.4 有进位或借位，AC 置 1，否则清 0。

（3）RS1、RS0——工作寄存器区选择控制位

工作寄存器区有 4 个，但当前工作的寄存器区只能有一个。RS1、RS0 的编号用于选择当前工作的寄存器区。

RS1、RS0 = 00——0 组（00H ~ 07H）

RS1、RS0 = 01——1 组（08H ~ 0FH）

RS1、RS0 = 10——2 组（10H ~ 17H）

RS1、RS0 = 11——3 组（18H ~ 1FH）

（4）OV——溢出标志

用于表示 ACC 在有符号数算术运算中的溢出。溢出和进位是两个不同的概念。进位是指 ACC.7 向更高位进位，用于无符号数运算。溢出是指有符号数运算时，运算结果数超出 +127 ~ −128 范围。溢出标志可由下式求得：

$$OV = C_6' \oplus C_7'$$

其中 C_6' 为 ACC.6 向 ACC.7 进位或借位，有进位或借位时置 1，否则清 0；C_7' 为 ACC.7 向更高位进位或借位，有进位或借位时置 1，否则清 0。当次高位 ACC.6 向最高位 ACC.7 进位或借位，且 ACC.7 未向更高位进位或借位时，发生溢出。或者 ACC.6 未向 ACC.7 进位或借位，且 ACC.7 却向更高位进位或借位时，发生溢出。

发生溢出时 OV 置 1，否则清 0。

（5）P——奇偶标志

表示 ACC 中 1 的个数的奇偶性。如果 ACC 中 1 的个数为奇数，则 P 置 1，反之清 0。奇偶标志 P 主要用于信号传输过程中奇偶校验。

（6）F0、F1——用户标志

与位操作区 20H ~ 2FH 中的位地址 00H ~ 7FH 功能相同。区别在于位操作区内的位仅有

位地址，而 F0、F1 可有 3 种表示方法：位地址 D5H、D1H，位编号 PSW.5、PSW.1 和位定义名 F0、F1。

PSW 是 8051 单片机中的一个重要寄存器，其中 Cy、AC、OV、P 反映了累加器 ACC 的状态或信息，RS1、RS0 决定工作寄存器区，F0 和 F1 提供用户位操作使用。对 PSW 操作时，既可按字节整体操作，也可对其中某一位单独进行位操作。

4. 数据指针 DPTR

数据指针 DPTR 是一个 16 位的特殊功能寄存器，由两个 8 位寄存器 DPH、DPL 组成。

DPH 是 DPTR 高 8 位，DPL 是 DPTR 低 8 位，既可合并作为一个 16 位寄存器，又可分开按 8 位寄存器单独操作。相对于地址指针 PC，DPTR 称为数据指针。但实际上 DPTR 主要用于存放一个 16 位地址，作为访问存储器（外 RAM 和 ROM）的地址指针。

5. 堆栈指针 SP

堆栈是一种数据结构，所谓堆栈就是只允许在其一端进行数据插入和数据删除操作的线性表。数据写入堆栈称为插入运算（PUSH），也叫入栈。数据从堆栈中读出称之为删除运算（POP），也叫出栈。堆栈的最大特点就是"后进先出"的数据操作规则，常把后进先出写为 LIFO（Last‑In，First‑Out），这里所说的进与出就是数据的入栈和出栈。即先入栈的数据由于存放在栈的底部，因此后出栈；而后入栈的数据存放在栈的顶部，因此先出栈。这与往弹仓压入子弹和从弹仓中弹出子弹的情形非常类似。

（1）堆栈的功用

堆栈主要是为子程序调用和中断操作而设立的。其具体功能有两个：保护断点和保护现场。因为在计算机中无论是执行子程序调用操作还是执行中断操作，最终都要返回主程序。因此在计算机转去执行子程序或中断服务程序之前，必须考虑其返回问题。为此应预先把主程序的断点保护起来，为程序的正确返回做准备。

计算机在转去执行子程序或中断服务程序以后，很可能要使用单片机中的一些寄存单元，这样就会破坏这些寄存单元中的原有内容。为了既能在子程序或中断服务程序中使用这些寄存单元，又能保证在返回主程序之后恢复这些寄存单元的原有内容。所以在转去执行子程序或中断服务程序之前要把单片机中各有关寄存单元的内容保存起来，这就是所谓现场保护。

那么把断点和现场内容保存在哪儿呢？保存在堆栈中。可见堆栈主要是为中断服务操作和子程序调用而设立的。为了使计算机能进行多级中断嵌套及多重子程序嵌套，所以要求堆栈具有足够的容量（或者说足够的堆栈深度）。

此外，堆栈也可用于数据的临时存放，在程序设计中时常用到。

（2）堆栈的开辟

鉴于单片机的单片特点，堆栈只能开辟在芯片的内部数据存储器中，即所谓的内堆栈形式。51 单片机当然也不例外。内堆栈的主要优点是操作速度快，但堆栈容量有限。

（3）堆栈指针

如前所述，堆栈共有两种操作：进栈和出栈。但不论是数据进栈还是数据出栈，都是对堆栈的栈顶单元进行的，即对栈顶单元的写和读操作。为了指示栈顶地址，所以要设置堆栈指针 SP（Stack Pointer），SP 的内容就是堆栈栈顶的存储单元地址。

51 单片机由于堆栈设在内部 RAM 中，因此 SP 是一个 8 位寄存器，实际上 SP 就是专用寄存器的一员。系统复位后，SP 的内容为 07H，但由于堆栈最好在内部 RAM 的 30H ~ 7FH 单元中开辟，所以在程序设计时应注意把 SP 值初始化为 30H 以后，以免占用宝贵的寄存器区和位寻址区。SP 的内容一经确定，堆栈的位置也就跟着确定下来，由于 SP 可初始化为不同值，因此堆栈位置是浮动的。

（4）堆栈类型

堆栈可有两种类型：向上生长型和向下生长型，如图 2-6 所示。

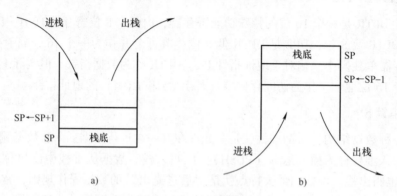

图 2-6　两种类型堆栈

a）向上生长型　b）向下生长型

向上生长型堆栈，栈底在低地址单元。随着数据进栈，地址递增，SP 的内容越来越大，指针上移；反之，随着数据的出栈，地址递减，SP 的内容越来越小，指针下移。

51 单片机的堆栈属向上生长型，这种堆栈的操作规则如下：

进栈操作：先 SP 加 1，后写入数据。

出栈操作：先读出数据，后 SP 减 1。

向下生长型堆栈，栈底设在高地址单元。随着数据进栈，地址递减，SP 内容越来越小，指针下移；反之，随着数据的出栈，地址递增，SP 内容越来越大，指针上移。其堆栈操作规则与向上生长型正好相反。

（5）堆栈使用方式

堆栈的使用有两种方式。一种是自动方式，即在调用子程序或中断时，返回地址（断点）自动进栈。程序返回时，断点再自动弹回 PC。这种堆栈操作无需用户干预，因此称为自动方式。

另一种是指令方式，即使用专用的堆栈操作指令，进行进出栈操作。其进栈指令为 PUSH，出栈指令为 POP。例如现场保护就是指令方式的进栈操作；而现场恢复则是指令方式的出栈操作。

2.2.4　程序计数器（PC）

程序计数器 PC 不属于特殊功能寄存器，不可访问，在物理结构上是独立的。PC 是一个 16 位的地址寄存器，用于存放将要从 ROM 中读出的下一字节指令码的地址，因此也称为地址指针。PC 的基本工作方式有：

1）自动加 1。CPU 从 ROM 中每读一个字节，自动执行 PC + 1→PC；

2）执行转移指令时，PC 会根据该指令要求修改下一次读 ROM 新的地址；

3）执行调用子程序或发生中断时，CPU 会自动将当前 PC 值压入堆栈，将子程序入口地址或中断入口地址装入 PC；子程序返回或中断返回时，恢复原有被压入堆栈的 PC 值，继续执行原顺序程序指令。

2.3　I/O 端口

在 51 单片机中有 4 个双向并行 I/O 端口 P0 ~ P3，每个端口都有 8 条端口线，共 32 条线，并都配有端口锁存器、输出驱动器和输入缓冲器，用于 CPU 与外部设备之间交换信息。这 4 个 I/O 口在电路结构上不完全相同，因此在功能和使用上有各自的特点。下面首先介绍 P0 口的结构和应用特点，然后对比 P0 口，介绍其他 3 个口的异同点。

2.3.1　P0 口

1. 端口结构

P0 口是一个三态双向口，其 1 位的结构原理如图 2-7 所示。P0 口由 8 个这样的电路组成。锁存器起输出锁存作用，8 个锁存器构成了特殊功能寄存器 P0；场效应管 VT1、VT2 组成输出驱动器，以增大负载能力；三态门 1 是引脚输入缓冲器；三态门 2 是读锁存器端口；与门 3、反相器 4 及模拟转换开关 MUX 构成输出控制电路。

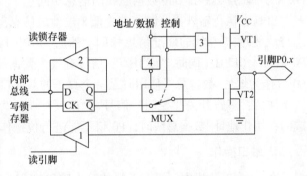

图 2-7　P0 口位结构图

2. 通用 I/O 接口功能

当系统不进行片外的 ROM 扩展，也不进行片外 RAM 扩展时，P0 用作通用 I/O 口。在这种情况下，单片机硬件自动使多路开关"控制"信号为 0（低电平），MUX 开关接锁存器的反相输出端。另外，与门输出的 0 使输出驱动器的上拉场效应管 VT1 处于截止状态。此时，输出级是漏极开路。

（1）P0 作为输出口

作输出口时，CPU 执行输出指令，内部数据总线上的数据在"写锁存器"信号的作用下由 D 端进入锁存器，经锁存器的反相端送至场效应管 VT2，再经 VT2 反相，在 P0. X 引脚出现的数据正好是内部总线的数据。输出级是漏极开路，类似于 OC 门，当驱动电流负载时，需要外接上拉电阻，P0 口带有锁存器，具有输出锁存功能。

（2）P0 作为输入口

作输入口时，数据可以读自该接口的锁存器，也可以读自该接口的引脚。这要根据输入操作采用的是"读锁存器"指令还是"读引脚"指令来决定。

CPU 在执行"读—修改—写"输入指令时（如：ANL P0，A），内部产生的"读锁存器"操作信号，使锁存器 Q 端数据进入内部数据总线，与累加器 A 进行逻辑运算之后，结果又送回 P0 口的锁存器并出现在引脚。读锁存器可以避免因外部电路原因使原口引脚状态发生变化造成的误读。

CPU 在执行 MOV 输入指令时（如：MOV A，P0），内部产生的操作信号是"读引脚"。注意，在执行该类输入指令前要先把锁存器写入 1，使场效应管 VT2 截止，引脚处于悬浮状态，可以作为高阻抗输入。否则，在作为输入方式之前曾向锁存器输出过"0"，则 VT2 导通会使引脚钳位在"0"电平，使输入高电平"1"无法读入。

注意：P0 口在作为通用 I/O 口时，属于准双向口；"读引脚"操作时，需事先将锁存器置 1；输出时需外接上拉电阻。

3. 地址/数据分时复用功能

当系统进行片外的 ROM 扩展或进行片外 RAM 扩展时，P0 用作地址/数据总线。在这种情况下，单片机内硬件自动使多路开关"控制"信号为"1"（高电平），MUX 开关接反相器的输出端，这时与门的输出由地址/数据总线的状态决定。

CPU 在执行输出指令时，低 8 位地址信息和数据信息分时出现在地址/数据总线上，P0. X 引脚的状态与地址/数据总线的信息相同。

CPU 在执行输入指令时，首先低 8 位地址信息出现在地址/数据总线上，P0. X 引脚的状态与地址/数据总线的地址信息相同。然后，CPU 自动使转换开关 MUX 拨向锁存器，并向 P0 口写入 0FFH，同时"读引脚"信号有效，数据经缓冲器进入内部数据总线。由此可见，P0 口作为地址/数据总线使用时是一个真正的双向口。

注意：多路开关"控制"信号、"读锁存器""读引脚"信号是由硬件根据指令自动完成的；用作地址/数据总线时，P0 口不能进行位操作。

4. 端口操作

在 8051 单片机中，没有专门的输入输出指令，而是将 I/O 接口与存储器一样看待，使用和读写 RAM 一样的指令实现输入输出功能，端口在 RAM 中的字节地址和位地址见表 2-4。当向 I/O 口写入数据时，即通过相应引脚向外输出；而当从 I/O 口读出数据时，则通过引脚将外设状态信号输入到单片机内。

单片机 I/O 口既可以按字节寻址，也可以按位寻址。51 系列单片机有不少指令可直接进行端口操作。

1）使用数据传送类 MOV 指令输入/输出字节数据，例如：

MOV   A，P0

MOV   P0，A

2）使用位操作指令输出各位数据，例如：

SETB   P0.0

MOV   C，P0.0

3）使用读—修改—写指令改变输出数据，例如：

ANL   P0，A

注意：I/O 口是可编程且能进行读或写操作的寄存器，使用和读写 RAM 相同的指令。

2.3.2　P1 口

P1 口位结构如图 2-8 所示。

在结构上，P1 口与 P0 口相比，主要有两个不同：一是不需要多路开关；二是本身具备上拉电阻。

在应用上，P1 口只能作一般 I/O 口使用，除了作输出口使用时不必外接上拉电阻外，其他应用特点及注意事项与 P0 口完全一样。

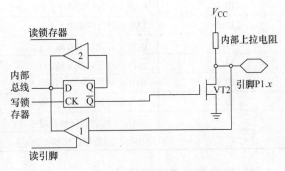

图 2-8　P1 口位结构图

2.3.3　P2 口

P2 口位结构如图 2-9 所示。

在结构上，P2 口与 P0 口相比有两个不同：一是多路开关 MUX 的一个输入端只是"地址"，而不是"地址/数据"；二是 P2 口自身具备上拉电阻。

在应用上分两种情况：一是作一般 I/O 口使用，与 P1 口相同；二是用于为外部扩展存储器或 I/O 口提供高 8 位地址。

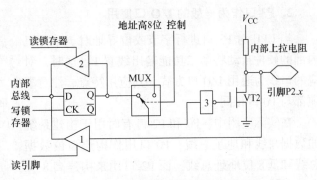

图 2-9　P2 口位结构图

注意：在扩展存储器或 I/O 口应用中，P2 口只能作为地址线而不能作为数据线使用。

2.3.4　P3 口

P3 口位结构如图 2-10 所示。与 P1 口结构相比，多了一个与非门 3 和一个输入缓冲器 4，当 CPU 不对 P3 口进行字节或位寻址时，内部硬件自动将锁存器的 Q 端置 1。这时，P3 口作为第二功能使用，引脚的第二功能见表 2-6。

1. P3 口用作第二功能使用

（1）输入第二功能信号时

此时锁存器输出端及"第二功能输出"信号端均应保持高电平。第二功能输入信号经 P3.X 引脚通过缓冲器 4 的输出端输入到单片机内部。

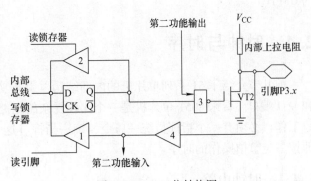

图 2-10　P3 口位结构图

表 2-6　P3 口 8 位口线第二功能

口　　线	第　二　功　能
P3.0	RXD（串行口输入）
P3.1	TXD（串行口输出）
P3.2	$\overline{INT0}$（外部中断 0 输入）
P3.3	$\overline{INT1}$（外部中断 1 输入）
P3.4	T0（定时器 T0 的外部输入）
P3.5	T1（定时器 T1 的外部输入）
P3.6	$\overline{WR}$（片外数据存储器写选通）
P3.7	$\overline{RD}$（片外数据存储器读选通）

（2）输出第二功能信号时

此时锁存器应预先置 1，以保证与非门对第二功能信号的输出能顺利进行。

2. P3 口作为一般的 I/O 口使用

当 CPU 对 P3 口进行字节或位寻址时，单片机内部的硬件自动将第二功能输出线置 1。这时，对应的口线为通用 I/O 口方式，其应用特点、注意事项都与 P0 口相同。

在实际应用中，P0 和 P2 口有时用于构建系统的数据总线和地址总线，P0 口用作构建 8 位数据总线和低 8 位地址总线，而 P2 口用来构建高 8 位地址总线。P3 口多用于第二功能，真正用于一般I/O 口的往往是 P1 口。三总线构成示意图如图 2-11所示。

注意：P3 口第二功能是 CPU 依据对端口的使用状态由硬件自动产生的，复位后 P0 ~ P3 口均为 0FFH。

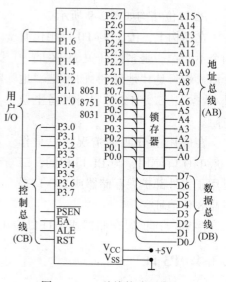

图 2-11　三总线构成示意图

2.4　时钟与时序

前几节介绍了 51 系列单片机的内部结构、引脚功能、存储空间配置、特殊功能寄存器和 I/O 端口。看来 8051 单片机是一个比较复杂的电路，要使这个比较复杂的电路有条不紊地工作，必须有一个指挥员统一口令、统一指挥。这个统一口令即 8051 的时钟，统一指挥即按一定节拍操作的时序。

2.4.1　时钟电路

时钟信号的产生有两种方式：内部振荡器方式和外部引入方式。

1. 内部振荡器方式

采用内部振荡器方式时，如图 2-12a 所示。片内的高增益反相放大器通过 XTAL1、

XTAL2 外接作为反馈元件的片外晶体振荡器（呈感性）与电容组成的并联谐振回路构成一个自激振荡器，向内部时钟电路提供振荡时钟。振荡器的频率主要取决于晶体的振荡频率，一般可在 1.2 ~ 12MHz 之间任选。电容 C1、C2 可在 10 ~ 30pF 之间选择，电容的大小对振荡频率有微小的影响，可起频率微调作用。

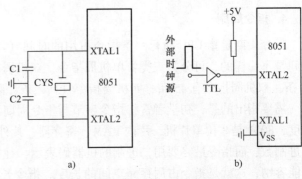

图 2-12　8051 单片机时钟电路
a）内时钟方式　b）外时钟方式

2. 外部引入方式

外部脉冲信号由 XTAL2 端引脚输入，送至内部时钟电路。如图 2-12b 所示。

2.4.2　时钟周期和机器周期

单片机系统的各部分是在 CPU 的统一指挥下协调工作的，CPU 微控制器根据不同指令，产生相应的定时信号和控制信号，各部分和各控制信号之间要满足一定的时间顺序。

1. 时钟周期

它是 8051 振荡器产生的时钟脉冲频率的倒数，是最基本、最小的定时信号。

2. 状态周期

它是将时钟脉冲二分频后的脉冲信号。状态周期是时钟周期的两倍。状态周期又称 S 周期。在 S 周期内有两个时钟周期，即分为两拍，分别称为 P1 和 P2，见图 2-13。

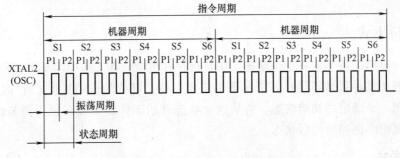

图 2-13　8051 单片机各种周期的关系

3. 机器周期

机器周期是 8051 单片机工作的基本定时单位，简称机周。在后面内容中，对 8051 单片机操作的分析均以机周为单位。一个机器周期含有 6 个状态周期，分别为 S1、S2、…、S6，每个状态周期有两拍，分别为 S1P1、S1P2、S2P1、S2P2…，S6P1、S6P2，如图 2-13 所示。机器周期与时钟周期有固定的倍数关系。机器周期是时钟周期的 12 倍。当时钟频率为 12MHz 时，机器周期为 1μs；当时钟频率为 6MHz 时，机器周期为 2μs。12MHz 和 6MHz 时钟频率是 8051 单片机常用的两个频率，因此，当 8051 采用这两个频率的晶振时，机器周期 1μs 与 2μs 就是两个重要的数据，应该记住。

4. 指令周期

指令周期是指 CPU 执行一条指令占用的时间（用机器周期表示）。8051 执行各种指令时间是不一样的，可分为三类：单机周指令、双机周指令和四机周指令。其中单机周指令有 64 条，双机周指令有 45 条，四机周指令只有 2 条（乘法和除法指令），没有三机周指令。

需要指出的是，初学者常将指令字节与指令周期混淆。指令字节是指令占用存储空间的长度，8051 是 8 位单片机，片内 RAM、寄存器、片外 ROM、RAM 均为 8 位，只能存入 8 位二进制数，而指令最终要用二进制的机器码表示，往往一个字节装不下，要用 1 ~ 3 个字节才能容纳，这就是指令占用存储空间的长度。指令长度单位用字节表示，8051 指令系统的指令长度可分为三类：单字节、双字节和三字节。因此，指令周期和指令字节是两个完全不同的概念，前者表示执行一条指令所用的时间，后者表示一条指令在 ROM 中所占的存储空间，两者不能混淆。

2.5 工作方式

8051 单片机的工作方式共有四种：复位方式、程序执行方式、低功耗方式和片内 ROM 编程（包括校验）方式。

程序执行方式是单片机的基本工作方式，CPU 按照 PC 所指出的地址从 ROM 中取址并执行。每取出一个字节，PC + 1→PC，因此一般情况下，CPU 是依次执行程序。当调用子程序、中断或执行转移指令时，PC 会相应产生新的地址，CPU 仍然根据 PC 所指出的地址取指并执行。

片内 ROM 编程（包括校验）一般由专门的编程器实现，用户只需使用而不需了解编程方法。

2.5.1 复位方式

复位是计算机的一个重要工作状态。单片机在开机时或在工作中因干扰而使程序失控或工作中程序处于某种死循环状态等情况下都需要复位，复位的作用是使 CPU 以及其他功能部件都恢复到一个确定的初始状态，并从这个状态开始工作，所以必须弄清 8051 单片机复位的条件、复位电路和复位后状态。

1. 复位条件

实现复位操作，必须使 RST 引脚（9）保持两个机器周期以上的高电平。例如，若时钟频率为 12MHz，每机周为 1μs，则只需持续 2μs 以上时间的高电平；若时钟频率为 6MHz，每机周为 2μs，则需持续 4μs 以上时间的高电平。

2. 复位电路

图 2-14 为 8051 上电复位电路。RC 构成微分电路，在上电瞬间，产生一个微分脉冲，其宽度若大于 2 个机器周期，8051 将复位。为保证微分脉冲宽度足够大，RC 时间常数应大于两个机器周期。一般取 22μF 电容、1kΩ 电阻。

图 2-15 为按键复位电路。该电路除具有上电复位功能外，若要复位，只需按下图中

RESET 键，R1C2 仍构成微分电路，使 RST 端产生一个微分脉冲复位，复位完毕 C2 经 R2 放电，等待下一次按下复位按键。

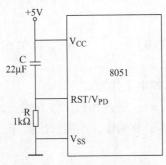

图 2-14　8051 上电复位电路

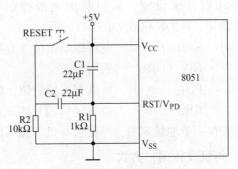

图 2-15　8051 按键复位电路

3. 复位后 CPU 状态

8051 单片机复位期间不产生 ALE 和 $\overline{\text{PSEN}}$ 信号，同时片内各寄存器进入下列状态：

PC：	0000H	TMOD：	00H
Acc：	00H	TCON：	00H
B：	00H	TH0：	00H
PSW：	00H	TL0：	00H
SP：	07H	TH1：	00H
DPTR：	0000H	TL1：	00H
P0 ～ P3：	FFH	SCON：	00H
IP：	× × ×00000B	SBUF：	不定
IE：	0 × ×00000B	PCON：	0 × × ×0000B

其中 × 号表示无关位，是一个随机数值。

从以上 8051 复位后状态，可以注意到以下情况：

1）复位期间不产生 ALE 和 $\overline{\text{PSEN}}$ 信号，表明 8051 单片机复位期间，不会有任何取指操作。

2）复位后 PC 值为 0000H，表明复位后程序从 0000H 开始进行。

3）SP 值为 07H，表明堆栈底部在 07H。若不重新设置 SP 值，堆栈将占用原属于工作寄存器区的 08H～1FH 单元，共 24B，20H 以上为位寻址区，若启动工作寄存器 1 组～3 组或堆栈容量超出 24B，将会出错。因此系统若要求堆栈深度足够大或不占用部分工作寄存器区及位寻址区，在程序初始化中，必须改变 SP 值，一般可置 SP 值为 50H 或 60H。堆栈深度相应为 48B 和 32B。

4）P0～P3 口值为 FFH。P0～P3 口用作输入口时，必须先写入"1"。实际上 8051 在复位后，已使 P0～P3 口每一端线为"1"，为这些端线用作输入口作好了准备。

5）其余各寄存器在复位后均为 0，且使用时一般应先赋值，因此可不作记忆。

2.5.2　低功耗工作方式

8051 单片机有两种低功耗方式：待机（休闲）方式（Idle）和掉电保护方式（Power Down）。在 $V_{cc} = 5V$，$f_{osc} = 12MHz$ 条件下，正常工作时电流约 20mA；待机（休闲）方式时电流约 5mA；掉电保护方式时电流仅 75μA。但这两种低功耗工作方式不是自动产生的，而是可编程的，即必须由软件来设定。其控制由电源控制寄存器 PCON 确定。PCON 格式如图 2-16 所示。

MSB							LSB
SMOD	—	—	—	GF1	GF0	PD	IDL

图 2-16　PCON 格式

其中：SMOD：　　　　　波特率倍增位（在串行通信中使用）

　　　　GF1、GF0：　　　通用标志位

　　　　PD：　　　　　　掉电方式控制位，PD = 1，进入掉电工作方式

　　　　IDL：　　　　　　待机（休闲）方式控制位，IDL = 1，进入待机工作方式

PCON 字节地址 87H，不能位寻址。读写时，只能整体字节操作，不能按位操作。

1. 待机（休闲）方式

（1）待机（休闲）方式状态

8051 单片机处于待机（休闲）方式时，片内时钟仅向中断源提供，其余被阻断。PC、特殊功能寄存器和片内 RAM 状态保持不变。I/O 引脚端口值保持原逻辑值，ALE、$\overline{PSEN}$ 保持逻辑高电平，即 CPU 不工作，但中断功能继续存在。

（2）待机（休闲）状态进入

只要使 PCON 中 IDL 位置 1。例：执行指令 MOV　PCON，# 01H；（设 SMOD = 0）。注意 PCON 不能按位操作，用 SETB IDL 无效。

（3）待机（休闲）状态退出

由于在待机（休闲）方式下，中断功能继续存在，因此任一中断请求被响应都可使 PCON.0（IDL）清 0，从而退出待机（休闲）状态。

另一种退出待机（休闲）状态的方法是复位，但复位操作将使片内特殊功能寄存器处于复位初始状态，程序从 0000H 执行。而上述中断退出待机（休闲）状态则可避免这一情况发生，精心编程可使进入待机（休闲）状态前的程序继续执行。

2. 掉电保护方式

（1）掉电保护方式状态

8051 处于掉电保护方式时，片内振荡器停振，所有功能部件停止工作，仅保存片内 RAM 数据信息，ALE、$\overline{PSEN}$ 为低电平。Vcc 可降至 2V，但不能真正掉电。

（2）掉电保护状态进入

只要使 PCON 中 PD 位置 1。一般情况下，可在检测到电源发生故障，但尚能保持正常工作时，将需要保存的数据存入片内 RAM，并置 PD 为 1，进入掉电保护状态。

（3）掉电保护状态退出

掉电保护状态退出的唯一方法是硬件复位，复位后片内 RAM 数据不变，特殊功能寄存器内容按复位状态初始化。

2.6　ATMEL89 系列单片机

美国 Atmel 公司是世界著名的半导体制造公司，除生产各种专用集成电路外，Atmel 公司还为通信、家电、仪器仪表、IT 行业及各种应用系统提供性价比高的产品。Atmel 公司最

引人注目的是它的 EPROM 电可擦除技术、Flash 存储器技术和优秀的生产工艺与封装技术。1994 年 Atmel 公司率先把 51 单片机内核与其擅长的 Flash 存储技术相结合，推出了轰动业界的 AT89 系列单片机。Atmel 公司的这些先进技术用于单片机生产，使单片机在结构和性能等方面更具明显优势。AT89 系列产品进入中国市场后已获得了巨大成功。至今，AT89 系列单片机在 51 兼容机市场上仍占有很大份额，其产品受到了众多用户的喜爱。本书实例中用到的单片机是 Atmel 公司生产的 AT89S52，市场零售价在 5 元人民币左右。

2.6.1 AT89 系列单片机的优点

AT89 系列单片机对一般用户来说，有以下明显的优点：

（1）内部含 Flash 存储器

AT89 系列单片机内部含 Flash 存储器，因此在系统的开发过程中很容易修改程序，这就大大缩短了系统的开发周期。同时，在系统工作过程中，能有效地保存一些数据信息，即使外界电源损坏也不影响信息的保存。

（2）和 80C51 引脚兼容

AT89 系列单片机的引脚是和 80C51 一样的，所以，当用 AT 89 系列单片机取代 80C51 时，可以直接进行代换。这时，无论采用 40 引脚亦或 44 引脚的产品，只要用相同引脚的 AT 89 系列单片机取代 80C51 的单片机即可。

（3）静态时钟方式

AT89 系列单片机采用静态时钟方式，所以可以节省电能，这对于降低便携式产品的功耗十分有用。

（4）错误编程亦无废品产生

一般的 OTP 产品，一旦错误编程就成了废品。而 AT89 系列单片机内部采用了 Flash 存储器，所以，错误编程之后仍可以重新编程，直到正确为止，故不存在废品。

（5）可进行反复系统试验

用 AT89 系列单片机设计的系统，可以反复进行系统试验；每次试验可以编入不同的程序，这样可以保证用户的系统设计达到最优。而且随用户的需要和发展，还可以进行修改，使系统不断能追随用户的最新要求。

2.6.2 AT89 系列单片机的内部结构

AT89 系列单片机的内部结构和 8051 相近，它主要含有如下一些部件：

1）8051CPU。

2）振荡电路。

3）总线控制部件。

4）中断控制部件。

5）片内 Flash 存储器。

6）片内 RAM。

7）并行 I/O 接口。

8）定时/计数器。

9）串行 I/O 接口。

在 AT 89 系列单片机中，AT89C1051 的 Flash 存储器容量最小，只有 1KB；而 AT89C52，AT89LV52，AT89S8252 的 Flash 存储器容量较大，有 8KB。这个系列中，结构最简单的是 AT89C1051，它内部也不含串行接口；最复杂的是 AT89S8252，它内部不但含标准的串行接口，还含一个串行外围接口 SPI、Watchdog 定时器、双数据指针、电源下降的中断恢复等功能和部件。

AT89 系列单片机有多种型号，分别为 AT89C51、AT89LV51、AT89C52、AT89LV52、AT89C2051、AT89C1051、AT89S8252 等。其中 AT89LV51 和 AT89LV52 分别是 AT89C51 和 AT89C52 的低电压产品，最低电压可以低至 2.7V。而 AT89C1051 和 AT89C2052 则是低档型低电压产品，它们的引脚为 20 脚，最低电压也为 2.7V。

2.6.3 AT89 系列单片机的型号编码

AT89 系列单片机的型号编码由三个部分组成，它们分别是前缀、型号、后缀。格式如下：

AT89C××—××××

其中：AT 是前缀；

89C×× 是型号；

×× 是后缀。

（1）前缀

前缀由字母"AT"组成，它表示该器件是 ATMEL 公司的产品。

（2）型号

型号由"89C××"或"89LV××"或"89S××"等表示。

"89C××"中，9 表示内部含 Flash 存储器；C 表示是 CMOS 产品。

"89LV××"中，LV 表示低电压产品。

"89S××"中，S 表示含可下载 Flash 存储器。

在这个部分的 ×× 表示器件型号，例如：51、1051、8252 等。

（3）后缀

后缀由"××××"这 4 个参数组成。型号与后缀部分用"—"号隔开。

后缀中的第一个参数 × 表示速度，它的意义如下：

× =12，表示速度为 12MHz。

× =16，表示速度为 16MHz。

× =20，表示速度为 20MHz。

× =24，表示速度为 24MHz。

后缀中的第二个参数 × 表示封装。它的意义如下：

× =D，表示陶瓷双列直插式封装（Cerdip）。

× =J，塑料 J 引线芯片载体。

× =L，无引线芯片载体。

× =P，表示塑料双列直插式封装。

× =S，表示 SOIC 封装。

× =Q，表示 PQFP 封装。

× =A，表示 TQFP 封装。

×＝W，表示裸芯片。

后缀中第三个参数×表示温度范围，它的意义如下：

×＝C，表示商业产品，温度范围为0至+70℃。

×＝I，表示工业产品，温度范围为–40至+85℃。

×＝A，表示汽车用产品，温度范围为–40至+125℃。

×＝M，表示军用产品，温度范围为–55至+150℃。

后缀中的第四个参数×用于说明产品的处理情况，它的意义如下：

×为空，表示处理工艺是标准工艺。

×＝/883，表示处理工艺采用MIL–STD–883标准。

例如，有一个单片机型号为"AT89C51—12PI"，则表示意义为，该单片机是ATMEL公司Flash单片机，内部是C51结构，速度为12MHz，封装为DIP，是工业用产品，按标准处理工艺生产。

2.7　实训2　制作8051单片机最小系统

1. 实训目的

1）了解8051单片机的组成（内部结构）。

2）熟悉8051单片机各引脚的功能。

3）掌握8051单片机的时钟电路。

4）掌握8051单片机的复位电路。

2. 实训仪器及工具

万用表、稳压电源、示波器、电烙铁

3. 实训耗材

焊锡、万用板、排线、相关电子元器件

4. 实训内容

1）根据图2-17制作一个8051单片机的最小系统。

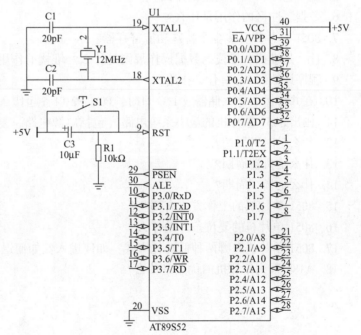

图2-17　8051单片机的最小系统

2）测量ALE引脚的直流电压。用示波器观察ALE引脚的波形，并画下来。

3）按下S1键后，测量P0、P1、P2、P3端口各位的电压，并填入表2-7。

表 2-7　P0、P1、P2、P3 端口各位的电压值

端口	P0. 0	P0. 1	P0. 2	P0. 3	P0. 4	P0. 5	P0. 6	P0. 7
电压								
端口	P1. 0	P1. 1	P1. 2	P1. 3	P1. 4	P1. 5	P1. 6	P1. 7
电压								
端口	P2. 0	P2. 1	P2. 2	P2. 3	P2. 4	P2. 5	P2. 6	P2. 7
电压								
端口	P3. 0	P3. 1	P3. 2	P3. 3	P3. 4	P3. 5	P3. 6	P3. 7
电压								

2.8　习题

1. 8051 单片机内部包含哪些功能部件？
2. 8051 单片机控制线有几根？各有什么作用？
3. ALE 信号频率与时钟频率有什么关系？
4. 8051 单片机如何选择当前工作寄存器组？
5. 位寻址区的主要用途是什么？
6. 数据缓冲区的作用是什么？
7. 8051 单片机有多少个特殊功能寄存器？
8. 什么是堆栈？堆栈的数据操作规则是什么？堆栈的作用是什么？
9. 程序计数器 PC 有什么作用？
10. 在并行扩展外存储器或 I/O 口时，P0、P2 口各起什么作用？
11. 画出 8051 单片机的最小系统电路（包括电源电路、复位电路、时钟电路）。
12. 什么是时钟周期？
13. 什么是机器周期？
14. 什么是指令周期？
15. 8051 单片机的工作方式有哪些？
16. 8051 单片机的复位条件是什么？
17. 8051 单片机有哪两种低功耗方式？如何进入？如何退出？
18. AT89 系列单片机的优点是什么？

第3章 开发软件使用

3.1 WAVE6000 软件认知及使用

3.1.1 WAVE6000 简介

WAVE6000 是南京伟福公司的单片机开发软件，一般用于 51 单片机，也可用于 PIC 等系列单片机。不需要购买仿真器，使用软件模拟器就可以了，使用很方便。

WAVE6000 采用中文界面。用户源程序大小不受限制，有丰富的窗口显示方式，能够多方位、动态地展示程序的执行过程。其项目管理功能强大，可使单片机程序化大为小，化繁为简，便于管理。另外，其书签、断点管理功能以及外设管理功能等为 51 单片机的仿真带来极大的便利。

3.1.2 WAVE6000 使用

1. WAVE6000 软件安装

1）将光盘插入光驱，找到 E6000W 文件夹，打开。

2）双击 SETUP 文件。

3）按照安装程序的提示，输入相应内容。

4）继续安装，直至结束。

也可以将安装盘全部复制到硬盘的一个目录（文件夹）中，执行相应目录下的 SETUP 进行安装。最新的版本安装更简单。

2. WAVE6000 的启动

1）单击开始菜单/程序/WAVE。

2）如果在桌面建立了快捷方式，直接双击其图标即可。

启动之后的界面如图 3-1 所示，这个窗口是经过调整的。如果位置不合适，可以通过拖放来移动位置或调整大小。

3. WAVE6000 的使用

详细的使用说明请看软件自带的说明，这里只说明为了对 51 系列单片机进行纯软件仿真时要用到的一些项目和开始使用的几个必须步骤。

（1）启动软件之后，根据需要设置仿真器

单击菜单"仿真器"→"仿真器设置"（单击菜单行中的"仿真器"项，然后在其下拉菜单中单击"仿真器设置"项，以后不再说明），出现如图 3-2 所示仿真器设置对话框。

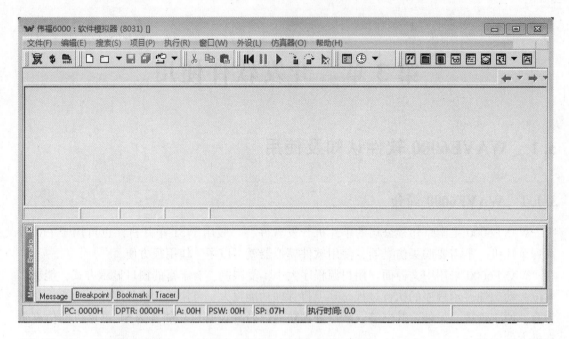

图 3-1　WAVE6000 启动后的界面

因为要使用纯软件仿真，所以要选中使用伟福软件模拟器；晶体频率可以根据需要设置；其他按照图 3-2 所示选择即可。

单击目标文件页，出现如图 3-3 所示对话框，按图示设置即可。

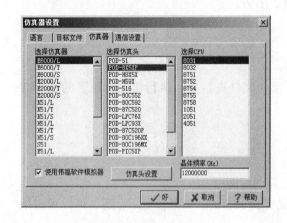

图 3-2　仿真器设置对话框

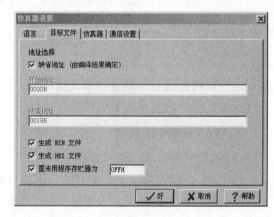

图 3-3　目标文件设置对话框

单击语言页，出现如图 3-4 所示对话框，按照图中设置即可。

注意编译器选择项一定要选择伟福汇编器，其他项不用改变。

由于是纯软件仿真，不用设置通信设置项。设置完成后，单击按钮"好"，结束设置。之后就可以建立源程序、编译、调试。

（2）建立源程序

单击菜单"文件"→"新建文件"，出现一个如图 3-5 所示的新建文件窗口。

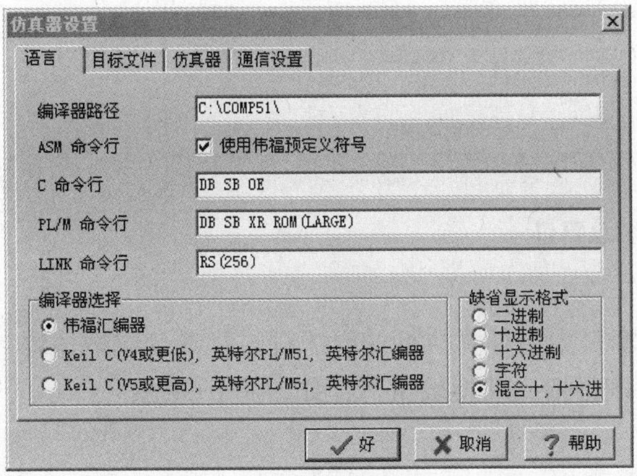

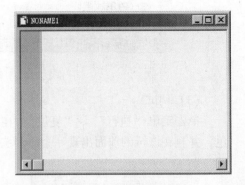

图 3-4　语言设置对话框

图 3-5　新建文件窗口

默认文件名称是 NONAME1，现在就可以在此窗口中输入源程序了。比如下面的一个小程序：

```
MOV    30H,#5AH
MOV    DPTR,#0128H
MOV    A,30H
MOVX @ DPTR,A
NOP
```

这个小程序的功能是将片内 RAM 中 30H 单元的一字节数送到片外 RAM 中 0128H 单元。然后单击菜单"文件"→"另存为"，出现对话框，如图 3-6 所示。

输入文件名（例如 MOVX.ASM），单击保存即可。注意，文件扩展名一定要输入，汇编语言的扩展名".asm"不要省略。文件改名时要确定其扩展名，以便根据此判断文件类型。现在的源程序字符出现彩色，以表示不同的文字属性，另存之后源程序窗口如图 3-7 所示。

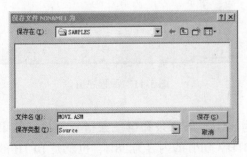

图 3-6　源程序"另存为"窗口

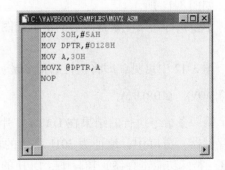

图 3-7　另存为后源程序窗口

单击菜单"项目"→"编译"，就会自动调用伟福汇编器对源程序进行汇编，这时在信息窗口会显示相关汇编信息，如图 3-8 所示。

以上图中信息表示没有错误，汇编完成。如果有错误，双击错误信息行，在源程序窗口会出现深色显示行，指示错误所在。修改错误后，再次汇编，直到没有错误。这时在代码窗口（CODE）会出现十六进制的机器码，默认的开始地址是 0000H，如图 3-9 所示。

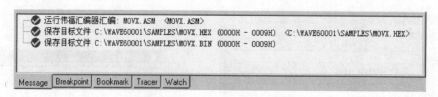

图 3-8　信息窗口

（3）调试

单击菜单"执行"→"复位"，在源程序窗口中，即将执行的程序行的背景变成橄榄绿色，并且在该行的前面出现一个小箭头，指示该行指令即将被执行，如图 3-10 所示。

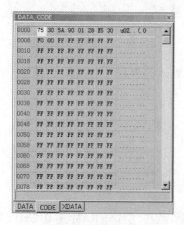

图 3-9　代码窗口

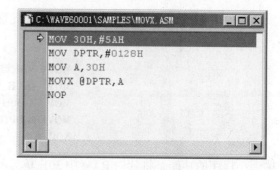

图 3-10　源程序窗口

单击菜单"执行"→"单步"，即执行该条指令，背景色和小箭头随之移动到下一行指令上，同时可以在对应的窗口看到执行的结果，如图 3-11 所示。

单步执行到第三条指令后的情形如图 3-12所示。

图 3-12 中可见，即将执行的指令是：

MOVX　@DPTR,A

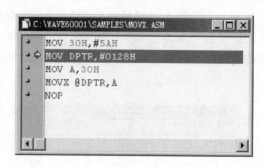

图 3-11　源程序窗口

第一条指令执行的结果在 DATA（片内数据存储器）窗口中，地址为 30H 单元的内容为 5AH，第二条和第三条指令的执行结果在 SFR（特殊功能寄存器）窗口中，DPH 的值为 01H，DPL 的内容为 28H，也就是 DPTR 的内容是 0128H，ACC 中的内容为 5AH，还可以看到 ACC 中内容的二进制形式数据 01011010（从上到下读）。

再单步执行一次，看不到什么变化，单击右边窗口的 XDATA（片外数据存储器）页，向下拖动滑动条，可看到地址为 0128H 单元的内容。

调试的过程介绍到此。其他用法可以参照详细说明书操作。其实，许多操作可以使用菜单行下面的工具图标，方便又快捷。将鼠标指针移到工具图标上，会显示该图标的功能。

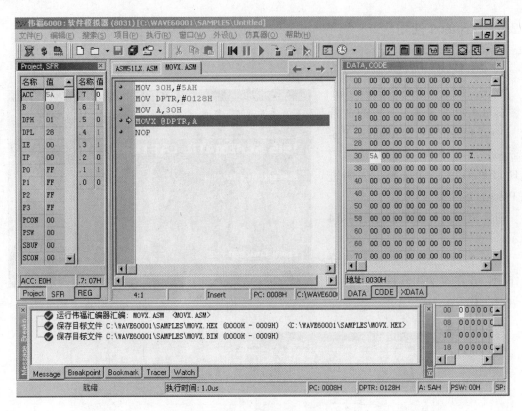

图 3-12　WAVE6000 界面

3.2　Proteus 软件认知及使用

3.2.1　Proteus 简介

Proteus 软件是一款强大的单片机仿真软件，对单片机学习和开发帮助极大。

Proteus ISIS 是英国 Labcenter 公司开发的电路分析与实物仿真软件。它运行于 Windows 操作系统上，可以仿真、分析（SPICE）各种模拟器件和数字集成电路，包括单片机。在国内由广州的风标电子技术有限公司代理。

在单片机课程中我们主要利用它实现下列功能：

1）绘制硬件原理图，并设置元件参数。

2）仿真单片机及其程序以及外部接口电路，验证设计的可行性与合理性，为实际的硬件实验做好准备。

3）如有必要可以利用它来设计电路板。

总之，该软件是一款集单片机和 SPICE 分析于一身的仿真软件，可以实现从构想到实际项目完成全部功能。

这里介绍 Proteus ISIS 软件的工作环境和一些基本操作，实现初学者入门。至于更加详细的使用，请参考软件的帮助文件和其他有关书籍，还可以到网上找到许多参考资料。

3.2.2 Proteus 使用

1. Proteus 界面介绍

双击桌面上的 ISIS 7 Professional 图标或者单击屏幕左下方的"开始"→"程序"→"Proteus 7 Professional"→"ISIS 7 Professional"，出现如图 3-13 所示屏幕，表明进入 Proteus ISIS 集成环境。

进入之后的界面类似如图 3-14 所示。

图 3-14 中已经标注各个部分的作用，现在就使用软件提供的功能进行工作。

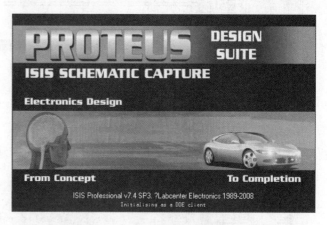

图 3-13 Proteus ISIS 集成环境

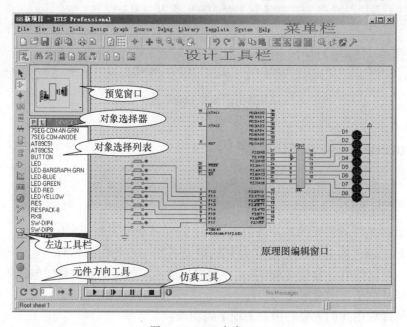

图 3-14 ISIS 主窗口

2. 一个小项目的设计过程

（1）建立新项目

单击菜单：File→New Design，如图 3-15 所示，即可出现如图 3-16 所示的选模板对话框，以选择设计模板。一般选择 A4 图纸（横向）即可，单击 OK，关闭对话框，完成设计图纸的模板选择，出现一个空白的设计空间。

这时设计名称为 UNTITLED（未命名），可以单击菜单 File→Save Design 来给设计命名。也可以在设计的过程中任何时候命名。

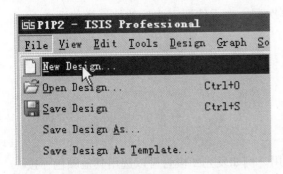

图 3-15　新设计

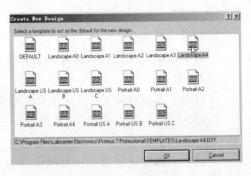

图 3-16　选模板

（2）调入元件

在新设计窗口中，单击对象选择器上方的按钮 P
（如图 3-17 所示），即可进入元件查找对话框，如
图 3-18 所示。

在图 3-18 所示的对话框左上角，有一个 Key-
words 输入框，可以在此输入要用的元件名称（或
名称的一部分），右边出现符合输入名称的元件列
表。我们要用的单片机是 AT89C51，输入 AT89C，
就出现一些元件，选中 AT89C51，双击，就可以将
它调入设计窗口的元件选择器。

在 Keywords 中继续输入要用到的元件，例如
LED，双击需要用的具体元件，例如 LED – YELLOW，
调入。继续输入，调入，直到够用。单击 OK 按钮，

图 3-17　调入元件

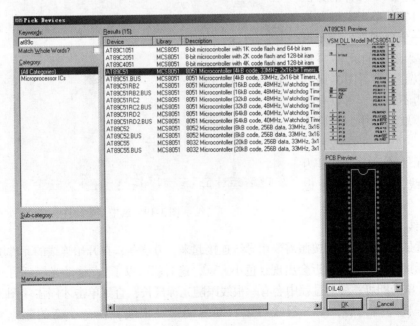

图 3-18　查找元件

63

关闭对话框。以后如果需要其他元件，还可以再次调入。元件调入之后的情形类似图 3-14 中的对象选择列表。

我们这次要用到的元器件列表如下：

AT89C51　　　　　　　　单片机

LED‒YELLOW　　　　　　发光二极管-黄色

RX8　　　　　　　　　　8 电阻排 200Ω

BUTTON　　　　　　　　按钮

以上元器件就够用了，其他多余的只是供选用。例如发光二极管可以选用其他颜色，按钮也可以使用 SWITCH 代替或者使用 DIP‒SW8 代替，电阻排也可以使用单个电阻 RES 来代替。

（3）设计原理图

1）放置元件。

在对象选择器中的元件列表中，单击所用元件，再在设计窗口单击，出现所用元件的轮廓，并随鼠标移动。找到合适位置，单击，元件被放到当前位置。至此，一个元件放置好了。继续放置要用的其他元件。

2）移动元件。

如果要移动元件的位置，可以先右击元件，元件颜色变红，表示被选中，然后拖动到需要的位置放下即可。放下后仍然是红色，还可以继续拖动，直到位置合适，在空白处单击鼠标左键，取消选中。

3）移动多个元件。

如果几个元件要一起移动，可以先把它们都选中，然后移动。选中多个元件的方法是，在空白处，单击左键并拖动，出现一个矩形框，让矩形框包含需要选中的元件再放开，就可以了（参看图 3-19）。如果选择得不合适，可以在空白处单击，取消选中，然后重新选择。

移动元件的目的主要是为了便于连线，当然也要考虑美观。

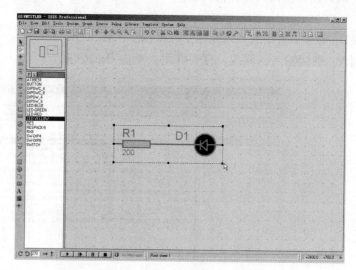

图 3-19　选中多个元件

4）连线。

连线就是把元件的引脚按照需要用导线连接起来。方法是，在开始连线的元件引脚处单击左键（光标接近引脚端点附近会出现红色小方框，这时就可以了），移动光标到另一个元件引脚的端点，单击即可。移动过程中会有一根线跟随光标延长，直到单击才停住（图 3-20）。

在第一根线画完后，第二根线可以自动复制前一根线，在一个新的起点双击即可。如图 3-21 所示。

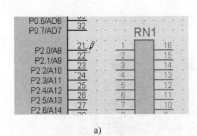 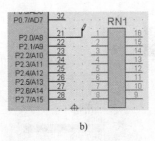 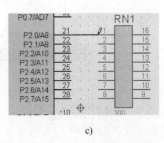

a)   b)   c)

图 3-20　画线过程

a）画线开始　b）画线中　c）画线完毕

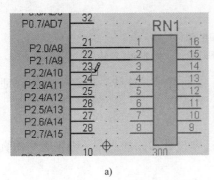 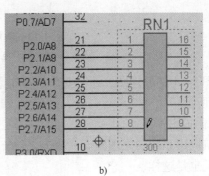

a)   b)

图 3-21　自动复制前一根线

a）新的起点双击　b）很快画完

注意：如果第二根线形状与第一根不同，就不能自动复制，否则会很麻烦。

5）修改元件参数。

电阻电容等元件的参数可以根据需要修改。例如限流电阻的阻值应该在 200～500Ω，上拉电阻应该在几千欧姆。

以修改限流电阻排为例，先单击或右击该元件以选中，再单击鼠标左键，出现对话框，如图 3-22 所示。在 Component Value：后面的输入框中输入阻值 200（单位欧姆），然后单击 OK 按钮确认并关闭对话框，阻值设置完毕。

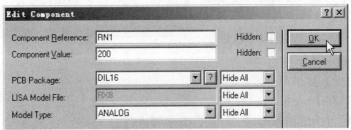

图 3-22　修改电阻值

6）添加电源和地线

在左边工具栏单击终端图标 ，即可出现可用的终端，图 3-23a 所示。在对象选择器的对象列表中，单击 POWER，如图 3-23b 所示，在预览窗口出现电源符号，在需要放置电源的地方单击，即可放置电源符号，如图 3-23c 所示。放置之后，就可以连线了。

放置接地符号（地线）的方法与放置电源类似，在对象选择列表中单击 GROUND，然后在需要接地符号的地方单击，就可以了。

注意：放置电源和地线之后，如果又需要放置元件，应该先单击左边工具栏元件 图标，就会在对象列表中出现我们从元件库中调出来的元件。

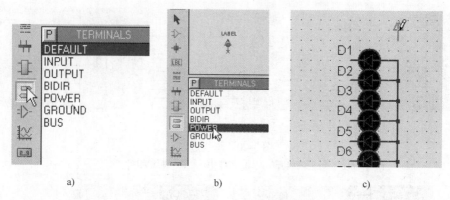

a)   b)   c)

图 3-23   添加电源和地线

a）选择端口   b）选择电源符号   c）放置电源符号

按照图 3-14 的原理图，还需要放置按键、接地符号并连线，最终完成的原理图如前面的图 3-14 所示。

（4）添加程序

单片机应用系统的原理图设计完成之后，还要设计和添加程序，否则无法仿真运行。实际的单片机也是这样。

1）编辑源程序。

按照 51 系列单片机的汇编语言语法要求和控制要求，编写源程序。可以使用任何纯文本编辑器来编辑源程序。编辑完成的源程序是纯文本文件，其扩展名必须是 .ASM，以便编译软件识别。如图 3-24 所示。

2）添加源程序

在 Proteus 的单片机仿真项目中添加源程序。可按以下步骤进行：

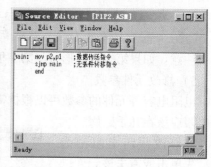

a)   b)

图 3-24   编辑源程序

a）记事本   b）proteus 自带编辑器

单击菜单 Source→Add/Remove Source Files，如图 3-25 所示。

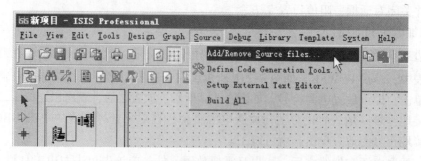

图 3-25   添加源程序（1）

弹出对话框，如图3-26所示。

在弹出的对话框中操作，在 Code Generation Tool 的下拉菜单中选择代码生成工具 ASEM51，然后单击 New 按钮，弹出选择文件对话框，如图3-27所示。

在弹出的对话框中操作，找到所需要的文件，例如这里选择以前已经编辑好的文件 P1P2. ASM，然后单击按钮"打开"就可以了。

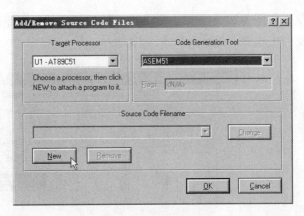

图3-26 添加源程序（2）

也可以在文件名称框中输入文件名，如果文件不存在，单击打开时会提示新建此文件，便于以后再编辑程序。当然也可以改变查找的路径，在其他地方找到要用的文件。添加程序文件之后返回添加程序对话框，已经有了我们添加的程序，如图3-28所示。

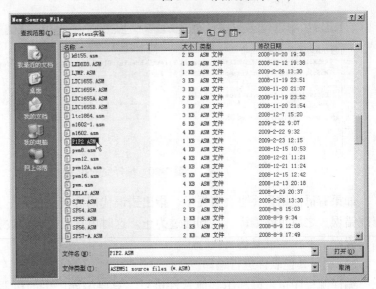

图3-27 添加源程序（3）

可以看到，在 Source Code Filename 的下拉框中已经显示出刚刚添加的源程序名。单击 OK 按钮关闭这个对话框。

这时候如果再单击菜单 Source，如图3-29所示。

从图中可以看到，下拉菜单中最下面多出一行，显示的是我们刚刚添加的源程序。如果单击这个文件名，就会利用软件自带的编辑器打开这个文件，如图3-24b 所示。

如果更换了编辑器，就会利用指定的编辑器打开源程序文件。

（5）编译源程序

1）利用 Proteus 软件自带的编译器进行编译。

编辑好的源程序添加进来之后就可以编译了。编译的方法很简

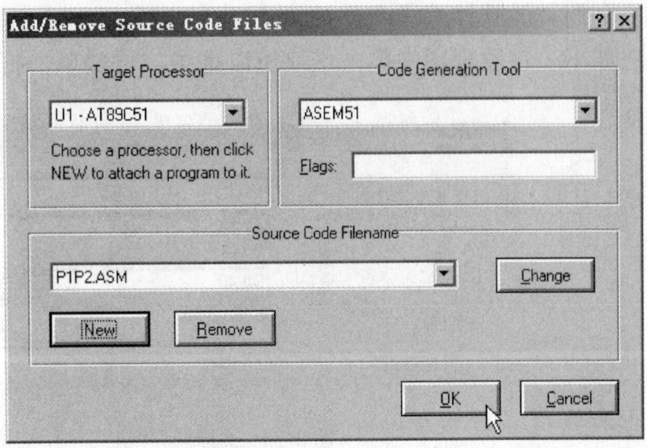

图3-28 添加源程序（4）

单，在图3-29中，单击 Build All 就对指定的源程序进行编译。如果编译没有发现语法错误，就会出现如下提示，如图3-30所示。

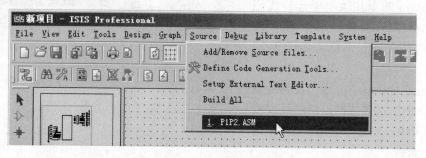

图3-29　添加源程序（5）

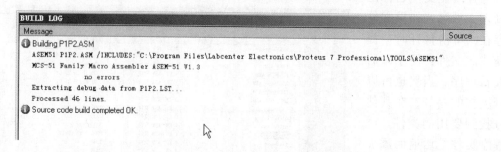

图3-30　编译完的提示窗口

如果有语法错误，也会有提示，指出错误代码和所在的行。这时需要重新打开源程序，修改错误。之后重新编译，直到通过为止。这时单片机里自动被装入了编译之后所产生的机器码程序。下一步就是仿真执行了。

2）利用其他软件进行编译。

编译源程序也可以利用其他软件进行。只要编译产生的机器码文件是 .HEX 格式就可以。例如伟福，它就可以产生 .HEX 格式的文件和 .BIN 格式的文件。其实，伟福的许多特性适合编辑和编译源程序，它的编辑和编译是在同一个界面下完成的，有行列位置指示、行首自动对齐等特性。

利用其他软件编译产生的十六进制文件，可以直接加入到 Proteus 项目中的单片机里。方法如下：在原理图中单击单片机以选中，再次单击打开元件编辑对话框，如图3-31所示。

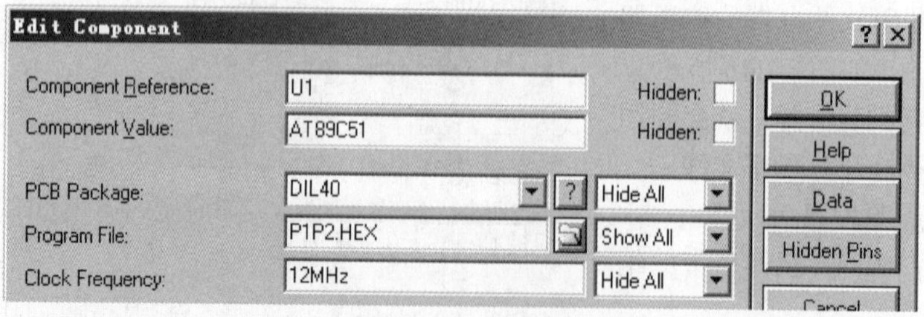

图3-31　编辑单片机——添加机器码程序

在图中看到：在 Program File：后边的方框里显示 P1P2. HEX，说明机器码已经装入。如果没有装入，这里将是空白。这时可以单击其右边的打开文件图标 ⬚，查找并选中机器码文件即可。这样，就可以在仿真时执行程序。

这样装入的机器码程序有个缺点，只能执行，不好调试。因为没有源代码，也无法打开源代码窗口，无法单步执行。解决的方法是，在其他编辑编译软件编译通过之后，再将源程序添加到项目，然后再编译一次，这时不会出现错误。一般也不用再给单片机添加机器码程序，除非途中改换了源程序。

在图 3-31 中还有一个时钟频率（Clock Frequency）可以改变。一般情况下，单片机的时钟频率由此设定，而不是来自时钟电路，这就是为什么在仿真时可以省略时钟电路和复位电路的原因。

（6）仿真执行

Proteus 软件可以仿真模拟电路和数字电路，还可以仿真若干型号的单片机。我们使用的目的主要就是仿真单片机和外围的接口电路。这里简要介绍 51 单片机和部分接口电路的仿真过程，其他方面的内容请自行查找资料。

1）一般仿真。

在原理图编辑窗口下面有一排按钮 ▶ ▮▶ ▮▮ ▮ ，利用它们可以控制仿真的过程。单击按钮 ▶ 开始仿真，开始以后按钮的小三角变成绿色，单击按钮 ▮▶ 进行单步仿真，单击按钮 ▮▮ 暂停和继续仿真切换，单击按钮 ▮ 停止仿真。

以简单项目 P1P2 为例，说明仿真效果。单击开始仿真按钮，电路如图 3-32 所示。

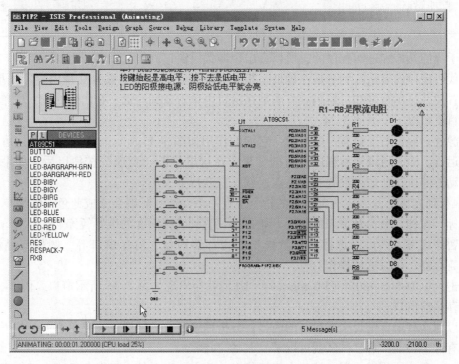

图 3-32　运行仿真

观察发现，单片机 P1、P2、P3 口引脚的每一根线的旁边都有一个红色的小方框，表明当前引脚是高电平，如果小方框是蓝色，表明引脚当前是低电平。如果小方框是灰色，说明此引脚是悬空，P1 口的 8 个引脚就是悬空。与电源 VCC 相连的引脚都是高电平。与地线 GND 相连的引脚都是低电平。

单击图中的一个按键，对应的发光二极管会亮。放开按键发光二极管就灭。

按住一个按键不放，观察对应的 P1 口导线旁边的小方框，变成蓝色，和其对应的 P2 口的输出线旁边的小方框也变成蓝色，对应的发光二极管亮。这是程序的作用，我们的程序就是将 P1 口的输入传送到 P2 口进行输出。

2）调试选项。

单击暂停按钮，出现暂停画面，如图 3-33 所示。

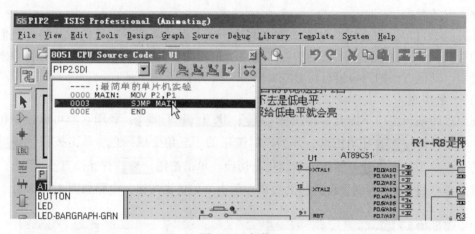

图 3-33　暂停

由于我们是添加过源程序的，所以会出现源代码窗口。

源代码窗口内容从左到右是：地址、指令、注释。这幅图里没有注释内容。如果需要，可以设置使其显示行号和机器码。方法是在窗口内单击鼠标右键，在出现的选项中单击所需要的项目就可以了。见图 3-34。

在源代码窗口右上角有一串按钮，它们的作用如图 3-35 所示。利用这些按钮可以控制程序的运行，随时可以查看程序执行的结果。在这里单击"全速"按钮以后，如果遇到断点会自动暂停执行。如果没有遇到断点，就一直运行下去。

"执行到光标"是，先在要暂停的指令上点一下，这一行就会变成蓝色，然后单击"执行到光标"按钮，就会从原来的指令开始执行，直到光标所在的位置暂停。

在暂停状态，还可以选择显示特殊功能寄存器窗口、内存窗口等。例如要显示 8051 CPU 的寄存器，可以这样操作：

单击菜单 Debug→8051 CPU registers – U1，就会出现如图 3-36 所示窗口。图 3-37 是片内数据存储器窗口。

可以在这些窗口里观察寄存器的内容，分析程序运行的结果。在菜单 Debug 的下拉菜单里，还有许多功能，自己试试就可以了。

还有一项功能值得一提，就是在暂停状态，单击一个元件，可以显示这个元件当时的状态，如逻辑电平和电流电压的具体值等。自己一试便知。

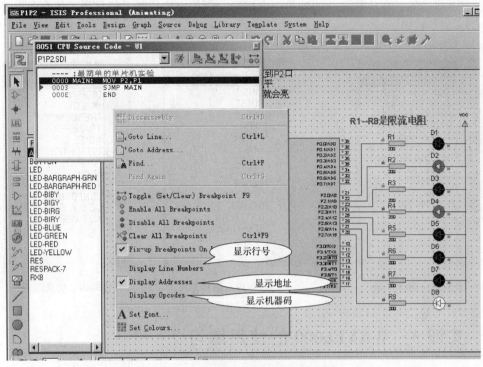

图 3-34　源代码窗口右键菜单

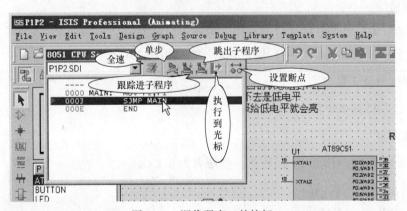

图 3-35　源代码窗口的按钮

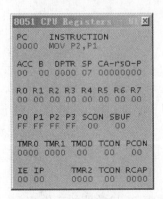

图 3-36　寄存器窗口

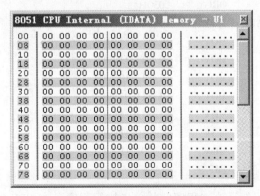

图 3-37　片内数据存储器窗口

还有一些功能，在比较复杂的项目中会用到，例如虚拟仪器、信号源、仿真图表等。参见图 3-38 ~ 图 3-40。

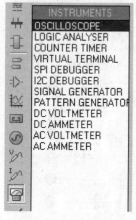

图 3-38　虚拟仪器

图 3-39　信号源

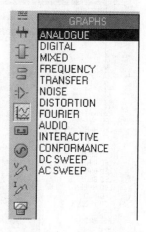

图 3-40　仿真图表

3.3　实训 3　WAVE6000 的使用练习

1. 实训目的

1）掌握在 WAVE6000 中建立源程序、编译程序的方法。

2）掌握在 WAVE6000 中进行软件仿真及调试程序的方法。

2. 实训仪器及工具

计算机、WAVE6000 软件

3. 实训内容

1）在 WAVE6000 中输入下面程序，并命名为 led. asm。

```
        ORG     0000H
        JMP     MAIN
        ORG     0030H
MAIN：  MOV     P1,#11111110B
        MOV     P1,#11111101B
        MOV     P1,#11111011B
        MOV     P1,#11110111B
        MOV     P1,#11101111B
        MOV     P1,#11011111B
        MOV     P1,#10111111B
        MOV     P1,#01111111B
        JMP     MAIN
```

2）编译上述程序，并单步执行程序，在 CPU 窗口中观察 P1 口数值的变化。

3.4 实训 4 Proteus 的使用练习

1. 实训目的

1）掌握在 Proteus 中画原理图的方法。

2）掌握在 Proteus 中仿真单片机程序的方法。

2. 实训仪器及工具

计算机、Proteus 软件

3. 实训内容

在 Proteus 中仿真流水灯程序。

1）在 Proteus 中画出流水灯电路原理图，如图 3-41 所示。

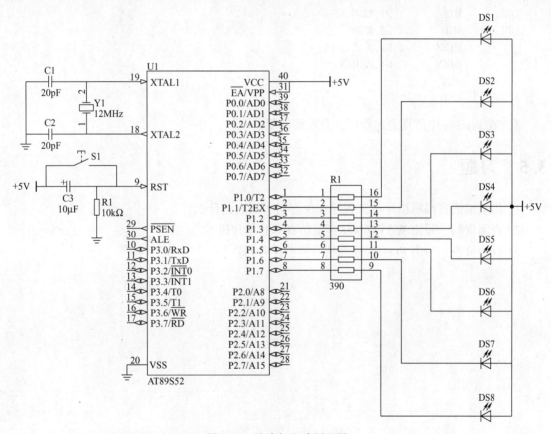

图 3-41 流水灯电路原理图

2）在 Proteus 中输入下面源程序并编译。

```
        ORG     0000H
        JMP     MAIN
        ORG     0030H
MAIN：  MOV     P1,#11111110B
```

```
        CALL        DELAY
        MOV         P1,#11111101B
        CALL        DELAY
        MOV         P1,#11111011B
        CALL        DELAY
        MOV         P1,#11110111B
        CALL        DELAY
        MOV         P1,#11101111B
        CALL        DELAY
        MOV         P1,#11011111B
        CALL        DELAY
        MOV         P1,#10111111B
        CALL        DELAY
        MOV         P1,#01111111B
        CALL        DELAY
        JMP         MAIN
DELAY:  MOV         R1,#250
DELAY1: MOV         R2,#250
        DJNZ        R2,$
        DJZN        R1,DELAY1
        RET
        END
```

3）在 Proteus 中仿真上述程序，并观察结果。

3.5 习题

1. 用汇编语言编写单片机源程序在保存时扩展名是什么？
2. 查阅资料，写出 WAVE6000 都能仿真哪些单片机？
3. 查阅资料，写出 Proteus 都能仿真哪些单片机？

第 4 章 8051 单片机的指令系统

一台计算机要充分发挥作用，除了硬件设备外，还必须配以适当的软件。硬件主要是指内部结构和外部设备，软件主要是指各种程序，而指令系统是软件的基础。指令是 CPU 按照人们的意图来完成某种操作的命令。一台计算机的 CPU 所能执行的全部指令的集合称为这个 CPU 的指令系统。指令系统功能的强弱决定了计算机性能的高低。8051 单片机有 111 条指令，其指令系统具有执行时间短、指令编码字节少和位操作指令丰富等特点。学习和使用单片机的一个很重要的环节就是理解和熟练掌握它的指令系统。

4.1 指令系统概述

不同种类单片机指令系统一般是不同的，单片机的功能需要通过它的指令系统来体现。8051 单片机指令系统采用汇编语言。

4.1.1 指令基本格式

指令的表示方法称为指令格式。8051 单片机汇编语言指令通常由标号、操作码、操作数和注释四部分构成。一般指令格式为：

标号：操作码   操作数；注释

1. 标号

指令前的标号代表该指令的地址，是用符号表示的地址。一般用英文字母和数字组成，但不能用指令助记符、伪指令、特殊功能寄存器名、位定义名和 8051 在指令系统中用的符号"#""@"等，长度以 2～6 个字符为宜，第一个字符必须是英文字母。标号最好是英文单词或者单词的缩写，做到见其名知其意，看到标号就能知道这段程序的大概功能。

标号必须用冒号"："与操作码分隔。

标号不属于指令的必需部分，可根据需要设置。一般用于一段功能程序的识别标记或控制转移地址。

2. 操作码

操作码用助记符表示，它表示了指令的操作功能。操作码是指令的必需部分，是指令的核心，不可缺少。

3. 操作数

操作数是指令执行某种操作的对象，它可以是数据，也可以是数据的地址（包括数据所在的寄存器名）还可以是数据地址的地址或操作数的其他信息。

操作数可分为目的操作数和源操作数，源操作数是参加操作的原始数据或数据地址，目的操作数是操作后结果数据的存放单元地址。目的操作数写在前面，源操作数写在后面。

操作数可用二进制数、十进制数或十六进制数表示。

操作数与操作码之间用空格分隔，操作数与操作数之间用逗号 "，" 分隔。

操作数的个数可以是 0~3 个。

4. 注释

注释是指令功能说明。注释必须以 "；" 开始。注释属于非必需项，可有可无，是为便于阅读，对指令功能做的说明和注解。注释可以用中文或英文书写。

在一条指令中，"；" 和其之前的部分必须在英文状态下输入，不区分大小写，但最好统一大写或者统一小写。

4.1.2 指令分类

8051 单片机指令系统共有 111 条指令。按指令长度（指令占的存储空间）分类，有 49 条 1 字节指令、46 条 2 字节指令和 16 条 3 字节指令。按指令执行时间分类，有 64 条 1 机周指令、45 条 2 机周指令和 2 条 4 机周指令。按指令操作功能分类，有 29 条数据传送类指令、24 条算术运算类指令、24 条逻辑运算类指令、12 条位操作类指令和 22 条控制转移类指令。

4.1.3 指令系统中的常用符号

指令的一个重要组成部分是操作数，为了表示指令中同一种类型的操作数，8051 单片机指令系统采用了一些符号约定。

1. #

#：立即数符。8051 单片机指令系统中，数据和地址均用十六进制数表示，为便于区别，用 "#" 号表示数据（立即数）。"#" 号是立即数的标记，凡数据前有 "#"，代表该十六进制数为立即数，凡立即数必须在前面标记 "#"。# data 表示 8 位立即数，# data16 表示 16 位立即数。

例如：# 30H 表示 8 位立即数 30H，无 "#" 号的 30H 表示 8 位地址。

　　　 #3020H 表示 16 位立即数 3020H，无 "#" 号的 3020H 表示 16 位地址。

2. direct

direct 表示 8 位内部数据存储器中存储单元的地址。取值范围 00H ~ 0FFH。

3. Rn

n = 0 ~ 7，表示当前工作寄存器组的 8 个工作寄存器 R0 ~ R7。

4. Ri

i = 0、1，表示当前工作寄存器组的两个工作寄存器 R0、R1。

5. @

@：间接寻址符。例如 @ Ri，@ DPTR，@ A + DPTR，@ A + PC。

6. addr11

addr11 表示 11 位目的地址。用于 ACALL 和 AJMP 指令，可在下条指令地址所在的同一 2KB ROM 范围内调用或转移。

7. addr16

addr16 表示 16 位目的地址。用于 LCALL 和 LJMP 指令，能在 64KB ROM 范围内调用或转移。

8. rel

rel 表示带符号的 8 位偏移量，用在 SJMP 和所有条件转移指令中。它可以是下一条指令地址 $-128 \sim +127$ 范围内的任何值。

9. bit

bit 表示位地址。代表片内 RAM 中的可寻址位 00H ~ 7FH 及特殊功能寄存器中的可寻址位。

10. /

/是位操作数的取反操作前缀。

11. ( )

( ) 表示某地址单元中的数据。

4.1.4 寻址方式

指令的一个重要组成部分是操作数，这就存在着到哪里去取操作数的问题。因为在计算机中只要给出存储单元地址，就能得到所需要的操作数，因此所谓寻址，就是寻找操作数的地址，其实质就是如何确定操作数所在存储单元地址的问题。

寻址方式就是指令中寻找操作数或操作数地址的方式。寻址方式是计算机性能的具体体现，寻址方式越丰富，计算机的功能越强，灵活性越大。对于两操作数指令，源操作数有寻址方式，目的操作数也有寻址方式。若不特别声明，后面提到的寻址方式均指源操作数的寻址方式。

8051 单片机指令系统共有七种寻址方式，即：立即寻址、直接寻址、寄存器寻址、寄存器间接寻址、变址寻址（基址寄存器加变址寄存器间接寻址）、相对寻址和位寻址。

1. 立即寻址

指令编码中直接给出操作数的寻址方式称为立即寻址。操作数前有立即数符"#"。由于立即数是一个常数，所以只能作为源操作数。

例如指令：MOV　A，#50H。该指令的功能是将 8 位的立即数"50H"传送到累加器 A 中。指令的源操作数（#50H）采用立即寻址方式，如图 4-1 所示。

又如指令：MOV　DPTR，#5678H；该指令的功能是将 16 位立即数 5678H 传送到 DPTR 中，指令的源操作数（#5678H）采用立即寻址方式。

立即寻址所对应的寻址空间为 ROM 空间。

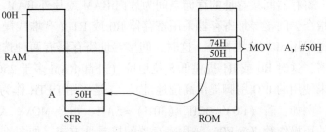

图 4-1　指令 MOV　A，# 50H 的执行示意图

2. 直接寻址

在指令中以地址或符号形式直接给出操作数地址的寻址方式称为直接寻址。直接寻址范围为片内 RAM 128B 和特殊功能寄存器。

例如：若（50H）= 3AH，指令 MOV A, 50H 执行后，（A）= 3AH，指令的源操作数（50H）采用直接寻址方式，如图 4-2 所示。

又如指令：MOV A, P1；该指令的功能是将特殊功能寄存器 P1 口中的数据传送到 A 中，指令的源操作数（P1）采用直接寻址方式。

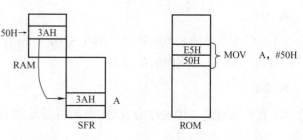

图 4-2　指令 MOV　A，50H 的执行示意图

3. 寄存器寻址

操作数存放在寄存器中，指令中直接给出该寄存器名称的寻址方式称为寄存器寻址。采用寄存器寻址可以获得较高的传送和运算速度。在寄存器寻址方式中，用符号名称表示寄存器。在形成的操作码中隐含有指定寄存器的编码（该编码不是该寄存器在内部 RAM 中的地址）。

采用寄存器寻址的寄存器有：工作寄存器 R0 ~ R7、累加器 A（使用符号 Acc 表示累加器时属于直接寻址）、寄存器 B（以 AB 寄存器对形式出现）、数据指针 DPTR 和位累加器 Cy。

例如：若（R0）= 30H，指令 MOV A, R0 执行后，（A）= 30H，指令的源操作数（R0）和目的操作数（A）都采用寄存器寻址方式，如图 4-3 所示。

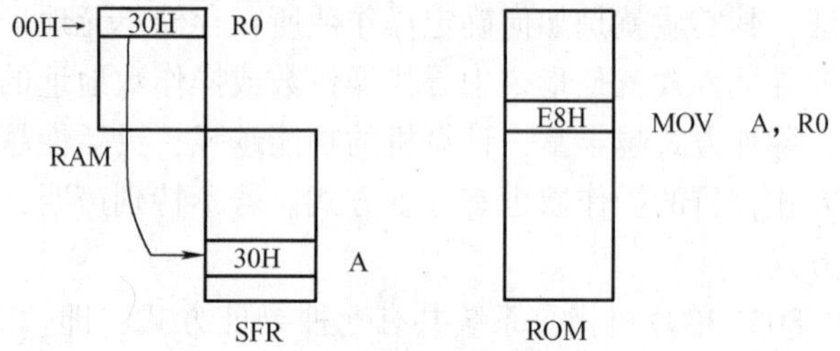

4. 寄存器间接寻址

以寄存器中的内容为地址，从该地址中取操作数的寻址方式称为寄存器间接寻址。打个比喻，要寻找张三，不知道张三的地址，但李四知道张三的地址，所以先找到李四，从李四处得到张三的地址，最后找到张三。

图 4-3　指令 MOV　A，R0 的执行示意图

间接寻址用间址符"@"作为前缀。8051 指令系统中，可作为间接寻址的寄存器有 R0、R1、数据指针 DPTR 和堆栈指针 SP（有堆栈操作时，不用间接寻址符"@"）。

寄存器间接寻址的存储空间为片内 RAM 或片外 RAM。片内 RAM 的数据传送采用 MOV 类指令，间接寻址寄存器采用寄存器 R0 或 R1（有堆栈操作时采用 SP）。片外 RAM 的数据传送采用 MOVX 类指令，这时，间接寻址寄存器有两种选择，一是采用 R0 和 R1 作间址寄存器，这时 R0 或 R1 提供低 8 位地址（外部 RAM 多于 256B 采用页面方式访问时，可由 P2 口未使用的 I/O 引脚提供高位地址）；二是采用 DPTR 作为间址寄存器。

例如：若（R0）= 30H，（30H）= 5AH，指令 MOV A, @R0 执行后，（A）= 5AH，指令的源操作数（@R0）采用寄存器间接寻址方式，如图 4-4 所示。

5. 变址寻址

以一个基地址加上一个偏移量地址形成操作数地址的寻址方式称为变址寻址。在这种寻址方式中，以数据指针 DPTR 或程序计数器 PC 作为基址寄存器，累加器 A 作为偏移量寄存器，基址寄存器的内容与偏移量寄存器的内容之和作为操作数地址。

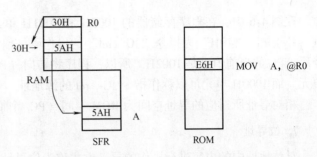

图 4-4　指令 MOV　A，@ R0 的执行示意图

变址寻址方式用于对程序存储器中的数据进行寻址。由于程序存储器是只读存储器，所以变址寻址操作只有读操作而无写操作。

变址寻址所对应的寻址空间为 ROM 空间（采用@ A + DPTR，@ A + PC）。

例如：若（A）= 0FH，（DPTR）= 2400H。执行指令 MOVC　A，@ A + DPTR 时，首先将 DPTR 的内容 2400H 与累加器 A 的内容 0FH 相加，得到地址 240FH。然后将该地址的内容 88H 取出传送到累加器。这时，（A）= 88H，原来 A 的内容 0FH 被冲掉，指令的源操作数（@ A + DPTR）采用变址寻址方式，如图 4-5 所示。

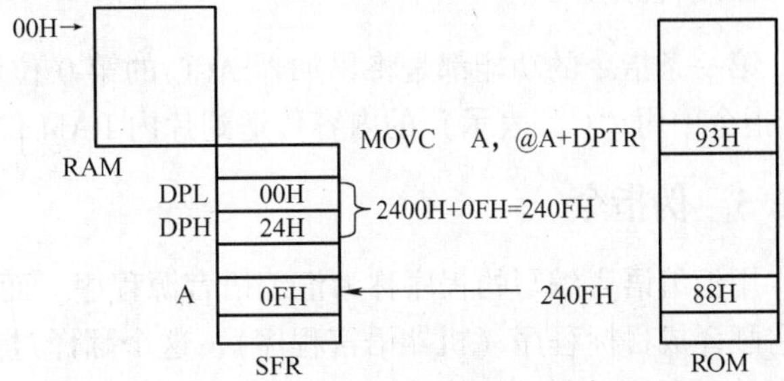

图 4-5　指令 MOVC　A，@ A + DPTR 的执行示意图

6. 相对寻址

相对寻址是以程序计数器 PC 的当前值（指读出该双字节或三字节的跳转指令后，PC 指向的下条指令的地址）为基准，加上指令中给出的相对偏移量 rel 形成目标地址的寻址方式。此种寻址方式的操作是修改 PC 的值，所以主要用于实现程序的分支转移。

在跳转指令中，相对偏移量 rel 给出相对于 PC 当前值的跳转范围，其值是一个带符号的 8 位二进制数，取值范围是 −128 ~ +127，以补码形式置于操作码之后存放。执行跳转指令时，先取出该指令，PC 指向当前值。再把 rel 的值加到 PC 上以形成转移的目标地址，如图 4-6 所示，此例中 Cy（PSW.7）为 1。

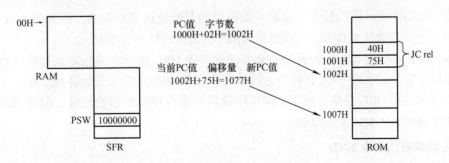

图 4-6　指令 JC　rel 的执行示意图

在图 4-6 中，在程序存储器的 1000H 和 1001H 单元中存放的内容分别为 40H 和 75H，且（Cy）= 1。"40H"为指令"JC   rel"的操作码，偏移量 rel = 75H。CPU 取出该双字节指令后，PC 的当前值已是 1002H。所以，程序将转向（PC）+ 75H 单元，即目标地址为 1077H 单元。而 1000H 单元可以称作指令 JC   rel 的源地址。

相对寻址所对应的寻址空间为 ROM 空间（PC 当前值的 − 128 ~ + 127B）。

7. 位寻址

对位地址中的内容进行操作的寻址方式称为位寻址。这种寻址方式实质属于直接寻址方式，因此与直接寻址方式执行过程基本相同，但参与操作的数据是 1 位而不是 8 位，使用时需予以注意。

位寻址所对应的空间为：片内 RAM 的 20H ~ 2FH 单元中的 128 个可寻址位、SFR 的可寻址位。

习惯上，特殊功能寄存器的寻址位常用符号位地址来表示。例如：

CLR   ACC. 0
MOV   30H, C

第一条指令的功能都是将累加器 ACC 的第 0 位清 0。第二条指令的功能是把位累加器（在指令中用"C"表示）的内容传送到片内 RAM 位地址为 30H 的位。

4.1.5 伪指令

用汇编语言编写的程序称为汇编语言源程序。而计算机是不能直接识别源程序的，必须把它翻译成目标程序（机器语言程序），这个翻译过程叫"汇编"。伪指令是汇编程序能够识别并对汇编过程进行某种控制的汇编命令。它不是单片机执行的指令，所以没有对应的可执行目标码，汇编后产生的目标程序中不会再出现伪指令。标准的 8051 单片机汇编程序定义了许多伪指令，下面仅对一些常用的伪指令进行介绍。

1. 起始地址设定伪指令 ORG

格式：ORG   16 位地址

该指令的功能是向汇编程序说明下面紧接的程序段或数据段存放的起始地址。16 位地址也可以是已定义的标号地址。例如：

　　　　　　ORG　　　0030H
MAIN：　MOV　　　A, # 20H

ORG   0030H 表示该伪指令下面第一条指令的起始地址是 0030H，即 MOV   A, # 20H 指令的第一个字节地址为 0030H，或标号 MAIN 代表的地址为 0030H。

在每一个汇编语言源程序的开始，都要设置一条 ORG 伪指令来指定该程序在存储器中存放的起始位置。若省略 ORG 伪指令，则该程序段从 0000H 单元开始存放。在一个源程序中，可以多次使用 ORG 伪指令规定不同程序段或数据段存放的起始地址，但要求地址值由小到大依序排列，不允许空间重叠。

2. 汇编结束伪指令 END

格式：END

功能：是汇编语言源程序的结束标志。在 END 以后所写的指令，汇编程序不再处理。

3. 等值伪指令 EQU（Equate）

格式：字符名称　EQU　数据或汇编符号

功能：将一个数据或特定的汇编符号赋予规定的字符名称。例如：

```
PP   EQU  R0
MOV  A,PP
```

这里将 PP 等值为汇编符号 R0，在指令中 PP 就可以代替 R0 来使用。

4. 数据地址赋值伪指令 DATA

格式：字符名称　DATA　表达式

功能：将数据地址或代码地址赋予规定的字符名称。DATA 与 EQU 的功能有些相似，区别为 EQU 定义的符号必须先定义后使用，而 DATA 可以先使用后定义。

5. 字节数据定义伪指令 DB

格式：标号：　DB　字节数据表

功能：从标号指定的地址单元开始，在程序存储器中定义字节数据，数据与数据之间用"，"分割。字节数据表可以是一个或多个字节数据、字符串或表达式。

该伪指令将字节数据表中的数据根据从左到右的顺序依次存放在指定的存储单元中，一个数据占一个存储单元。例如：

```
      ORG   3000H
TAB：DB   45H,45,"A","2"
TAB1：DB   111B
```

以上指令经汇编后，将对程序存储器 3000H 开始的若干内存单元赋值。

(3000H) = 45H，(3001H) = 2DH（注：45 的 16 进制数），(3002H) = 41H（注：A 的 ASCII 码），(3003H) = 32H（注：2 的 ASCII 码），(3004H) = 07H。

6. 字数据定义伪指令 DW

格式：标号：　DW　字数据表

功能：从标号指定的地址单元开始，在程序存储器中定义字数据，数据与数据之间用"，"分割。因为字数据占用两个字节，所以高 8 位先存入，低 8 位后存入。不足 16 位者，用 0 填充。

该伪指令将字数据表中的数据根据从左到右的顺序依次存放在指定的存储单元中。例如：

```
      ORG   1000H
HTAB：DW   7856H,89H,30
```

汇编后，(1000H) = 78H，(1001H) = 56H，(1002H) = 00H，(1003H) = 89H，(1004H) = 00H，(1005H) = 1EH。

7. 位地址符号定义伪指令 BIT

格式：字符名称　BIT　位地址

功能：将位地址赋予所规定的字符名称。例如：

LED   BIT   P0. 0

把 P0. 0 的位地址赋给字符 LED，在其后的编程中，LED 可作 P0. 0 使用。

4.1.6　汇编

用汇编语言编写的源程序便于人们阅读和记忆，但计算机并不能识别，必须将其转换为由二进制码组成的目标程序后，计算机才能执行。将汇编语言源程序转换为计算机所能识别的机器语言代码程序的过程称为汇编。

汇编又可分手工汇编和计算机汇编。

1.　手工汇编

手工汇编是由汇编者对照指令表，分别查出源程序每条指令的指令代码，然后用这些指令代码以字节为单位从源程序的起始地址依次排列，形成目标程序。

在汇编过程中，若遇到与后面程序有关的地址标号或变量，则暂时将这些单元空出，继续往后汇编，最后再根据后面的汇编结果，将这些空出的单元填好。

【例 4-1】对下段程序进行手工汇编。

地址	指令代码			源程序		
					ORG	2000H
2000H	D2	91		MAIN：	SETB	P1. 1
2002H	75	30	03	DL：	MOV	30H，#03H
2005H	75	31	F0	DL0：	MOV	31H，#0F0H
2008H	D5	31	rel1	DL1：	DJNZ	31H，DL1
200BH	D5	30	rel2		DJNZ	30H，DL0
200EH	B2	91			CPL	P1. 1
2010H	空 1	空 2			AJMP	DL

首先，查指令表，写出每条指令的指令代码及第一字节的地址，然后对空格中的值进行计算。

（1）计算偏移量

已知：偏移量 + 当前 PC 值（源地址）= 目标地址

所以：rel1 = 目标地址 1 − 源地址 1 = 2008H − 200BH = −3

以补码表示：rel1 = 0FDH

同理：rel2 = 2005H − 200EH = −9

以补码表示：rel2 = 0F7H

（2）计算转移地址

AJMP addr11 的指令代码为：a10a9a8 00001 a7 ~ a0，其中 a10a9a8a7 ~ a0 即 addr11。已知 DL = 2002H，取其低 11 位，即 addr11 = 00000000010B，所以，空 1 = 01H，空 2 = 02H，分别用求得的数将 4 个空格填好，手工汇编结束。

2.　计算机汇编

计算机汇编是通过汇编程序来自动完成的。

4.2 指令系统

计算机的指令系统是表征计算机性能的重要标志。8051 指令系统采用汇编语言指令，共有 42 种助记符来表示 33 种指令功能。这些助记符与操作数各种寻址方式相结合，共生成 111 条指令。本节将分别叙述各类指令的功能。

4.2.1 数据传送类指令

8051 指令系统中，各类数据传送指令共有 29 条，是运用最频繁的一类指令。这类指令一般不影响标志位。但当执行结果改变累加器 A 的值时，会影响奇偶标志 P。

1. 内 RAM 数据传送指令

数据传送类指令的指令格式为：MOV　目的字节，源字节

指令功能是将源字节的内容传送到目的字节，传送过程具有复制性质，因此源字节的内容不变。指令书写顺序是目的字节在前，源字节在后，不能搞错。

（1）以累加器 A 为目的字节的传送指令（4 条）

① MOV　A，Rn　　　；将 Rn 中的数据传送到 A 中

② MOV　A，@Ri　　；将以 Ri 中的数据为地址的存储单元中的数据传送到 A 中

③ MOV　A，direct　；将地址为 direct 的存储单元中的数据传送到 A 中

④ MOV　A，#data　；将立即数 data 传送到 A 中

如果 R1 = 30H，执行 MOV　A，R1 后 A = 30H、R1 = 30H，在 WAVE6000 中 CPU 窗口中观察到执行指令后的结果如图 4-7 所示。

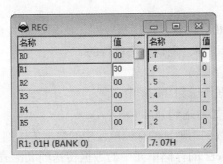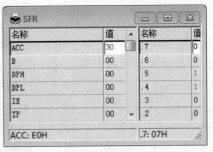

图 4-7　如果 R1 = 30H，执行 MOV　A，R1 后的结果

【例 4-2】如果 R1 = 33H，（33H）= 7DH，（50H）= 45H，将执行下列指令后 A 中的数据写在注释区。

```
MOV    A,R1      ;A = 33H
MOV    A,@R1     ;A = 7DH
MOV    A,50H     ;A = 45H
MOV    A,#50H    ;A = 50H
```

（2）以工作寄存器 Rn 为目的字节的传送指令（3 条）

① MOV　Rn，A　　　　；将 A 中的数据传送到 Rn 中

② MOV　　Rn, direct　　；将地址为 direct 的存储单元中的数据传送到 Rn 中

③ MOV　　Rn, #data　　；将立即数 data 传送到 Rn 中

如果（35H）＝30H，执行 MOV　　R7, 35H 后 R7＝30H、（35H）＝30H，在 WAVE6000 中 CPU 窗口和 DATA（片内数据存储器）窗口中观察到执行指令后的结果如图 4-8 所示。

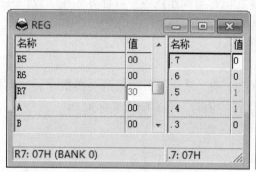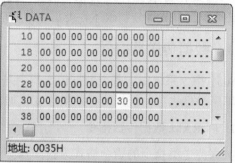

图 4-8　如果（35H）＝30H，执行 MOV　　R7, 35H 后的结果

【例 4-3】 如果 A＝40H，（45H）＝0FFH，将执行下列指令后 R2 中的数据写在注释区。

```
MOV    R2,A       ;R2=40H
MOV    R2,45H     ;R2=0FFH
MOV    R2,#45H    ;R2=45H
```

工作寄存器之间没有直接传送的指令，若要传送，需要通过一个中间寄存器作缓冲。例如将 R0 中的数据传送到 R5：

```
MOV    A,R0
MOV    R5,A
```

初学者常写出错误的指令：MOV　　R5, R0。注意，运用指令时，必须严格按照指令的格式书写，不能发明创造。否则，单片机不能识别，也是无法执行的。

（3）以直接地址为目的字节的传送指令（5 条）

① MOV　　direct, A　　　；将 A 中的数据传送到 direct 中

② MOV　　direct, Rn　　　；将 Rn 中的数据传送到 direct 中

③ MOV　　direct, @Ri　　；将以 Ri 中的数据为地址的存储单元中的数据传送到 direct 中

④ MOV　　direct1, direct2；将地址为 direct2 的存储单元中的数据传送到 direct1 中

⑤ MOV　　direct, #data　　；将立即数 data 传送到 direct 中

如果（35H）＝30H，执行 MOV　　30H, 35H 后（30H）＝30H、（35H）＝30H，在 WAVE6000 中 DATA（片内数据存储器）窗口中观察到执行指令后的结果如图 4-9 所示。

【例 4-4】 如果 A＝40H，R0＝50H，（50H）＝0FH，（45H）＝0FFH，将执行下列指令后 30H 中的数据写在注释区。

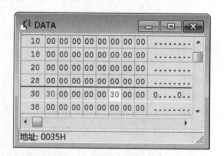

图 4-9　如果（35H）＝30H，执行 MOV　　30H, 35H 后的结果

```
MOV    30H,A        ;(30H) =40H
MOV    30H,R0       ;(30H) =50H
MOV    30H,@ R0     ;(30H) =0FH
MOV    30H,45H      ;(30H) =0FFH
MOV    30H,#45H     ;(30H) =45H
```

（4）以寄存器间址为目的字节的传送指令（3条）

① MOV   @Ri, A   ; 将 A 中的数据传送到以 Ri 中的数据为地址的存储单元中

② MOV   @Ri, direct ; 将 direct 中的数据传送到以 Ri 中的数据为地址的存储单元中

③ MOV   @Ri, #data   ; 将立即数 data 传送到以 Ri 中的数据为地址的存储单元中

如果 R0 =30H，执行 MOV   @R0, #35H 后（30H）=35H、R0 =30H，在 WAVE6000
中 CPU 窗口和 DATA（片内数据存储器）窗口中观察到执行指令后的结果如图 4-10 所示。

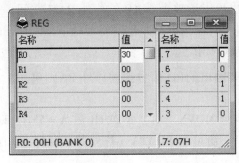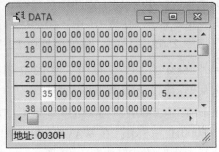

图 4-10   如果 R0 =30H，执行 MOV   @R0, #35H 后的结果

【例 4-5】如果 A =40H，（45H）=0FFH，R1 =30H，将执行下列指令后 30H 和 R1 中的
数据写在注释区。

```
MOV    @R1,A        ;R1 =30H,(30H) =40H
MOV    @R1,45H      ;R1 =30H,(30H) =0FFH
MOV    @R1,#45H     ;R1 =30H,(30H) =45H
```

2. 16 位数据传送指令（1 条）

指令格式为：MOV   DPTR, #data16

8051 单片机指令系统中仅此一条 16 位数据传送指令，其功能是将 16 位立即数送入
DPTR，其中数据高 8 位送入 DPH 中，数据低 8 位送入 DPL 中。DPTR 一般用作 16 位间址，
可以是外 RAM 地址，也可以是 ROM 地址。用 MOVC 指令，则一定是 ROM 地址，用 MOVX
指令，则一定是外 RAM 地址。

执行 MOV   DPTR, #1234H 后 DPTR =1234H、
DPH =12H、DPL =34H，在 WAVE6000 中 CPU 窗
口中观察到执行指令后的结果如图 4-11 所示。

MOV   DPTR, #1234H 指令也可以用两条
8 位数据传送指令实现：

```
MOV    DPH,#12H
MOV    DPL,#34H
```

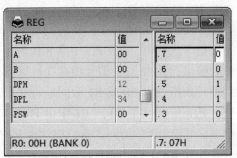

图 4-11   执行 MOV   DPTR, #1234H 后的结果

3. 外 RAM 数据传送指令（4 条）

在单片机的片外 RAM 中经常存放数据采集和处理的一些中间数据。访问片外 RAM 的操作可以有读和写两大类。在 8051 单片机中，读和写片外 RAM 均采用 MOVX 指令，均须经过累加器 A 完成，只是传送的方向不同。数据采用寄存器间接寻址。

（1）读片外 RAM 指令

① MOVX   A，@DPTR

② MOVX   A，@Ri

第一条指令以 16 位 DPTR 为间址寄存器读片外 RAM，可以寻址整个 64KB 的片外 RAM 空间。指令执行时，在 DPH 中的高 8 位地址由 P2 接口输出，在 DPL 中的低 8 位地址由 P0 接口分时输出，并由 ALE 信号锁存在地址锁存器中。

第二条指令以 R0 或 R1 为间址寄存器，也可以读整个 64KB 的片外 RAM 空间。指令执行时，低 8 位地址在 R0 或 R1 中，由 P0 接口分时输出，ALE 信号将地址信息锁存在地址锁存器中（多于 256B 的访问，高位地址由 P2 接口提供）。

读片外 RAM 的 MOVX 操作，使 P3.7 引脚输出的 $\overline{RD}$ 信号选通片外 RAM 单元，相应单元的数据从 P0 接口读入累加器 A 中。

如果 DPTR = 3000H，（3000H）= 55H，执行 MOVX   A，@DPTR 后 A = 55H、DPTR = 3000H、（3000H）= 55H，在 WAVE6000 中 CPU 窗口和 XDATA（片外数据存储器）窗口中观察到执行指令后的结果如图 4-12 所示。

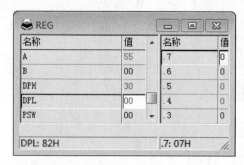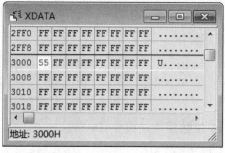

图 4-12   如果 DPTR = 3000H，（3000H）= 55H，执行 MOVX   A，@DPTR 后的结果

（2）写片外 RAM 指令

① MOVX   @DPTR，A

② MOVX   @Ri，A

第一条指令以 16 位 DPTR 为间址寄存器写外部 RAM，可以寻址整个 64KB 的片外 RAM 空间。指令执行时，在 DPH 中高 8 位地址由 P2 接口输出，在 DPL 中的低 8 位地址由 P0 接口分时输出，并由 ALE 信号锁存在地址锁存器中。

第二条指令以 R0 或 R1 为间址寄存器，也可以写整个 64KB 的片外 RAM 空间。指令执行时，低 8 位地址在 R0 或 R1 中由 P0 接口分时输出，ALE 信号将地址信息锁存在地址锁存器中（多于 256B 的访问，高位地址由 P2 接口提供）。

写片外 RAM 的"MOVX"操作，使 P3.6 引脚的 WR 信号有效，累加器 A 的内容从 P0 接口输出并写入选通的相应片外 RAM 单元中。

如果 P2 = 20H，R1 = 01H，A = 66H 执行 MOVX ＠R1，A 后 A = 66H、P2 = 20H、R1 = 01H、（2001H）= 66H，在 WAVE6000 中 CPU 窗口和 XDATA（片外数据存储器）窗口中观察到执行指令后的结果如图 4-13 所示。

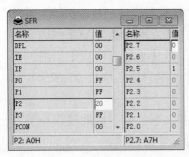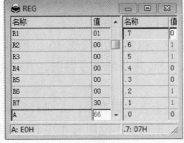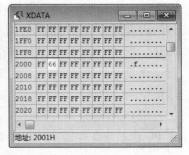

图 4-13　如果 P2 = 20H，R1 = 01H，A = 66H 执行 MOVX ＠R1，A 后的结果

4. 读 ROM 指令（2 条）

通常 ROM 中可以存放两方面的内容：一是单片机执行的程序代码；二是一些固定不变的常数（如表格数据、字段代码等）。8051 单片机的程序指令是按 PC 值依次自动读取并执行的，一般不需要人为去读。但如果程序中涉及一些放在 ROM 中的数据（或称为表格）时则需要去 ROM 中读取。8051 单片机指令系统提供了 2 条读 ROM 的指令，也称为查表指令。

（1）以 DPTR 内容为基址

MOVC　A，@ A + DPTR

该指令首先执行 16 位无符号数加法（A + DPTR），将获得的基址与变址之和作为 16 位的程序存储器地址，然后将该地址单元的内容传送到累加器 A。指令执行后 DPTR 的内容不变。但应注意，累加器 A 原来的内容被破坏。指令用 DPTR 作为基址寄存器，因此其寻址范围为整个程序存储器的 64KB 空间，表格可以放在程序存储器的任何位置。

如果 DPTR = 3000H，A = 01H，程序存储器中地址为 3001H 存储单元中的数据为 55H，则执行指令 MOVC　A，@ A + DPTR 后，A = 55H、DPTR = 3000H、程序存储器中地址为 3001H 存储单元中的数据为 55H，在 WAVE6000 中 CPU 窗口和 CODE（程序存储器）窗口中观察到执行指令后的结果如图 4-14 所示。

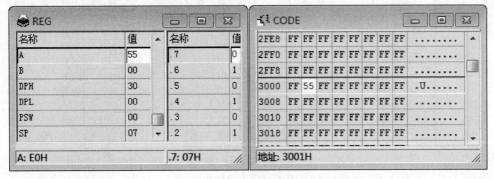

图 4-14　如果 DPTR = 3000H，A = 01H，ROM 中（3001H）= 55H 执行 MOVC　A，@ A + DPTR 后的结果

（2）以 PC 内容为基址

MOVC A,@ A + PC

该指令首先取出该单字节指令后 PC 的内容增 1，以增 1 后的当前值去执行 16 位无符号数加法（A + PC），将获得的基址与变址之和作为 16 位的程序存储器地址。然后将该地址单元的内容传送到累加器 A。指令执行后 PC 的内容不变。但应注意，累加器 A 原来的内容被破坏。指令用 PC 作为基址寄存器，虽然也能提供 16 位地址，但其基址值取决于当前的内容（该指令的地址加 1）。所以用 PC 为基址寄存器时，其寻址范围只能是该指令后 256B 的地址空间。

用 PC 作基址寄存器时，一是查表范围有限；二是计算麻烦，易出错。因此建议一般不用 PC 作基址寄存器。只有在 DPTR 很忙不能用时才用 PC 作为基址寄存器。

5. 堆栈操作指令（2 条）

堆栈是在内部 RAM 中按"后进先出"的规则组织的一片存储区。此区的一端固定，称为栈底；另一端是活动的，称为栈顶。栈顶的位置（地址）由栈指针 SP 指示（即 SP 的内容是栈顶的地址）。在 8051 单片机中，堆栈的生长方向是向上的（地址增大）。入栈操作时，先将 SP 的内容加 1，然后将指令指定的直接地址单元的内容存入 SP 指向的单元；出栈操作时，先将 SP 指向的单元内容传送到指令指定的直接地址单元，然后 SP 的内容减 1。系统复位时，SP 的内容为 07H。通常用户应在系统初始化时对 SP 重新设置。SP 的值越小，堆栈的深度越深。

（1）入栈指令

PUSH direct

该指令的功能是将其指定的直接寻址单元中的数据压入堆栈。进栈时堆栈指针 SP 要先加 1，然后将数据压入堆栈。例如 PUSH 30H；SP = 0FH、（30H）= 2BH，具体操作是：①先将堆栈指针 SP 的内容（0FH）加 1，指向堆栈顶的一个空单元，此时 SP = 10H；②然后将指令指定的直接寻址单元 30H 中的数据（2BH）送到该空单元中。执行指令结果：SP = 10H，（10H）= 2BH，如图 4-15 所示。

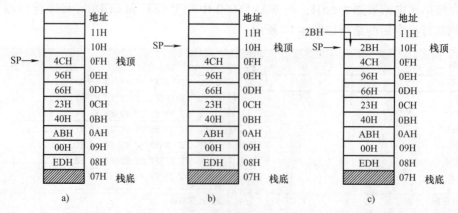

图 4-15 入栈操作

a）SP 原始状态 b）SP + 1→SP，指向栈顶空单元 c）direct 中数据压入堆栈

（2）出栈指令

POP   direct

该指令的功能是将当前堆栈指针 SP 所指向单元中的数据弹出到指定的内 RAM 单元，然后将 SP 减 1，SP 始终指向栈顶地址。例如 POP   40H；SP = 0FH、（0FH）= 4CH，具体操作是：①先将 SP 所指单元 0FH（栈顶地址）中的数据（4CH）弹出，送到指定的内 RAM 单元 40H，（40H）= 4CH；②然后 SP – 1→SP，SP = 0EH，SP 仍指向栈顶地址，如图 4-16 所示。

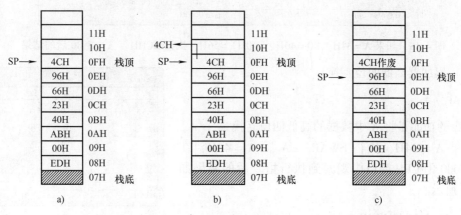

图 4-16　出栈操作

a）SP 原始状态　b）栈顶单元内容→（direct）　c）SP – 1→SP，指向栈顶地址

6. 交换指令（5 条）

（1）字节交换指令

① XCH   A，Rn   ；将 A 中的数据和 Rn 中的数据互换

② XCH   A，@Ri   ；将 A 中的数据和以 Ri 中的数据为地址的存储单元中的数据互换

③ XCH   A，direct ；将 A 中的数据和 direct 中的数据互换

指令的功能是将 A 中的数据与源字节中的数据相互交换。

如果 A = 30H、R7 = 40H，执行 XCH   A，R7 后 A = 40H、R7 = 30H，在 WAVE6000 中 CPU 窗口中观察到执行指令后的结果如图 4-17 所示。

（2）半字节交换指令

XCHD   A，@Ri

指令的功能是将 A 中数据的低 4 位和以 Ri 中的数据为地址的存储单元中数据的低 4 位交换，它们的高 4 位均不变。

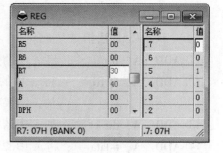

图 4-17　如果 A = 30H、R7 = 40H，
执行 XCH   A，R7 后的结果

如果 A = 34H、R0 = 40H、（40H）= 56H，执行 XCHD   A，@R0 后 A = 36H、（40H）= 54H、R0 = 40H，在 WAVE6000 中 CPU 窗口和 DATA（片内数据存储器）窗口中观察到执行指令后的结果如图 4-18 所示。

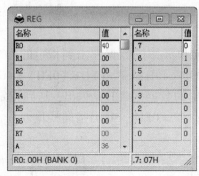
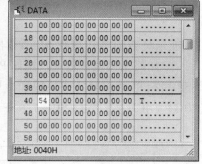

图 4-18　如果 A = 34H、R0 = 40H、(40H) = 56H，执行 XCHD　A，@ R0 后的结果

（3）累加器高低四位互换

SWAP　A

指令的功能是将 A 中数据的高低四位互换。

如果 A = 34H，执行 SWAP　A 后 A = 43H，在 WAVE6000 中 CPU 窗口中观察到执行指令后的结果如图 4-19 所示。

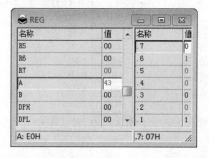

图 4-19　如果 A = 34H，
执行 SWAP　A 后的结果

4.2.2　算术运算类指令

8051 单片机的算术运算类指令可以完成加、减、乘、除及加 1 和减 1 等运算，共 24 条。这类指令多数以 A 为源操作数之一，同时又使 A 为目的操作数。进位（借位）标志 Cy 为无符号整数的多字节加法、减法、移位等操作提供了方便。使用软件监视溢出标志可方便地控制补码运算。辅助进位标志用于 BCD 码运算。算术运算操作将影响程序状态字 PSW 中的溢出标志 OV、进位（借位）标志 Cy、辅助进位（辅助借位）标志 AC 和奇偶标志位 P 等。

1. 加法指令

（1）不带 Cy 加法指令（4 条）

① ADD　A，Rn　　；将 A 中的数据和 Rn 中的数据相加，结果存放在 A 中

② ADD　A，@ Ri　　；将 A 中的数据和以 Ri 中的数据为地址的存储单元中的数据相加，结果存放在 A 中

③ ADD　A，direct　　；将 A 中的数据和 direct 中的数据相加，结果存放在 A 中

④ ADD　A，#data　　；将 A 中的数据和 data 相加，结果存放在 A 中

ADD 指令是 8 位二进制数加法运算，其中一个加数总是在累加器 A 中，而另一个加数可由不同寻址方式得到，相加结果再送回 A 中，运算结果将对 PSW 相关位产生影响，情况如下：

（Ⅰ）进位标志 Cy：和的 D7 位有进位时，Cy = 1；否则，Cy = 0。

（Ⅱ）辅助进位标志 AC：和的 D3 位有进位时，AC = 1；否则，AC = 0。

（Ⅲ）溢出标志 OV：和的 D7、D6 位只有一个有进位时，OV = 1；和的 D7、D6 位同时

有进位或同时无进位时，OV＝0。溢出表示运算的结果超出了数值所允许的范围，如两个正数相加结果为负数或两个负数相加结果为正数时属于错误结果，此时 OV＝1。

（Ⅳ）奇偶标志 P：当累加器 A 中"1"的个数为奇数时，P＝1；为偶数时，P＝0。

（2）带 Cy 加法指令（4 条）

① ADDC　A，Rn　　；将 A 中的数据和 Rn 中的数据相加，再加 Cy，结果存放在 A 中
② ADDC　A，@Ri　；将 A 中的数据和以 Ri 中的数据为地址的存储单元中的数据相加，再加 Cy，结果存放在 A 中
③ ADDC　A，direct　；将 A 中的数据和 direct 中的数据相加，再加 Cy，结果存放在 A 中
④ ADDC　A，#data　；将 A 中的数据和 data 相加，再加 Cy，结果存放在 A 中

这组指令的功能是把源操作数与累加器 A 的内容相加再与进位标志 Cy 的值相加，结果送入 A 中，源操作数的寻址方式分别为立即寻址、直接寻址、寄存器间接寻址和寄存器寻址。这组指令和 ADD 指令一样也将影响程序状态字 PSW 中的 Cy、AC、OV 和 P。需要说明的是，这里所加的进位标志 Cy 的值是在该指令执行之前已经存在的进位标志的值，而不是执行该指令过程中产生的进位。换句话说，若这组指令执行之前 Cy＝0，则执行结果与不带进位位 Cy 的加法指令的结果相同。

【例 4-6】有一个两字节加数 9655H 存放在 30H31H 中（高位在前），另一个两字节加数 78FFH 存放在 33H34H 中（高位在前），试编写其加法程序，运算结果存入 40H41H42H 单元中。

解：加数和被加数是 16 位二进制数，不能用一条指令完成，需按下列步骤完成计算：首先将两数的低 8 位相加，结果存入 42H 单元中，若有进位，保存在 Cy 中；然后再将两数的高 8 位连同 Cy 相加，结果存入 41H 单元中；最后把 Cy 存入 40H 单元中，问题在于 Cy 是 1 位存储单元，40H 是 8 位存储单元，不可以直接传送，必须把 Cy 变换为等量的 8 位数，才能存入 8 位存储单元中。

$$
\begin{array}{rccc}
 & 30H & 31H & \\
+ & 33H & 34H & \\
\hline
40H & 41H & 42H
\end{array}
$$

```
        ORG     0000H
        JMP     MAIN            ;跳转到 MAIN 处执行程序
        ORG     0030H
MAIN:   MOV     30H,#96H
        MOV     31H,#55H        ;将一个加数 9655H 存放在 30H31H 中
        MOV     33H,#78H
        MOV     34H,#0FFH       ;将另一个加数 78FFH 存放在 33H34H 中
        MOV     A,31H           ;取一个加数的低 8 位存放在 A 中
        ADD     A,34H           ;两个加数的低 8 位相加
        MOV     42H,A           ;将低 8 位的和存入 42H 中
        MOV     A,30H           ;取一个加数的高 8 位存放在 A 中
        ADDC    A,33H           ;两个加数的高 8 位连同 Cy 相加
        MOV     41H,A           ;将高 8 位的和存入 41H 中
        MOV     A,#0
        ADDC    A,#0            ;把 Cy 变换为等量的 8 位数
```

	MOV	40H, A	;将进位存入 40H 中
	JMP	$	;程序一直执行本条指令(跳转到本条指令处)
	END		

本程序在 WAVE6000 中运行的结果如图 4-20 所示。

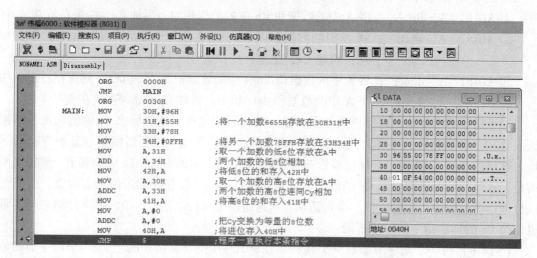

图 4-20　例 4-6 的程序在 WAVE6000 中运行的结果

2. 加 1 指令（5 条）

① INC　A　　；将 A 中的数据加 1 后，结果存放在 A 中

② INC　Rn　　；将 Rn 中的数据加 1 后，结果存放在 Rn 中

③ INC　@Ri　　；将以 Ri 中的数据为地址的存储单元中的数据加 1 后，结果存放在以 Ri 中的数据为地址的存储单元中

④ INC　direct　；将 direct 中的数据加 1 后，结果存放在 direct 中

⑤ INC　DPTR　；将 DPTR 中的数据加 1 后，结果存放在 DPTR 中

加 1 指令的功能是将指定单元的数据加 1 再送回该单元。仅指令 INC　A 影响 PSW 的 P 位。

【例 4-7】　如果 A = 10H、R0 = 45H、(45H) = 67H、R7 = 0EH、(67H) = 55H、DPTR = 1234H，将执行下列指令后的结果写在注释区。

① INC　A　　　；A = 11H

② INC　R7　　；R7 = 0FH

③ INC　@R0　　；(45H) = 68H、R0 = 45H

④ INC　67H　　；(67H) = 56H

⑤ INC　DPTR　；DPTR = 1235H

3. BCD 码调整指令（1 条）

DA　　　A　　　；调整 A 的内容为正确的 BCD 码

该指令的功能是对累加器 A 中刚进行的两个 BCD 码相加的结果进行十进制调整。两个压缩的 BCD 码按二进制相加后，必须经过调整方能得到正确的压缩 BCD 码的和。调整要完成的任务如下：

1）当累加器 A 中的低 4 位数出现了非法 BCD 码（1010～1111）或低 4 位产生进位（AC = 1时），则应在低 4 位加 6 调整，以产生低 4 位正确的 BCD 码结果。

2）当累加器 A 中的高 4 位数出现了非法 BCD 码（1010～1111）或高 4 位产生进位（Cy = 1时），则应在高 4 位加 6 调整，以产生高 4 位正确的 BCD 码结果。

十进制调整指令执行后，PSW 中的 Cy 表示结果的百位值。

进行 BCD 码加法运算时，只需在加法指令后紧跟一条 DA A 指令，即可实现 BCD 码调整，但对 BCD 码的减法运算不能用此指令来调整。需要指出的是，调整过程是在计算机内部自动进行的，是执行 DA A 指令的结果。在计算机中的 ALU 硬件中设有十进制调整电路，由它来完成这些操作。

【例 4-8】 已知 8756 以压缩 BCD 码的形式存在 R0R1 中（高位在前），4389 以压缩 BCD 码的形式存在 R2R3 中（高位在前）试编程求 8756 + 4389，并存入 R5R6 R7 中。

解：

```
            R0      R1
      +     R2      R3
      ────────────────────
      R5    R6      R7
```

```
        ORG     0000H
        JMP     MAIN
        ORG     0030H
MAIN：   MOV     R0,#87H
        MOV     R1,#56H         ;将一个加数 8756 存放在 R0R1 中
        MOV     R2,#43H
        MOV     R3,#89H         ;将另一个加数 4389 存放在 R2R3 中
        MOV     A,R1            ;取一个加数的低位存放在 A 中
        ADD     A,R3            ;两个加数的低位相加
        DA      A               ;十进制调整
        MOV     R7,A            ;将低位的和存入 R7 中
        MOV     A,R0            ;取一个加数的高位存放在 A 中
        ADDC    A,R2            ;两个加数的高位连同 Cy 相加
        DA      A               ;十进制调整
        MOV     R6,A            ;将高位的和存入 R6 中
        MOV     A,#0
        ADDC    A,#0            ;把 Cy 变换为等量的 8 位数
        MOV     R5,A            ;将进位存入 R5 中
        JMP     $
        END
```

本程序在 WAVE6000 中运行的结果如图 4-21 所示。

4. 减法指令（4 条）

① SUBB A，Rn   ; 将 A 中的数据减去 Rn 中的数据，再减 Cy，结果存放在 A 中

② SUBB A，@Ri   ; 将 A 中的数据减去以 Ri 中的数据为地址的存储单元中的数据，再减 Cy，结果存放在 A 中

③ SUBB A，direct ; 将 A 中的数据减去 direct 中的数据，再减 Cy，结果存放在 A 中

④ SUBB A，#data ; 将 A 中的数据减去 data，再减 Cy，结果存放在 A 中

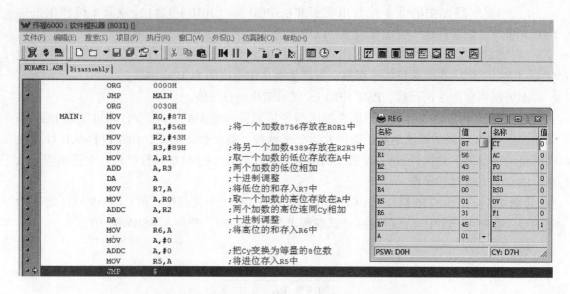

图 4-21 例 4-8 的程序在 WAVE6000 中运行的结果

减法指令的功能是将 A 中的数据减去源操作数所指示的数据及进位位 Cy，不够减时向高位借位后再减，差存入 A 中。运算结果对 PSW 中标志位的影响情况如下：

1）借位标志 Cy：差的位 7 需借位时，Cy = 1；否则，Cy = 0。

2）辅助借位标志 AC：差的位 3 需借位时，AC = 1；否则，AC = 0。

3）溢出标志 OV：若位 6 有借位而位 7 无借位或位 7 有借位而位 6 无借位时，OV = 1。

4）奇偶标志 P：当累加器 A 中 "1" 的个数为奇数时，P = 1；为偶数时，P = 0。

在 8051 指令系统中，减法必须带进位位。即没有不带进位位的减法指令。若要进行不带进位位的减法运算，可先将进位位 Cy 清 0，再执行减法指令。

【例 4-9】 被减数 9A7FH 存在 30H31H 中（高位在前），减数 12D9H 存在 33H34H 中（高位在前），试编写其减法程序，差值存入 42H43H 中，借位存入 40H 中。

解：

$$
\begin{array}{ccc}
 & 30H & 31H \\
- & 33H & 34H \\
\hline
40H \quad 42H & & 43H
\end{array}
$$

在 8051 指令系统中，减法必须带 Cy。本题在低 8 位相减时，不需要减 Cy，可先将 Cy 清 0。但在此之前还未学过 Cy 清 0 的指令，就得用学过的指令将 Cy 清 0。程序如下：

```
        ORG     0000H
        JMP     MAIN
        ORG     0030H
MAIN:   MOV     30H,#9AH
        MOV     31H,#7FH    ;将被减数9A7FH存放在30H31H中
        MOV     33H,#12H
        MOV     34H,#0D9H   ;将减数12D9H存放在33H34H中
        ADD     A,#0        ;将Cy清零
        MOV     A,31H       ;取被减数的低8位存放在A中
```

SUBB	A,34H	;低 8 位相减
MOV	43H,A	;将低 8 位的差存入 43H 中
MOV	A,30H	;取被减数的高 8 位存放在 A 中
SUBB	A,33H	;高 8 位连同 Cy 相减
MOV	42H,A	;将高 8 位的差存入 42H 中
MOV	A,#0	
ADDC	A,#0	;把 Cy 变换为等量的 8 位数
MOV	40H,A	;将进位存入 40H 中
JMP	$	
END		

本程序在 WAVE6000 中运行的结果如图 4-22 所示。

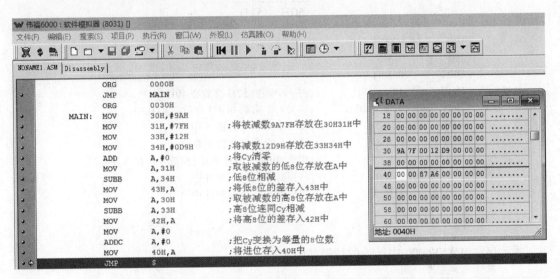

图 4-22　例 4-9 的程序在 WAVE6000 中运行的结果

5. 减 1 指令（4 条）

① DEC　A　　　;将 A 中的数据减 1 后，结果存放在 A 中

② DEC　Rn　　 ;将 Rn 中的数据减 1 后，结果存放在 Rn 中

③ DEC　@Ri　　;将以 Ri 中的数据为地址的存储单元中的数据减 1 后，结果存放在
　　　　　　　　以 Ri 中的数据为地址的存储单元中

④ DEC　direct　;将 direct 中的数据减 1 后，结果存放在 direct 中

减 1 指令的功能是将指定单元的数据减 1 再送回该单元。仅指令 DEC　A 影响 PSW 的
P 位。

【例 4-10】如果 A = 10H、R0 = 45H、(45H) = 67H、R7 = 0EH、(67H) = 55H，将执行
下列指令后的结果写在注释区。

① DEC　A　　　 ;A = 0FH

② DEC　R7　　　;R7 = 0DH

③ DEC　@R0　　 ;(45H) = 66H、R0 = 45H

④ DEC　67H　　 ;(67H) = 54H

6. 乘法指令（1条）

MUL　AB

这条指令的功能是实现两个8位无符号数的乘法操作。两个无符号数分别存放在A和B中，乘积为16位，积低8位存于A中，积高8位存于B中。如果积大于255（即积高8位B≠0），则OV置1，否则OV清0。该指令执行后，Cy总是清0。

【例4-11】已知两乘数分别存在40H和41H，（40H）=57H，（41H）=0DFH，试编程求其积，并存入50H51H。

解：

$$\begin{array}{r} 40H \\ \times\ 41H \\ \hline 50H\quad 51H \end{array}$$

```
          ORG     0000H
          JMP     MAIN
          ORG     0030H
MAIN:     MOV     40H,#57H      ;将一个乘数57H存放在40H中
          MOV     41H,#0DFH     ;将另一个乘数0DFH存放在41H中
          MOV     A,40H         ;将一个乘数存放在A中
          MOV     B,41H         ;将另一个乘数存放在B中
          MUL     AB            ;相乘，积高8位存B中，积低8位存A中
          MOV     50H,B         ;将积高8位存入50H中
          MOV     51H,A         ;将积低8位存入51H中
          JMP     $
          END
```

本程序在WAVE6000中运行的结果如图4-23所示。

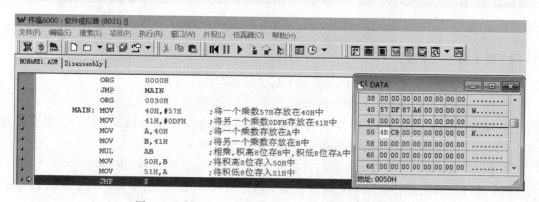

图4-23　例4-11的程序在WAVE6000中运行的结果

7. 除法指令（1条）

DIV　AB

这条指令的功能是实现两个8位无符号数的除法操作。要求被除数放在A中，除数放在B中。指令执行后，商放在A中，余数放在B中。进位标志位Cy和溢出标志位OV均清0。只有当除数为0时，运算结果为不确定值，OV位置位，说明除法溢出。

【例 4-12】 已知被除数存在 40H 中，除数存在 41H 中，（40H）＝0FFH，（41H）＝23H，试编程求其商，商存入 50H，余数存入 51H。

解：
```
        ORG     0000H
        JMP     MAIN
        ORG     0030H
MAIN:   MOV     40H,#0FFH    ;将被除数 0FFH 存放在 40H 中
        MOV     41H,#23H     ;将除数 23H 存放在 41H 中
        MOV     A,40H        ;将被除数存放在 A 中
        MOV     B,41H        ;将除数存放在 B 中
        DIV     AB           ;相除,余数存入 B 中,商存入 A 中
        MOV     50H,A        ;将商存入 50H 中
        MOV     51H,B        ;将余数存入 51H 中
        JMP     $
        END
```

本程序在 WAVE6000 中运行的结果如图 4-24 所示。

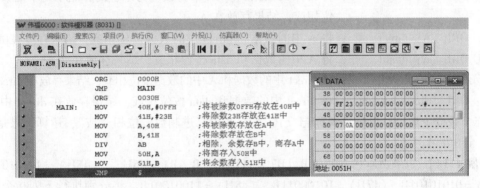

图 4-24　例 4-12 的程序在 WAVE6000 中运行的结果

4.2.3　逻辑运算及位移类指令

逻辑运算指令完成与、或、异或、清 0 和取反操作，当累加器 A 为目的操作数时，对 P 标志有影响。位移指令是对累加器 A 的循环移位操作，包括左、右方向以及带进位与不带进位等移位方式。移位操作时，带进位的循环移位对 Cy 和 P 标志有影响。累加器清 0 操作对 P 标志有影响。

1. 逻辑"与"运算指令（6 条）

① ANL　A，Rn　　　;将 A 中的数据和 Rn 中的数据按位相与，结果存放在 A 中

② ANL　A，@Ri　　;将 A 中的数据和以 Ri 中的数据为地址的存储单元中的数据按位相与，结果存放在 A 中

③ ANL　A，direct　;将 A 中的数据和 direct 中的数据按位相与，结果存放在 A 中

④ ANL　A，#data　;将 A 中的数据和 data 按位相与，结果存放在 A 中

⑤ ANL　direct，A　;将 direct 中的数据和 A 中的数据按位相与，结果存放在 direct 中

⑥ ANL　direct，#data　;将 direct 中的数据和 data 按位相与，结果存放在 direct 中

前4条指令执行后影响奇偶标志位 P。两个 8 位二进制数按位相"与"，运算结果是有 0 出 0，全 1 出 1。

【例 4-13】 如果 A = 01101100B、R7 = 11100011B、R1 = 45H、（45H）= 10101010B、（46H）= 01010101B、（47H）= 10100011B、（48H）= 11001001B，将分别执行下列指令后的结果写在注释区。

① ANL A, R7   ; A = 01100000B、R7 = 11100011B
② ANL A, @R1   ; A = 00101000B、R1 = 45H、（45H）= 10101010B
③ ANL A, 46H   ; A = 01000100B、（46H）= 01010101B
④ ANL A, #0FH   ; A = 00001100B
⑤ ANL 47H, A   ; （47H）= 00100000B、A = 01101100B
⑥ ANL 48H, #0F0H ; （48H）= 11000000B

2. 逻辑"或"运算指令（6 条）

① ORL A, Rn   ; 将 A 中的数据和 Rn 中的数据按位相或，结果存放在 A 中
② ORL A, @Ri   ; 将 A 中的数据和以 Ri 中的数据为地址的存储单元中的数据按位相或，结果存放在 A 中
③ ORL A, direct   ; 将 A 中的数据和 direct 中的数据按位相或，结果存放在 A 中
④ ORL A, #data   ; 将 A 中的数据和 data 按位相或，结果存放在 A 中
⑤ ORL direct, A   ; 将 direct 中的数据和 A 中的数据按位相或，结果存放在 direct 中
⑥ ORL direct, #data ; 将 direct 中的数据和 data 按位相或，结果存放在 direct 中

前4条指令执行后影响奇偶标志位 P。两个 8 位二进制数按位相"或"，运算结果是有 1 出 1，全 0 出 0。

【例 4-14】 如果 A = 01101100B、R7 = 11100011B、R1 = 45H、（45H）= 10101010B、（46H）= 01010101B、（47H）= 10100011B、（48H）= 11001001B，将分别执行下列指令后的结果写在注释区。

① ORL A, R7   ; A = 11101111B、R7 = 11100011B
② ORL A, @R1   ; A = 11101110B、R1 = 45H、（45H）= 10101010B
③ ORL A, 46H   ; A = 01111101B、（46H）= 01010101B
④ ORL A, #0FH   ; A = 01101111B
⑤ ORL 47H, A   ; （47H）= 11101111B、A = 01101100B
⑥ ORL 48H, #0F0H ; （48H）= 11111001B

3. 逻辑"异或"运算指令（6 条）

① XRL A, Rn   ; 将 A 中的数据和 Rn 中的数据按位相异或，结果存放在 A 中
② XRL A, @Ri   ; 将 A 中的数据和以 Ri 中的数据为地址的存储单元中的数据按位相异或，结果存放在 A 中
③ XRL A, direct ; 将 A 中的数据和 direct 中的数据按位相异或，结果存放在 A 中
④ XRL A, #data   ; 将 A 中的数据和 data 按位相异或，结果存放在 A 中
⑤ XRL direct, A ; 将 direct 中的数据和 A 中的数据按位相异或，结果存放在 direct 中

⑥ XRL   direct，#data   ；将 direct 中的数据和 data 按位相异或，结果存放在 direct 中

前 4 条指令执行后影响奇偶标志位 P。两个 8 位二进制数按位相"异或"，运算结果是相同出 0，相异出 1。

【例 4-15】 如果 A = 01101100B、R7 = 11100011B、R1 = 45H、（45H）= 10101010B、（46H）= 01010101B、（47H）= 10100011B、（48H）= 11001001B，将分别执行下列指令后的结果写在注释区。

① XRL   A，R7   ；A = 10001111B、R7 = 11100011B
② XRL   A，@R1   ；A = 11000110B、R1 = 45H、（45H）= 10101010B
③ XRL   A，46H   ；A = 00111001B、（46H）= 01010101B
④ XRL   A，#0FH   ；A = 01100011B
⑤ XRL   47H，A   ；（47H）= 11001111B、A = 01101100B
⑥ XRL   48H，#0F0H ；（48H）= 00111001B

4. 累加器 A 清 0 和取反指令（2 条）

① CLR   A
② CPL   A

第一条指令的作用是将 A 中的内容清 0；第二条指令的作用是将 A 中的内容各位取反后送回 A 中。

【例 4-16】 如果 A = 55H，将分别执行下列指令后的结果写在注释区。

① CLR   A   ；A = 00H
② CPL   A   ；A = 0AAH

5. 循环移位指令（4 条）

① RR   A   ；不带借位的循环右移
② RRC   A   ；带借位的循环右移
③ RL   A   ；不带借位的循环左移
④ RLC   A   ；带借位的循环左移

该组指令执行情况如图 4-25 所示。

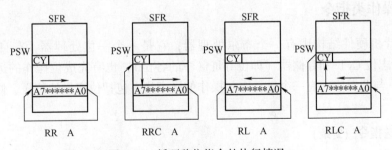

图 4-25   循环移位指令的执行情况

【例 4-17】 已知 A = 08H，编程将 A 中的数据乘 10 后将结果存入 A 中。

解：   ORG   0000H
            JMP   MAIN
            ORG   0030H

```
MAIN:      MOV      A,#08H          ;将 08H 存放在 A 中
           ADD      A,#0            ;将 Cy 清 0，并且不改变 A 中的数据
           RLC      A               ;将 A 中的数据乘 2，结果存在 A 中
           MOV      R7,A            ;将 A 中的数据乘 2 的结果存在 R7 中
           ADD      A,#0            ;将 Cy 清 0，并且不改变 A 中的数据
           RLC      A               ;将 A 中的数据乘 4，结果存在 A 中
           ADD      A,#0            ;将 Cy 清 0，并且不改变 A 中的数据
           RLC      A               ;将 A 中的数据乘 8，结果存在 A 中
           ADD      A,R7            ;将 A 中的数据乘 10，结果存在 A 中
           JMP      $
           END
```

本程序在 WAVE6000 中运行的结果如图 4-26 所示。

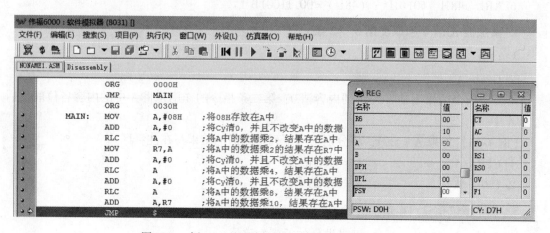

图 4-26　例 4-17 的程序在 WAVE6000 中运行的结果

8051 单片机汇编程序中，通常用带 Cy（Cy = 0）循环左移实现乘 2^n（$n = 1$、2、3…）操作，用带 Cy（Cy = 0）循环右移实现除以 2^n（$n = 1$、2、3…）操作，执行速度比乘除法指令快。

4.2.4　位操作类指令

8051 单片机硬件结构中有一个布尔处理器，它是一个一位处理器，有自己的累加器（借用进位标志位 Cy）和存储器（即位寻址区中的各位），也有完成位操作的运算器等。在指令系统中，与此对应的有一个进行布尔操作的指令集，包括位变量的传送、修改和逻辑操作等。

1. 位传送指令（2 条）

① MOV   C，bit   ;将 bit 中的数据传送至 C 中
② MOV   bit，C   ;将 C 中的数据传送至 bit 中

指令中 C 即进位标志位 Cy 的助记符，bit 为内 RAM 20H ~ 2FH 中的 128 个可寻址位和特殊功能寄存器中的可寻址位存储单元。

【例4-18】将位存储单元24H.4中的内容传送到位存储单元24H.0。

解：MOV　　C，24H.4　　；将位24H.4中的内容传送到C中

　　MOV　　24H.0，C　　；将C中的内容传送到位24H.0中

或写成：

　　MOV　　C，24H　　　；将位24H中的内容传送到C中

　　MOV　　20H，C　　　；将C中的内容传送到位20H中

注意：

1）后两条指令中的24H和20H分别为24H.4和24H.0的位地址，而不是字节地址。在8051指令系统中，位地址和字节地址均用2位十六进制数表示。区别的方法是：在位操作指令中出现的直接地址均为位地址，而在字节操作指令中出现的直接地址均为字节地址。建议位地址写成××H.×这种形式，这种形式可以表达出该位是哪个字节的第几位，而且不易和字节地址混淆。

2）不能写成MOV　24H.4，24H.0，因为在8051指令系统中bit与bit之间不能直接传送，必须通过C。

2. 位修正指令（6条）

（1）位清0指令

① CLR　C　　　　；将位C清零

② CLR　bit　　　；将位bit清零

（2）位取反指令

① CPL　C　　　　；将位C取反，1变0、0变1

② CPL　bit　　　；将位bit取反，1变0、0变1

（3）位置1指令

① SETB　C　　　 ；将位C设置成1

② SETB　bit　　 ；将位bit设置成1

3. 位逻辑运算指令（4条）

（1）位逻辑"与"运算指令

① ANL　C，bit　　；将位C中的数据和位bit中的数据相与，结果存放在C中

② ANL　C，/bit　 ；先将bit中的数据取反，再和位C中的数据相与，结果存放在
　　　　　　　　　　C中

（2）位逻辑"或"运算指令

① ORL　C，bit　　；将位C中的数据和位bit中的数据相或，结果存放在C中

② ORL　C，/bit　 ；先将bit中的数据取反，再和位C中的数据相或，结果存放在
　　　　　　　　　　C中

【例4-19】编程实现P1.0 = P1.1⊕P1.2。

解：异或操作，可直接按异或定义 P1.0 = $\overline{P1.1}$ P1.2 + P1.1 $\overline{P1.2}$ 来编写。

```
ORG        0000H
JMP        MAIN
ORG        0030H
```

```
MAIN:       MOV      C,P1.2        ;将 P1.2 的数据传送至 C
            ANL      C,/P1.1       ;将P1.1和P1.2相与,结果存 C 中
            MOV      20H.0,C       ;将P1.1 P̄1.2的结果暂存 20H.0 中
            MOV      C,P1.1        ;将 P1.1 的数据传送至 C
            ANL      C,/P1.2       ;将P̄1.1 和P1.2相与,结果存 C 中
            ORL      C,20H.0       ;将P̄1.1 P1.2的结果和P1.1 P̄1.2的结果相或
            MOV      P1.0,C        ;将 P1.1⊕P1.2 的结果传送至 P1.0
            JMP      $
            END
```

将 P1.1 设置成 1、P1.2 设置成 0 时, 程序的运行结果如图 4-27 所示。

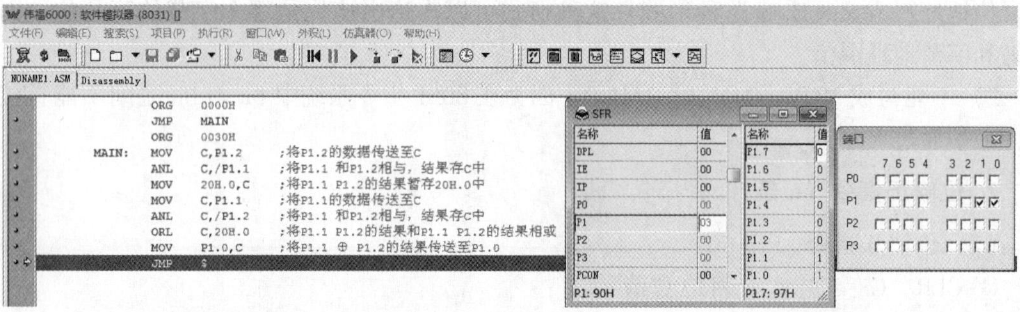

图 4-27   将 P1.1 设置成 1、P1.2 设置成 0, 例 4-19 程序的运行结果

4.2.5   控制转移类指令

通常情况下, 程序的执行是顺序进行的, 但也可以根据需要改变程序的执行顺序, 这种情况称作程序转移。控制程序的转移要利用转移指令。8051 系列单片机的控制转移类指令包括无条件转移指令、条件转移指令、调用和返回指令。这类指令通过修改 PC 的内容来控制程序的执行过程, 可极大提高程序的效率。这类指令 (除比较转移指令) 一般不影响标志位。

1. 无条件转移指令 (4 条)

无条件转移指令根据其转移范围可分为长转移、短转移、相对转移和间接转移四种指令。

(1) 长转移指令

LJMP   addr16   ;addr$_{15\sim0}$→PC,转移范围为 64KB

该指令执行后将 16 位地址 (addr16) 传送给 PC, 从而实现程序转移到新的地址开始运行。该指令可实现 64KB 的范围内任意转移, 不影响标志位。

(2) 短转移指令

AJMP   addr11   ;PC + 2→PC,addr$_{10\sim0}$→PC$_{10\sim0}$,PC$_{15\sim11}$不变

该指令执行时, 先将 PC 的内容加 2 (这时 PC 指向的是 AJMP 的下一条指令), 然后把指令中的 11 位地址码传送到 PC$_{10\sim0}$, PC$_{15\sim11}$ 保持原来的内容不变。

在目标地址的 11 位中，前 3 位为页地址，后 8 位为页内地址（每页含 256 个单元）。当前 PC 的高 5 位（即下条指令的存储地址的高 5 位）可以确定 32 个 2KB 段之一。所以，AJMP 指令的转移范围为包含 AJMP 下条指令的 2KB 区间。

（3）相对转移指令

SJMP　　rel;PC + 2→PC,PC + rel→PC

指令中 rel 是一个有符号数偏移量，其范围为 – 128 ~ + 127，以补码形式给出，若 rel 是正数，则向前转移；若 rel 是负数，则向后转移。

在编写程序时，编程人员可以不考虑 LJMP、AJMP、SJMP 这三条指令到底该用那一条，可以统一写成 JMP，由编译软件在编译时根据实际情况来选择最合适的一条使用。转移目标地址一般也不用十六进制数表达，同样用转移目标的标号地址替代，如：JMP　　LOOP，LOOP 就是转移目标的标号地址。也就是说程序需要跳转到某条指令处执行，就在这条指令前加一个标号，然后用指令"JMP　标号"来实现跳转即可。需要注意的是标号必须是唯一的，不能同时出现两个及以上相同的标号。

（4）间接转移指令

JMP　　@A + DPTR　;A + DPTR→PC

该指令执行时，把累加器 A 中的 8 位无符号数与 DPTR 的 16 位数相加，其中装入程序计数器 PC，控制程序转到目的地址执行程序。整个指令的执行过程中，不改变累加器 A 和 DPTR 的内容。JMP 是一条多分支转移指令，由 DPTR 决定多分支转移指令的首地址，由累加器 A 动态地选择转移到某一分支。这条指令的特点是转移地址可以在程序运行中加以改变。例如，当 DPTR 为确定值时，根据 A 的不同值可控制程序转向不同的程序段，因此也称为散转指令。

【例 4-20】某单片机应用系统有 16 个键，对应的键码值（00H ~ 0FH）存放在 R7 中，16 个键处理程序的入口地址分别为 KEY0、KEY1、…、KEY15。要求按下某键，程序即转向该键的处理程序执行。

解：预先在 ROM 中建立一张起始地址为 KEYG 的转移表，内容为 AJMP　　KEY0、…、AJMP KEY15，利用散转指令即可以实现多路分支转移指令处理。程序如下：

```
        MOV     A,R7
        RL      A           ;由于 AJMP 指令为双字节指令,键值乘 2 倍转移
        MOV     DPTR,#KEYG   ;转移入口基地址送 DPTR
        JMP     @ A + DPTR
        …
KEYG:   AJMP    KEY0
        AJMP    KEY1
        …
        AJMP    KEY15
```

2. 条件转移指令（13 条）

条件转移指令根据判断条件可分为判 C 转移、判 bit 转移、判 A 转移、减 1 非 0 转移和比较转移指令。满足条件，则转移；不满足条件，则程序顺序执行。

（1）判 C 转移指令（2 条）

① JC　　rel；PC + 2→PC，若 C = 1，则 PC + rel→PC 转移

　　　　　　　　　　若 C = 0，则程序顺序执行

② JNC　rel；PC + 2→PC，若 C = 0，则 PC + rel→PC 转移

　　　　　　　　　　若 C = 1，则程序顺序执行

这两条指令的功能是对进位标志位 C 进行检测，当 C = 1（第一条指令）或 C = 0（第二条指令），程序转向 PC 当前值与 rel 之和的目标地址去执行（可以在要跳转到的那条指令前添加标号，用指令"JC　标号"或指令"JNC　标号"即可实现），否则程序将顺序执行。

（2）判 bit 转移指令（3 条）

① JB　　bit，rel；PC + 3→PC，若 bit = 1，则 PC + rel→PC 转移

　　　　　　　　　　　若 bit = 0，则程序顺序执行

② JBC　bit，rel；PC + 3→PC，若 bit = 1，则 bit = 0，PC + rel→PC 转移

　　　　　　　　　　　若 bit = 0，则程序顺序执行

③ JNB　bit，rel；PC + 3→PC，若 bit = 0，则 PC + rel→PC 转移

　　　　　　　　　　　若 bit = 1，则程序顺序执行

这三条指令的功能是对指定位 bit 进行检测，当 bit = 1（第一条和第二条指令）或 bit = 0（第三条指令）时，程序转向 PC 当前值与 rel 之和的目标地址去执行，否则程序将顺序执行。对于第二条指令，当条件满足时（指定位为 1），还具有将该指定位清 0 的功能。

（3）判 A 转移指令（2 条）

① JZ　　rel；PC + 2→PC，若 A = 0，则 PC + rel→PC 转移

　　　　　　　　　　若 A≠0，则程序顺序执行

② JNZ　rel；PC + 2→PC，若 A≠0，则 PC + rel→PC 转移

　　　　　　　　　　若 A = 0，则程序顺序执行

这两条指令的功能是对累加器 A 的内容为 0 和不为 0 进行检测并转移。当不满足各自的条件时，程序继续往下执行。当各自的条件满足时，程序转向指定的目标地址。指令执行时对标志位无影响。

【例 4-21】试编程实现：30H 中数据不断加 1，加至 FFH，则不断减 1，减至 0，则不断加 1，如此不断循环。

解：

```
        ORG    0000H
        JMP    MAIN
        ORG    0030H
MAIN：   INC    30H        ;30H 中的数据加 1
        MOV    A,30H      ;将 30H 中的数据传送到 A 中
        CPL    A          ;取反
        JNZ    MAIN       ;A≠0,即(30H)≠FFH,继续不断加 1
MAIN1： DEC    30H        ;A = 0,即(30H) = FFH,则不断减 1
        MOV    A,30H      ;将 30H 中的数据传送到 A 中
        JZ     MAIN       ;30H 中的数据减至 0,转不断加 1
        JMP    MAIN1      ;30H 中的数据未减至 0,继续不断减 1
        END
```

（4）减1非0转移指令（2条）

① DJNZ　Rn，rel　；PC + 2→PC、Rn = Rn – 1，若 Rn = 0，则程序顺序执行

若 Rn≠0，则 PC + rel→PC 转移

② DJNZ　direct，rel；PC + 3→PC、（direct）=（direct）– 1，

若 direct = 0，则程序顺序执行

若 direct≠0，则 PC + rel→PC 转移

这两条指令的功能是：Rn – 1 或（direct）– 1，判等于 0 否？不等于 0 转移；等于 0，程序顺序执行。DJNZ 指令常用于循环程序中控制循环次数。

【例 4-22】已知延时子程序，且 f_{osc} = 12MHz（1μs/机周），每条指令执行时间均为 2 机周，求运行该子程序延时时间。

```
DELAY：    MOV    40H,#5        ;置外循环次数5
DELAY1：   MOV    41H,#100      ;置内循环次数100
DELAY2：   DJNZ   41H,DELAY2    ;内循环100次,2机周×100=200机周
           DJNZ   40H,DELAY1    ;外循环5次,(200+2+2)机周×5=1020机周
           RET                  ;1020+2+2=1024机周,1024机周×1μs/机周=1024μs
```

运行该子程序延时时间为 1024μs。

（5）比较转移指令（4条）

① CJNE　A，direct，rel；PC + 3→PC，若 A =（direct），则程序顺序执行，且 C = 0

若 A >（direct），则 C = 0 且 PC + rel→PC 转移

若 A <（direct），则 C = 1 且 PC + rel→PC 转移

② CJNE　A，#data，rel；PC + 3→PC，若 A = data，则程序顺序执行，且 C = 0

若 A > data，则 C = 0 且 PC + rel→PC 转移

若 A < data，则 C = 1 且 PC + rel→PC 转移

③ CJNE　Rn，#data，rel；PC + 3→PC，若 Rn = data，则程序顺序执行，且 C = 0

若 Rn > data，则 C = 0 且 PC + rel→PC 转移

若 Rn < data，则 C = 1 且 PC + rel→PC 转移

④ CJNE　@Ri，#data，rel；PC + 3→PC，若（Ri）= data，则程序顺序执行，且 C = 0

若（Ri）> data，则 C = 0 且 PC + rel→PC 转移

若（Ri）< data，则 C = 1 且 PC + rel→PC 转移

这组指令的功能是对指定的目的操作数和源操作数进行比较，若它们的值不相等则转移，转移的目标地址为当前的 PC 值加 3 后再加指令的偏移量 rel；若目的操作数大于源操作数，则进位标志清 0；若目的操作数小于源操作数，则进位标志置 1；若目的操作数等于源操作数，则程序继续往下执行。

【例 4-23】编程将内部数据存储单元 30H ~ 3FH 设置成 11H。

解：

```
          ORG     0000H
          JMP     MAIN
          ORG     0030H
MAIN：    MOV     R0,#30H
MAIN1：   MOV     @R0,#11H
```

```
    INC        R0
    CJNE       R0,#40H,MAIN1 ;判断是否满足结束条件
    JMP        $
    END
```

本程序在 WAVE6000 中运行的结果如图 4-28 所示。

图 4-28　例 4-23 的程序在 WAVE6000 中运行的结果

3. 调用和返回指令（4 条）

在一个程序中经常会遇到反复多次执行某程序段的情况，如果重复编写这个程序段，会使程序变得冗长而杂乱。对此，可把重复的程序编写为一个子程序，在主程序中调用子程序。这样，不仅减少了编程的工作量，而且也缩短了程序的总长度。另外，子程序还增加了程序的可移植性，一些常用的运算程序写成子程序形式，可以被随时引用、参考，为广大单片机用户提供了方便。

调用子程序的程序称为主程序，主程序与子程序间的调用关系如图 4-29a 所示。在一个比较复杂的子程序中，往往还可能再调用另一个子程序。这种子程序再次调用子程序的情况，称为子程序的嵌套，如图 4-29b 所示。从图中可看出，调用和返回构成了子程序调用的完整过程。为了实现这一过程，必须有子程序调用和返回指令，调用指令在主程序中使用，而返回指令则应该是子程序的最后一条指令。

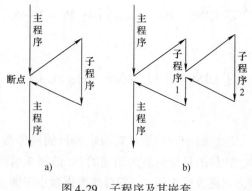

图 4-29　子程序及其嵌套
a）子程序　b）子程序嵌套

为保证正确返回，每次调用子程序时，CPU 将自动把断口地址保存到堆栈中，返回时按后进先出原则把地址弹出到 PC 中，从原断口地址开始继续执行主程序。

调用指令根据其调用子程序范围可分为长调用和短调用两种，其特点类似于长转移和短转移指令。

（1）长调用指令

LCALL　addr16　　　;PC + 3→PC,SP + 1→SP,$PC_{0\sim7}$→SP
　　　　　　　　　　;SP + 1→SP,$PC_{8\sim15}$→SP,addr16→PC

LCALL 指令执行步骤：

① 产生当前 PC：PC +3→PC，PC +3 是因为该指令为三字节指令；

② 断口地址低 8 位保存到堆栈中：SP +1→SP，$PC_{0\sim7}$→SP；

③ 断口地址高 8 位保存到堆栈中：SP +1→SP，$PC_{8\sim15}$→SP；

④ 形成转移目标地址：addr16→PC。

LCALL 指令可以调用存储在 64KB ROM 范围内任何地方的子程序。

（2）短调用指令

ACALL   addr11   ;PC +2→PC,SP +1→SP,$PC_{0\sim7}$→SP

          ;SP +1→SP,$PC_{8\sim15}$→SP,$addr_{0\sim10}$→$PC_{0\sim10}$

ACALL 指令执行步骤：

① 产生当前 PC：PC +2→PC，PC +2 是因为该指令为双字节指令；

② 断口地址低 8 位保存到堆栈中：SP +1→SP，$PC_{0\sim7}$→SP；

③ 断口地址高 8 位保存到堆栈中：SP +1→SP，$PC_{8\sim15}$→SP；

④ 形成转移目标地址：$addr_{0\sim10}$→$PC_{0\sim10}$，$PC_{11\sim15}$ 不变。

ACALL 指令只能调用与当前 PC 在同一 2KB 范围内的子程序。

在编写程序时可以用 "CALL　标号" 指令来调用子程序，由编译软件根据实际情况来选择用 LCALL 或 ACALL。标号是被调用子程序的入口标号地址。

（3）返回指令

返回指令有子程序返回和中断返回两种：

① RET   ;子程序返回

② RETI   ;中断返回

返回指令执行步骤：

① SP→$PC_{8\sim15}$，SP –1→SP；

② SP→$PC_{0\sim7}$，SP –1→SP。

返回指令的功能都是从堆栈中取出断点地址，送入 PC，使程序从主程序断点处继续执行。但两者不能混淆，子程序返回对应于子程序调用，中断返回应用于中断服务子程序中，中断服务子程序是在发生中断时 CPU 自动调用的。中断返回指令除了具有返回断点的功能以外，还对中断系统有影响，有关内容将在第 6 章中分析。

4. 空操作指令（1 条）

NOP   ;PC +1→PC

这条指令不产生任何控制操作，只是将程序计数器 PC 的内容加 1。该指令在执行时要消耗 1 个机器周期，并占用一个字节的存储空间。因此，常用来实现较短时间的延时。

【例 4-24】根据图 4-30 所示电路图，编写程序使发光二极管从 DS1 开始依次点亮，当全亮后再从 DS8 开始依次熄灭，全灭后再从 DS1 开始依次点亮，周而复始，每次点亮或熄灭间隔 0.1s。

解： 以发光二极管 DS1 的点亮和熄灭为例，由图 4-30 所示电路分析可知，要使发光二极管 DS1 点亮只要使 P1.0 输出低电平（0）即可，要使发光二极管 DS1 熄灭只要使 P1.0 输出高电平（1）即可。根据题意编程如下：

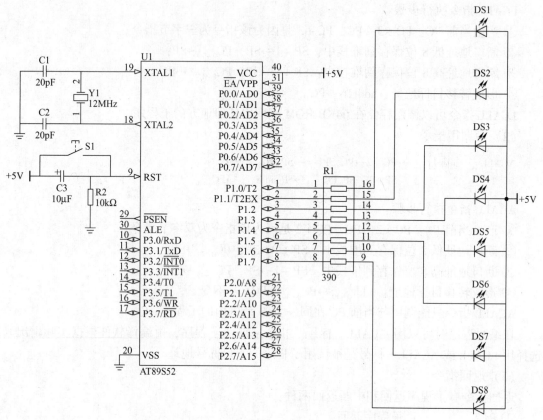

图 4-30　流水灯电路原理图

```
            ORG     0000H
            JMP     MAIN
            ORG     0030H
MAIN:       MOV     SP,#70H             ;设置堆栈指针 SP
MAIN1:      MOV     P1,#11111110B       ;点亮 DS1
            CALL    DELAY               ;调用延时子程序,延时 0.1s
            MOV     P1,#11111100B       ;点亮 DS2
            CALL    DELAY
            MOV     P1,#11111000B       ;点亮 DS3
            CALL    DELAY
            MOV     P1,#11110000B       ;点亮 DS4
            CALL    DELAY
            MOV     P1,#11100000B       ;点亮 DS5
            CALL    DELAY
            MOV     P1,#11000000B       ;点亮 DS6
            CALL    DELAY
            MOV     P1,#10000000B       ;点亮 DS7
            CALL    DELAY
            MOV     P1,#00000000B       ;点亮 DS8
            CALL    DELAY
            MOV     P1,#10000000B       ;熄灭 DS8
            CALL    DELAY
```

```
        MOV      P1,#11000000B          ;熄灭 DS7
        CALL     DELAY
        MOV      P1,#11100000B          ;熄灭 DS6
        CALL     DELAY
        MOV      P1,#11110000B          ;熄灭 DS5
        CALL     DELAY
        MOV      P1,#11111000B          ;熄灭 DS4
        CALL     DELAY
        MOV      P1,#11111100B          ;熄灭 DS3
        CALL     DELAY
        MOV      P1,#11111110B          ;熄灭 DS2
        CALL     DELAY
        MOV      P1,#11111111B          ;熄灭 DS1
        CALL     DELAY
        JMP      MAIN1                  ;程序跳转到 MAIN1 处,开始新的一轮循环

DELAY:  MOV      40H,#100               ;延时约 0.1s
DELAY1: MOV      41H,#5
DELAY2: MOV      42H,#100
DELAY3: DJNZ     42H,DELAY3
        DJNZ     41H,DELAY2
        DJNZ     40H,DELAY1
        RET                             ;子程序返回
        END
```

本例题在 Proteus 中的仿真效果图如图 4-31 所示。

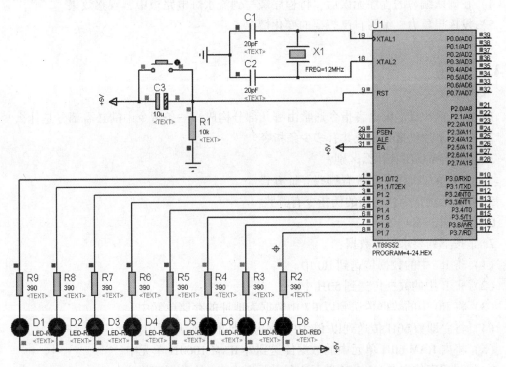

图 4-31   本例题在 Proteus 中的仿真效果

4.3　实训5　制作流水灯

1. 实训目的

1）掌握单片机 I/O 的应用。

2）掌握延时子程序的编写和使用。

3）掌握单片机系统在 Proteus 中的仿真过程。

4）掌握向单片机中烧写程序的方法。

2. 实训仪器及工具

万用表、稳压电源、示波器、电烙铁、计算机、Proteus 软件、WAVE6000 软件、下载线（1.3 节中有介绍，可以在淘宝上买到，卖家有使用方法和相应软件）

3. 实训耗材

焊锡、万用板、排线、相关电子元器件

4. 实训内容

1）根据图 4-30 制作流水灯电路板。

2）编写程序使发光二极管有以下变化：全亮；全灭；从两头向中间依次点亮，全亮后从中间向两头依次熄灭；全灭后，从全亮开始新一轮循环，周而复始。每次变化间隔 0.2s。

3）在 Proteus 中仿真所编写的程序。

4）在确认编写的程序无误后，将程序烧写到流水灯电路板中，观察效果。

5）发挥想象力，编写自己想要的变化情况。

4.4　习题

1. 8051 单片机汇编语言指令通常由哪几部分构成？一条指令中的必需部分是什么？

2. 8051 单片机指令系统共有多少条指令？

3. #45H 和 45H 有什么区别？

4. 8051 单片机指令系统有哪些寻址方式？

5. 什么是伪指令？常用的伪指令有哪些？

6. 什么叫汇编？

7. 请按下列要求传送数据：

（1）将 R7 中的数据传送到 R0 中。

（2）将 B 中的数据传送到 50H 中。

（3）将 R0 中的数据传送到以 R7 中数据为地址的存储单元中。

（4）将立即数 60H 传送到以 R7 中数据为地址的存储单元中。

（5）将内 RAM 60H 单元中的数据传送到外 RAM 1060H 单元中。

8. 编写程序使内 RAM 60H 单元中的数据和 R0 中的数据互换。

9. 有两个两字节数，分别存放在 30H31H 和 42H43H 中（高位在前），试编写程序求两数的和，结果存放在 40H41H42H 中。

10. 试编写程序，完成 8FEDH − 25E8H，差存放在 R6 R7 中（高位在前），借位信息存放在 R4 中。

11. 有两个两字节数，分别存放在 30H31H 和 42H43H 中（高位在前），试编写程序求两数的积，结果存放在 50H51H52H53H 中。

12. 试编写程序，将存放在 30H 中的压缩 BCD 码，拆分为两个字节，分别存放在 50H51H 中（高位在前）。

13. 编写程序，将片内 RAM 20H 到 5FH 单元中的数据清零。

14. 编写程序，实现 $P1.0 = P1.1 \overline{P1.2} + \overline{P1.1} P1.2$。

15. 若单片机的一个机周为 2μs，编写 30ms 的延时子程序。并说明这种软件延时方式的缺点。

第5章 汇编语言程序设计

单片机应用系统由硬件和软件组成。所谓软件就是程序，它是由各种指令按工作要求有序组合而成。程序设计（或软件设计）的任务是利用计算机语言对系统预定完成的任务进行描述和规定。通过程序的设计、调试和运行，可以进一步加深对指令系统的了解和掌握，从而也在一定程度上提高了单片机控制技术的应用水平。本章主要介绍汇编语言程序设计的相关知识及几种编程方法，并列举了一些汇编语言程序实例，作为设计程序的参考。

5.1 汇编语言程序设计概述

5.1.1 程序设计的步骤

程序是指令的有序集合，一个好的程序不仅要完成规定的功能任务，而且还应该执行速度快、占用内存少、条理清晰、阅读方便、便于移植、巧妙而实用。一般应按以下几个步骤进行。

1. 分析任务

首先，要对单片机应用系统预定完成的任务进行深入分析，明确哪些是任务所提供的条件，哪些是任务要解决的具体问题，哪些是任务所期望的最终目标。其次，要对系统的硬件资源和工作环境进行分析。这是单片机应用系统程序设计的基础和条件。

2. 确定算法并进行算法的优化

算法是解决具体问题的方法。一个应用系统经过分析、研究后，对应实现的功能和技术指标可以利用严密的数学方法或数学模型来描述，从而把一个实际问题转化成由计算机进行处理的问题。同一个问题的算法可以有多种，结果也可能不尽相同，所以，应对各种算法进行分析和比较，并进行合理的优化找出其中最佳方案，使程序所占内存小，运行时间短。

3. 画程序流程图

程序流程图又称为程序框图，它用各种图形、符号、指向线等来说明程序的执行过程，能充分表达程序的设计思路，可帮助设计程序、阅读程序和查找程序中的错误。

画流程图是把所采用的算法转换为汇编语言程序的准备阶段，选择合适的程序结构，把整个任务细化成若干个小的功能，使每个小功能只对应几条语句。

美国国家标准化协会（ANSI）规定了一些常用的流程图符号，已为世界各国程序工作者普遍采用。常用的流程图符号有开始或结束符号、工作任务符号、判断分支符号、程序连接符号、程序流向符号等，如图5-1所示。

4. 分配资源

在用汇编语言进行程序设计时，直接面向的是单片机的最底层资源。在编写程序之前需要对片内 RAM 进行分配，并确定堆栈区和各种数据存放区等。

图 5-1　常用程序流程图符号

5. 编写源程序

用汇编语言把流程图中各部分的功能描述出来。实现流程图中每一框内的要求，从而编写出一个有序的指令流，即汇编语言源程序。所编写的源程序要求简单明了，层次清晰。

6. 汇编和调试

对已编好的程序，先进行汇编。在汇编过程中，还可能会出现一些错误，需要对源程序进行修改。汇编工作完成后，就可上机调试运行。一般先输入给定的数据，运行程序，检查运行结果是否正确，若发现错误，通过分析，再对源程序进行修改，再汇编、调试，直到获得正确的结果为止。

5.1.2　编写程序的方法

单片机应用系统的程序一般由包含多个模块的主程序和各种子程序组成。每一程序模块都要完成一个明确的任务，实现某个具体的功能，如发送、接收、延时、打印和显示等。采用模块化的程序设计方法，就是将这些不同的具体功能程序进行独立的设计和分别调试，最后也将这些模块程序装配成整体程序并进行联调。

模块化的程序设计方法具有明显的优点。把一个多功能的、复杂的程序划分为若干个简单的、功能单一的程序模块，也有利于程序的设计和调试，也有利于程序的优化和分工，提高了程序的可阅读性和可靠性，使程序的结构层次一目了然。所以，进行程序设计的学习，首先要树立起模块化的程序设计思想。

5.1.3　编写程序的技巧

尽量采用循环结构和子程序。采用循环结构和子程序可以使程序的长度减少、占用内存空间减少。对于多重循环，要注意各重循环的初值和循环结束条件，避免出现程序无休止循环的"死循环"现象。对于通用的子程序，除了用于存放子程序入口参数的寄存器外，子程序中用到的其他寄存器的内容应压入堆栈进行现场保护，并要特别注意堆栈操作的压入和弹出的平衡。对于中断处理子程序，除了要保护程序中用到的寄存器外，还应保护标志寄存器。这是由于在中断处理过程中难免对标志寄存器中的内容产生影响，而中断处理结束后返回主程序时可能会遇到以中断前的状态标志为依据的条件转移指令，如果标志位被破坏，则程序的运行就会发生混乱。

5.2　顺序程序设计

顺序程序是指无分支、无循环结构的按指令的排列顺序依次执行的程序，也称为简单程序或直线程序。顺序程序的走向是唯一的，程序的执行顺序与书写顺序完全一致。顺序程序结构虽然比较简单，但也能完成一定的功能任务，是构成复杂程序的基础。用程序流程图表示的顺序结构程序，是一个处理框紧接另一个处理框的。

【例 5-1】 已知 16 位二进制负数存放在 30H31H 中，试求其补码，并将结果存在 40H41H 中。

解： 二进制负数的求补方法可归结为"求反加 1"，符号位不变。利用 CPL 指令实现求反；加 1 时，则应低 8 位先加 1，高 8 位再加上低位的进位。注意这里不能用 INC 指令，因为 INC 指令不影响标志位。程序流程图如图 5-2 所示。

```
        ORG     0000H
        JMP     MAIN
        ORG     0030H
MAIN：  MOV     A,31H       ;读低 8 位
        CPL     A           ;取反
        MOV     41H,A       ;存反码低 8 位
        MOV     A,30H       ;读高 8 位
        CPL     A           ;取反
        ORL     A,#80H      ;保持求反后,反码的符号位为"1"
        MOV     40H,A       ;存反码高 8 位
        MOV     A,#1
        ADD     A,41H       ;反码低 8 位加1,得到补码低 8 位
        MOV     41H,A       ;存补码低 8 位
        MOV     A,#0
        ADDC    A,40H       ;反码高 8 位加低 8 位的进位,得到补码高 8 位
        MOV     40H,A       ;存补码高 8 位
        JMP     $
        END
```

假如 30H31H 中存放的是 –5，本程序在 WAVE6000 中的仿真结果如图 5-3 所示。

图 5-2　例 5-1 流程图

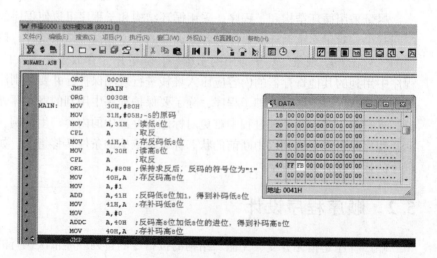

图 5-3　求 –5 的补码，在 WAVE6000 中的仿真结果

5.3 分支程序设计

通常，单纯的顺序程序结构只能解决一些简单的问题。实际问题一般都比较复杂，总是伴随着逻辑判断和条件选择，要求计算机能根据给定的条件进行判断，选择不同的处理路径，从而表现出某种智能。

根据程序要求改变程序执行顺序，即程序的流向有两个或两个以上的出口，并根据指定的条件选择程序流向的程序结构，称之为分支程序结构，示意图如图5-4所示。

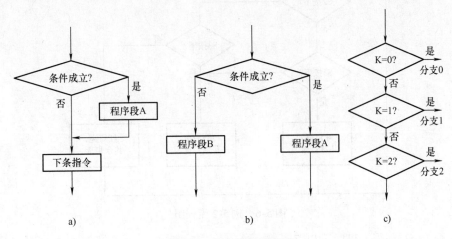

图 5-4　分支结构示意图

a）单分支　b）双分支　c）三分支

8051 指令系统中设置了条件转移指令、比较转移指令和位转移指令，可以实现分支程序。

【例5-2】已知电路如图5-5所示，要求实现：

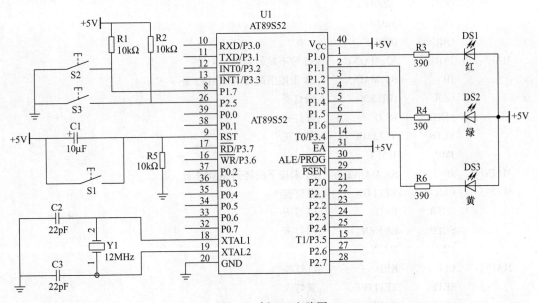

图 5-5　例5-2电路图

① S2 单独按下，红灯亮，其余灯灭；

② S3 单独按下，绿灯亮，其余灯灭；

③ 其余情况，黄灯亮，其余灯灭。

解：程序流程图如图 5-6 所示。

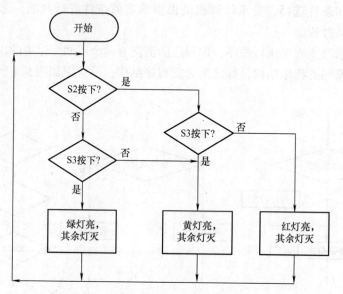

图 5-6　例 5-2 流程图

S2	BIT	P1. 7	
S3	BIT	P2. 5	
RED	BIT	P1. 0	
GREEN	BIT	P1. 1	
YELLOW	BIT	P1. 2	
	ORG	0000H	
	JMP	MAIN	
	ORG	0030H	
MAIN：	JNB	S2,MAIN1	;S2 按下跳转到 MAIN1 处
	JB	S3,MAIN3	;S3 未按下跳转到 MAIN3 处
	CLR	GREEN	;绿灯亮
	SETB	RED	;红灯灭
	SETB	YELLOW	;黄灯灭
	JMP	MAIN	
MAIN1：	JB	S3,MAIN2	;S3 未按下跳转到 MAIN2 处
MAIN3：	CLR	YELLOW	;黄灯亮
	SETB	RED	;红灯灭
	SETB	GREEN	;绿灯灭
	JMP	MAIN	
MAIN2：	CLR	RED	;红灯亮
	SETB	YELLOW	;黄灯灭
	SETB	GREEN	;绿灯灭

```
        JMP         MAIN
        END
```

本例题在 Proteus 中的仿真效果图如图 5-7 所示。

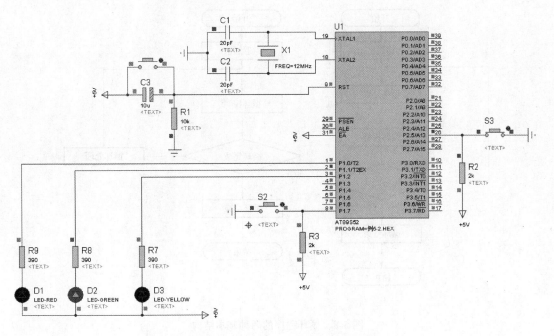

图 5-7　本例题在 Proteus 中的仿真效果

5.4　循环程序设计

在许多实际应用中，往往需要多次反复执行某种相同的操作，只是参与操作的操作数不同，这时就可采用循环程序结构。循环程序常用于求和、统计、寻找、排序、延时、求平均值等程序。循环程序可以缩短程序代码，减少程序所占的内存空间，使程序结构大大优化。循环程序一般包括以下几个部分：

1）循环初值。在进入循环之前，要对循环中需要使用的寄存器和存储器赋予规定的初始值，例如循环次数、循环体中工作单元的初值等。

2）循环体。循环体也称为循环处理部分，是循环程序的核心。循环体用于处理实际数据，是重复执行的部分。

3）循环控制。在重复执行循环体的过程中，不断修改和判断循环变量，直到符合循环结束条件。一般情况下，循环控制有以下几种方式。

① 计算循环——如果循环次数已知，用计数器计算来控制循环次数，这种控制方式用得比较多。循环次数要在初始化部分预置，在控制部分修改，每循环一次，计数器内容减 1。

② 条件控制循环——在循环次数未知的情况下，一般通过设置结束条件控制循环的结束。

③ 开关量与逻辑量控制循环体——这种方法常用在过程控制程序设计中。

4）循环结束处理。这部分程序用于分析、处理、存放执行循环程序所得结果。

循环程序通常有两种编制方法：一种是先处理后判断，另一种是先判断后处理，具体如图 5-8 所示。

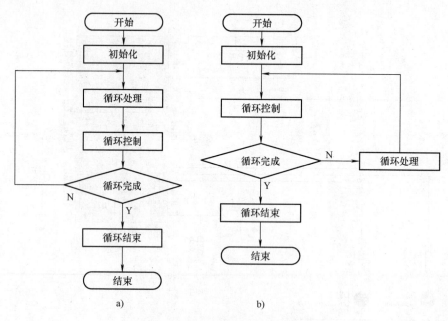

图 5-8　循环程序的两种基本结构

a）先处理后判断　b）先判断后处理

循环程序实际上是分支程序的一种特殊形式，凡是分支程序可以使用的转移指令，循环程序一般都可以使用，并且由于循环程序在程序设计中的重要性，8051 单片机指令系统还专门提供了循环控制指令，如 DJNZ 等。

【例 5-3】根据图 5-9 所示电路图，编写程序，使发光二极管从 DS1 到 DS8 顺序点亮（逐个亮过去），每次亮 0.1s。当 DS8 亮过后，重新开始新的一轮。

解：程序流程图如图 5-10 所示。

```
        ORG    0000H
        JMP    MAIN
        ORG    0030H
MAIN:   MOV    SP,#60H        ;设置堆栈指针
MAIN1:  MOV    R2,#8          ;设置循环次数
        MOV    A,#0FEH        ;从 DS1~DS8 逐个亮过去
NEXT:   MOV    P1,A           ;点亮 LED
        CALL   DELAY
        RL     A              ;左移一位
        DJNZ   R2,NEXT        ;次数减 1,若不为 0,继续点亮下一个 LED
        JMP    MAIN1          ;反复点亮
DELAY:  MOV    40H,#100       ;延时约 0.1s
DELAY1: MOV    41H,#5
DELAY2: MOV    42H,#100
DELAY3: DJNZ   42H,DELAY3
```

```
DJNZ    41H,DELAY2
DJNZ    40H,DELAY1
RET                            ;子程序返回
END
```

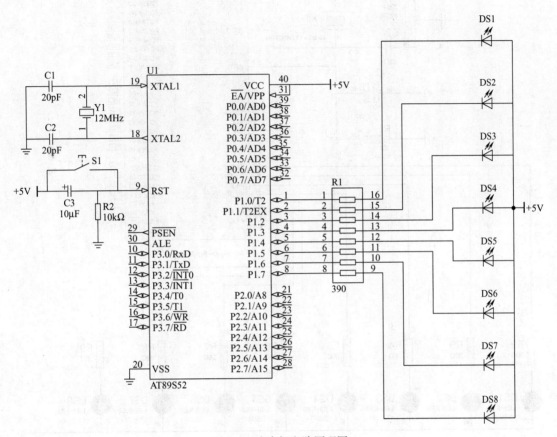

图 5-9 流水灯电路原理图

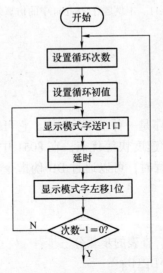

图 5-10 二极管顺序点亮流程图

本例题在 Proteus 中的仿真效果图如图 5-11 所示。

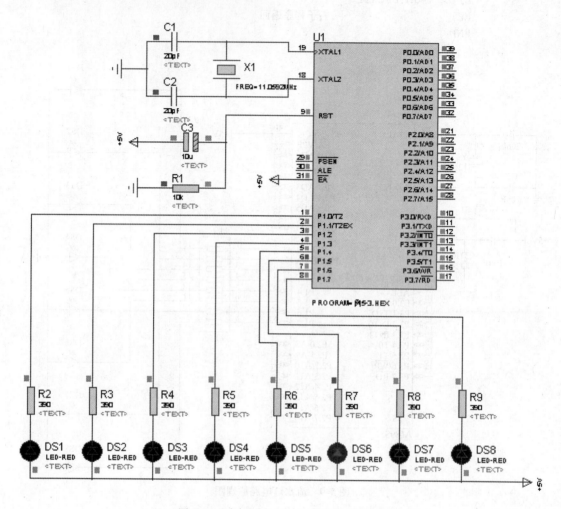

图 5-11　本例题在 Proteus 中的仿真效果

5.5　查表程序设计

单片机应用系统中，查表程序是一种常用的程序，它可以完成数据计算、转换、补偿等各种功能，具有程序简单、执行速度快等优点。在 8051 中，数据表格存放在程序存储器 ROM 中，而不是在 RAM 中。编程时，可以通过 DB 伪指令将表格的内容存入 ROM 中。常用于查表的指令有：

MOVC　A,@A + DPTR

当用 DPTR 作基址寄存器时，查表的步骤分三步：

① 基址值（表格首地址）→DPTR；

② 变址值（表中要查的项与表格首地址之间的间隔字节数）→A；

③ 执行 MOVC A，@A + DPTR。

【例5-4】在单片机应用系统中（电路如图 5-12 所示），常用 LED 数码管显示数码，但显示数与显示数编码并不相同，需要将显示数转换为显示字段码，通常是用查表的方法。现要求实现将 30H 中的数字显示（≤9）。已知共阳字段码表首址为 TABD。假设现在 30H 中存放的是 5。

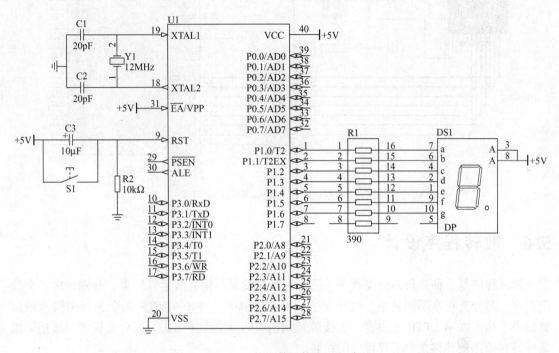

图 5-12　LED 数码管显示电路

解：

```
            ORG       0000H
            JMP       MAIN
            ORG       0030H
MAIN：      MOV       30H,#5          ;将要显示的数 5 送至 30H 单元中
            MOV       DPTR,#TABD      ;设置共阳字段码表首地址
            MOV       A,30H           ;读 30H 中要显示的数"5"
            MOVC      A,@A + DPTR     ;查表，转换为显示字段码
            MOV       P1,A            ;将显示字段码送至 P1 口，在数码管上显示
            JMP       $
TABD：DB    40H,79H,24H,30H,19H       ;0 ~ 4 共阳字段码表
      DB    12H,02H,78H,00H,10H       ;5 ~ 9 共阳字段码表
      END
```

本例题在 Proteus 中的仿真效果图如图 5-13 所示。

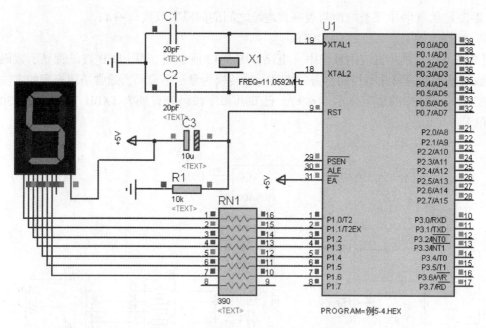

图 5-13　本例题在 Proteus 中的仿真效果

5.6　散转程序设计

散转程序是一种并行多分支程序。它根据系统的某种输入或运算结果，分别转向各个处理程序。与分支程序不同的是，散转程序一般采用 JMP　@A + DPTR 指令，根据输入或运算结果，确定 A 或 DPTR 的内容，直接跳转到相应的分支程序中去。而分支程序一般是采用条件转移或比较转移指令实现程序的跳转。

【例 5-5】 根据变量 OPTION 的值，从 PRO00 至 PRO63 的 64 个程序段中选择一个继续运行。

解：

```
         OPTION      EQU      R2
         MOV         A,OPTION        ;取变量
         RL          A
         ADD         A,OPTION        ;变量乘以 3
         MOV         DPTR,#TAB       ;跳转指令表首地址
         JMP         @A + DPTR       ;进入跳转指令表
   TAB： LJMP        PRO00           ;转向 PRO00 程序段
         LJMP        PRO01           ;转向 PRO01 程序段
         LJMP        PRO02           ;转向 PRO02 程序段
         …
         LJMP        PRO62           ;转向 PRO62 程序段
         LJMP        PRO63           ;转向 PRO63 程序段
```

累加器 A 中的变量之所以要乘以 3，是因为 LJMP 指令是三字节指令，每条转移指令均占据三个单元的缘故。

5.7 子程序设计

在程序设计过程中，经常会遇到在不同的程序中或同一个程序的不同地方执行同一个操作的情况，例如软件延时、代码转换、数值转换、数值计算等。为了缩短程序设计周期及程序长度，可以将这些程序段从源程序中分离出来单独组成一个程序模块，称为子程序。在需要使用这些模块的地方可以调用子程序。调用子程序的程序称为主程序。主程序对子程序的调用是通过 ACALL 或 LCALL 指令完成的。一个主程序可以多次调用同一个子程序，也可以调用多个子程序。子程序也可调用其他子程序（也称为子程序嵌套）。利用子程序可以使主程序结构更加紧凑，增强程序的可读性，调试程序更加方便。

5.7.1 关于子程序的几点说明

1）每个子程序的起始指令前必须定义一个标号，作为该子程序的名称，以便主程序正确地调用它；子程序通常以 RET 指令结束，以便正确地返回主程序。

2）子程序应具有通用性。子程序的操作对象通常采用寄存器寻址或寄存器间接寻址等寻址方式，尽量避免采用立即寻址。

3）子程序应保证放在存储器的任何空间都能正确运行，即具有浮动性。例如，子程序中应使用相对转移指令，避免使用绝对转移或长转移。

4）进入子程序时需要把在主程序使用并在子程序中也要使用的寄存器进行保存，并在返回主程序之前恢复原来状态。

5）子程序的调用和返回指令以及保护现场等操作均需用到堆栈，因此在程序初始化时应设置堆栈指针 SP，开辟堆栈保护区。

注意：为了保证正确返回主程序，通常子程序中的 PUSH 和 POP 指令应成对出现。

6）设计子程序时应首先确定子程序名称；确定子程序的入口参数和出口参数；确定子程序需要使用的寄存器和存储单元；确定子程序的算法，再编写源程序。

5.7.2 在子程序调用时的现场保护与恢复

在子程序执行过程中常常要用到单片机的一些通用单元，如工作寄存器 R0 ~ R7、累加器 A、数据指针 DPTR 以及有关标志和命令等。而这些单元的内容在调用结束后的主程序中仍有用，所以要进行现场保护。在执行完子程序后，返回继续执行主程序前恢复其内容（即现场恢复）。保护和恢复的方法有以下两种。

1. 在主程序中实现

其特点是结构灵活。示例如下：

```
PUSH    PSW                    ;保护现场
PUSH    A
PUSH    B
MOV     PSW,#10H               ;交换当前工作寄存器组
LCALL   addr16                 ;子程序调用
POP     B                      ;恢复现场
```

```
POP      A
POP      PSW
…
```

2. 在子程序中实现

其特点是程序规范、清晰。示例如下：

```
SUB：PUSH     PSW                ;保护现场
     PUSH     A
     PUSH     B
     MOV      PSW,#10H           ;交换当前工作寄存器组
     …
     POP      B                  ;恢复现场
     POP      A
     POP      PSW
     RET
```

应注意的是，无论哪种方法，保护与恢复的顺序都要对应，否则程序将会发生错误。

5.7.3　在子程序调用时参数的传递

由于子程序是主程序的一部分，所以，在程序的执行中必然要发生数据上的联系。在调用子程序时，主程序应通过某种方式把有关参数（即子程序的入口参数）传给子程序，当子程序执行完毕后，又需要通过某种方式把有关参数（即子程序的出口参数）传给主程序。在 8051 单片机中，传递参数的方法有 3 种。

1. 用 A 或 R0 ~ R7

在这种方式中，要把预传递的参数存放在累加器 A 或工作寄存器 R0 ~ R7 中。即在主程序调用子程序时，应事先把子程序需要的数据送入累加器或指定的工作寄存器中，当子程序执行时，可以从指定的单元中取得数据，执行运算。反之，子程序也可以用同样的方式把结果传送给主程序。

【例 5-6】编写程序，实现 $c^2 = a^2 + b^2$，设 $a(0 \sim 9)$、$b(0 \sim 9)$、$c(0 \sim 9)$ 分别存于内部 RAM 的 40H、41H、42H 三个单元中。程序段如下：

```
          ORG      0000H
          JMP      MAIN
          ORG      0030H
MAIN：    MOV      A,40H           ;取 a
          CALL     SQR             ;调用平方表
          MOV      R7,A            ;a² 暂存于 R7 中
          MOV      A,41H           ;取 b
          CALL     SQR             ;调用平方表
          ADD      A,R7            ;b² 存于 A 中并与 R7 相加
          MOV      42H,A           ;存结果
          JMP      $
SQR：     MOV      DPTR,#TAB       ;子程序
          MOVC     A,@A + DPTR
```

```
           RET
TAB：     DB    0,1,4,9,16,25,36,49,64,81
           END
```

2. 利用存储器

当传送的数据量比较大时，可以利用存储器实现参数的传递。在这种方式中，建立一个参数表，用指针指示参数表所在的位置。当参数表建立在内部 RAM 时，事先要用 R0 或 R1 作参数表的指针。当参数表建立在外部 RAM 时，用 DPTR 作为参数表的指针。

【例 5-7】将 R0 和 R1 指向的内部 RAM 中两个 3 字节无符号整数相加，结果送到由 R0 指向的内部 RAM 中，开始计算前，R0 和 R1 分别指向加数和被加数的低字节；得到计算结果后，R0 指向结果的高字节。低字节存放在高地址单元，高字节存放在低地址单元。程序段如下：

```
NADD：    MOV    R2,#3           ;3 字节无符号整数加法
           CLR    C
NADD1：   MOV    A,@R0
           ADDC   A,@R1
           MOV    @R0,A
           DEC    R0
           DEC    R1
           DJNZ   R2,NADD1
           INC    R0
           RET
```

3. 利用堆栈

利用堆栈传递参数是在子程序嵌套中常采用的一种方法。在调用子程序前，用 PUSH 指令将子程序中所需数据压入堆栈，进入执行子程序时，再用 POP 指令从堆栈中弹出数据。

【例 5-8】把内部 RAM 30H 单元中存储的十六进制数转换为两位 ASCII 码，存放在 40H 和 41H 两个单元中。程序段如下：

```
           ORG    0000H
           JMP    MAIN
           ORG    0030H
MAIN：     MOV    SP,#60H         ;设置堆栈指针
           MOV    R0,#40H         ;建立存结果指针
           MOV    A,30H           ;取出要转换的数据
           SWAP   A               ;先转换高位字节
           PUSH   A               ;压入堆栈
           CALL   HEASC           ;调用转换子程序
           POP    A               ;出口参数出栈
           MOV    @R0,A           ;保存高半字节转换结果
           INC    R0              ;调整存储结果的地址指针
           PUSH   30H             ;将原始数据再次压栈
           CALL   HEASC           ;调用转换子程序
           POP    A               ;出口参数出栈
```

```
            MOV       @R0,A           ;保存低半字节转换结果
            JMP       $
HEASC：MOV       R1,SP           ;将堆栈指针作间接寻址
            DEC       R1
            DEC       R1
            XCH       A,@R1           ;取被转换数据
            ANL       A,#0FH          ;保留低半字节
            ADD       A,#02H          ;修改A
            MOVC      A,@A+PC         ;查表
            XCH       A,@R1           ;结果送堆栈保存
            RET
TAB：    DB   30H,31H,32H,33H,34H,35H,36H,37H,38H,39H
            DB   41H,42H,43H,44H,45H,46H
            END
```

一般说来，当相互传递的数据较少时，采用寄存器传递方式可以获得较快的传递速度；当相互传递的数据较多时，宜采用存储器或堆栈方式传递。如果是子程序嵌套，最好是采用堆栈方式。

5.8 实训6 制作交通信号灯

1. 实训目的

1）掌握单片机I/O的应用。

2）掌握延时子程序的编写和使用。

3）掌握单片机系统在Proteus中的仿真过程。

2. 实训仪器及工具

万用表、稳压电源、电烙铁、计算机、Proteus软件、WAVE6000软件、下载线

3. 实训耗材

焊锡、万用板、排线、相关电子元器件

4. 实训内容

先了解实际交通灯的变化规律，假设一个十字路口为东西南北走向。初始状态0为东西红灯，南北红灯；然后转状态1南北绿灯通车，东西红灯。过一段时间转状态2，南北绿灯闪几次转黄灯，延时几秒，东西仍然红灯。再转状态3，东西绿灯通车，南北红灯。过一段时间转状态4，东西绿灯闪几次转亮黄灯，延时几秒，南北仍然红灯，最后回到状态1，不断循环。

1）根据上述要求设计交通灯管理系统电路原理图。

2）根据所设计的电路图制作电路板。

3）根据要求编写控制程序。

4）在Proteus中绘制电路原理图并仿真、调试所编写的程序。

5）在确认编写的程序无误后，将程序烧写到电路板中，观察实际效果。

5.9 习题

1. 简述程序设计的基本步骤。

2. 编写程序，把内部数据存储器 30H 中的二进制数变换成 3 位 BCD 码，并将百位、十位、个位数分别存放在内部数据存储器 40H、41H、42H 中。

3. 编写程序，求内部数据存储器 40H 中的二进制数的补码，结果存放在 42H 中。

4. 试编写 1min 延时子程序（设 $f_{osc} = 6MHz$）。

5. 有一变量存放在片内 RAM 30H 单元中，其取值范围 0 ~ 9。编写程序，根据变量值求其平方值，并将结果存放在 40H 中。

6. 单片机四则运算系统。在单片机系统中设置 +、−、×、÷ 四个运算命令键，它们的键号分别为 0、1、2、3。当其中一个键按下时，进行相应的运算。操作数由 P1 口和 P2 口输入，运算结果仍由 P1 口和 P2 口输出。具体如下：P1 口输入被加数、被减数、被乘数和被除数，输出运算结果的低 8 位或商；P2 口输入加数、减数、乘数和除数，输出进位（借位）、运算结果的高 8 位或余数。键盘号已存放在 R2 中。

7. 电路如图 5-12 所示，要求数码管循环显示数码 0 ~ 9。还要求每个数码管显示的时候闪烁 5 次，再换到下一个数码管。

第6章 8051单片机的中断系统

中断是 CPU 与外部设备之间数据交换的一种控制方式，在 CPU 与外设交换信息时，如果采用查询等待方式，CPU 会浪费很多时间等待外设的响应，执行效率很低。为了解决快速的 CPU 和慢速外设之间的矛盾，引入了中断。中断是现代计算机普遍采用的技术，正是中断系统使计算机有了处理紧急事件的能力，使 CPU 的利用率大大提高。本章在了解中断概念的基础上，学习 8051 单片机的中断系统，掌握中断系统的控制和中断编程方法。

6.1 中断概述

在早期的计算机中，计算机与外设交换信息时，慢速工作的外设与快速工作的 CPU 之间形成很大的矛盾。例如计算机与打印机连接，CPU 处理和传送字符的速度是微秒级的，而打印机打印字符的速度比 CPU 慢得多。CPU 不得不花费大量时间等待和查询打印机打印字符。中断就是为了解决这类问题而提出来的。

6.1.1 中断概念

中断现象在现实生活中会经常遇到，例如，读者在计算机上看电影→手机响了→读者按下了暂停键，计算机暂停播放电影→读者接通电话和对方聊天→聊天结束→按下计算机播放键，从暂停处继续看电影。这就是一个中断过程。通过中断，读者在一段特定的时间，同时完成了看电影和打电话两件事情。

对计算机而言，所谓中断就是这样一个过程：CPU 在处理某一事件 A 时，发生了另一事件 B 请求 CPU 迅速去处理（中断发生）；CPU 暂时中断当前的工作，转去处理事件 B（中断响应和中断服务）；待 CPU 将事件 B 处理完毕后，再回到原来事件 A 被中断的地方继续处理事件 A（中断返回）。如图 6-1 所示。

从中断的定义可以看到中断应具备中断源、中断请求、中断响应、中断服务、中断返回这五个要素。中断源是指能发出中断请求，引起中断的装置或事件，它是引起 CPU 中断的根源。中断源向 CPU 提出的处理请求，称为中断请求。CPU 暂时中断原来的事件 A，转去处理事件 B 的过程，称为 CPU 的中断响应过程。对事件 B 的整个处理过程，称为中断服务（或中断处理）。事件 B 处理完毕，再回到原来被中断的地方（即断点），称为中断返回。

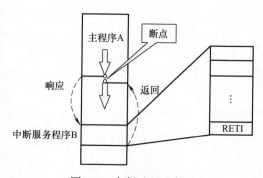

图 6-1　中断过程示意图

6.1.2　设置中断的原因

（1）提高 CPU 工作效率

当外部设备的数据处理速度比较低时，如果采用程序查询方式和 CPU 交换数据，CPU 传送一部分数据到外设后，需要一直等待外设处理完后才能传送另外的数据，降低了 CPU 的利用率。这种情况下可以采用中断方式，CPU 传送一部分数据到外设后，继续处理其他的任务（主程序），外设处理完毕，发出中断请求，请求 CPU 传送另外的数据，CPU 在收到这个请求之后，中断正在执行的任务，与外设交换数据。由于 CPU 工作速度很快，交换数据所花费的时间很短，对于主程序来讲，虽然中断了一个瞬间，但时间很短，对计算机的运行不会有什么影响。中断方式完全消除了 CPU 在查询方式中的等待现象，大大提高了 CPU 的工作效率。

例如计算机与打印机连接，计算机可以快速传送一行字符给打印机（由于打印机存储容量有限，一次不能传送很多），打印机开始打印字符，CPU 可以不理会打印机，处理自己的工作。待打印机打印该行字符完毕，发给 CPU 一个信号，CPU 产生中断，中断正在处理的工作，转而再传送另一行字符给打印机。这样在打印机打印字符期间（外设慢速工作），CPU 不必等待或查询，自行处理自己的工作，从而大大提高了工作效率。

（2）具有实时处理功能

实时处理能力是计算机控制设备的一项重要技术指标。所谓实时处理就是计算机能及时完成对被控对象的数据检测、数据分析计算、控制量的输出，以便使被控对象能保持最佳工作状态，达到预定的控制要求。在自动控制系统中，各控制参量和状态实时变化，故障性参数突变随时可能发生，因此必须按精确的时间快速地进行数据采样处理。有了中断系统，这些参数和状态的变化可以作为中断信号，使 CPU 中断，在相应的中断服务程序中及时处理这些参数和状态的变化。

（3）具有故障处理功能

单片机应用系统在实际运行中，可能出现一些故障。例如电源突然掉电、硬件自检出错、运算溢出等。利用中断，就可执行处理故障的中断服务程序。例如电源突然掉电，由于稳压电源输出端接有大电容，从电源掉电至大电容上的电压下降到正常工作电压之下，一般有几毫秒~几百毫秒的时间。在这段时间内若使 CPU 产生中断，在处理掉电的中断服务程序中将需要保存的数据和信息及时转移到具有备用电源的存储器中保护起来，待电源恢复正常时再将这些数据和信息送回到原存储单元之中，返回中断点继续执行原程序。

（4）实现分时操作

单片机应用系统通常需要控制多个外设同时工作。例如键盘、打印机、显示器、A/D 转换器、D/A 转换器等，这些设备工作有些是随机的，有些是定时的。对于一些定时工作的外设，可以利用定时器，到一定时间产生中断，在中断服务程序中控制这些外设工作。例如动态扫描显示，每隔一定时间，更换显示字位码和字段码。

此外，中断系统还能用于程序调试、多机连接等方面。因此，中断系统是计算机中重要的组成部分。可以说，有了中断系统，计算机才能比原来无中断系统的早期计算机演绎出多姿多彩的功能。

6.2 中断源和中断控制寄存器

8051 单片机的中断系统有 5 个中断源，2 个优先级，可实现二级中断嵌套。由片内特殊功能寄存器中的中断允许寄存器 IE 控制 CPU 是否响应中断请求；由中断优先级寄存器 IP 安排各中断源的优先级；同一优先级内各中断同时提出中断请求时，由内部查询逻辑确定其响应次序。

8051 单片机的中断系统由中断请求标志位（在相关的特殊功能寄存器中）、中断允许寄存器 IE、中断优先级寄存器 IP 及内部硬件查询电路组成，如图 6-2 所示，图 6-2 中反映了 8051 单片机中断系统的功能和控制情况。

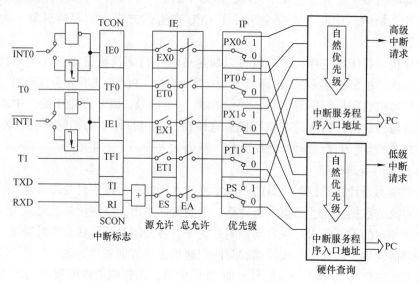

图 6-2　8051 单片机中断系统示意图

6.2.1 中断源

8051 单片机的中断源共有 5 个，其中 2 个为外部中断源，3 个为内部中断源。

1. 外部中断 0

外部中断 0（$\overline{INT0}$），中断请求信号由 P3.2 输入。通过 IT0（TCON.0）来决定其为低电平有效还是下降沿有效。一旦输入信号有效，中断标志 IE0（TCON.1）置 1（由硬件自动完成），向 CPU 申请中断。

2. 外部中断 1

外部中断 1（$\overline{INT1}$），中断请求信号由 P3.3 输入。通过 IT1（TCON.2）来决定其为低电平有效还是下降沿有效。一旦输入信号有效，中断标志 IE1（TCON.3）置 1（由硬件自动完成），向 CPU 申请中断。

3. 定时/计数器 0 溢出中断

定时/计数器 0（T0）溢出中断，对外部脉冲计数由 P3.4 输入。当 T0 产生溢出时，置位中断标志 TF0（由硬件自动完成），向 CPU 申请中断。

4. 定时/计数器 1 溢出中断

定时/计数器 1（T1）溢出中断，对外部脉冲计数由 P3.5 输入。当 T1 产生溢出时，置位中断标志 TF1（由硬件自动完成），向 CPU 申请中断。

5. 串行中断

串行中断包括串行接收中断 RI 和串行发送中断 TI。当串行口接收或发送完一帧串行数据时，置位 RI 或 TI（由硬件自动完成），向 CPU 申请中断。

6.2.2　中断控制寄存器

8051 单片机中涉及中断控制的有中断请求、中断允许和中断优先级控制 3 个方面 4 个特殊功能寄存器。

1）中断请求控制寄存器：定时和外中断控制寄存器 TCON、串行控制寄存器 SCON。

2）中断允许控制寄存器 IE。

3）中断优先级控制寄存器 IP。

现分别予以说明。

1. 中断请求控制寄存器

$\overline{INT0}$、$\overline{INT1}$、T0、T1 中断请求标志放在 TCON 中，串行中断请求标志放在 SCON 中。TCON 的结构、位名称、位地址和功能见表 6-1。

表 6-1　TCON 的结构、位名称、位地址和功能

TCON	D7	D6	D5	D4	D3	D2	D1	D0
位名称	TF1		TF0		IE1	IT1	IE0	IT0
位地址	8FH		8DH		8BH	8AH	89H	88H
功能	T1 中断标志		T0 中断标志		$\overline{INT1}$ 中断标志	$\overline{INT1}$ 触发方式	$\overline{INT0}$ 中断标志	$\overline{INT0}$ 触发方式
复位后的值	0		0		0	0	0	0

（1）IT0（TCON.0）

外部中断 0 触发方式控制位。当 IT0 = 0 时，为电平触发方式，低电平有效。在电平触发方式下，CPU 响应中断时，不能自动清除 IE0 标志，所以，在中断返回之前必须撤销$\overline{INT0}$引脚上的低电平，否则将再次中断导致出错。当 IT0 = 1 时，为边沿触发方式，下降沿有效。在边沿触发方式下，CPU 响应中断时，能由硬件自动清除 IE0 标志，为保证 CPU 能检测到负跳变，$\overline{INT0}$的高、低电平时间至少应保持 1 个机器周期。

（2）IE0（TCON.1）

外部中断 0 中断请求标志位。当 IE0 = 1 时，表示$\overline{INT0}$向 CPU 请求中断。

（3）IT1（TCON.2）

外部中断 1 触发方式控制位，其含义与 IT0 相同。

（4）IE1（TCON. 3）

外部中断 1 中断请求标志位，其含义与 IE0 相同。

（5）TF0（TCON. 5）

定时/计数器 T0 溢出中断请求标志位。T0 启动后，从初值做加 1 计数，计满溢出后由硬件置位 TF0，并向 CPU 发出中断请求，CPU 响应中断时，自动清除 TF0 标志。也可由软件查询或清除。

（6）TF1（TCON. 7）

定时/计数器 T1 溢出中断请求标志位，其含义与 TF0 相同。

TCON 的字节地址为 88H，另两位与中断无关，将在第 7 章介绍。

SCON 的结构、位名称、位地址和功能见表 6-2。

表 6-2　SCON 的结构、位名称、位地址和功能

TCON	D7	D6	D5	D4	D3	D2	D1	D0
位名称							TI	RI
位地址							99H	98H
功能							串行发送中断标志	串行接收中断标志
复位后的值							0	0

1）RI（SCON. 0）。

串行口接收中断标志位。当允许串行口接收数据时，每接收完一个串行帧，由硬件置位 RI。CPU 响应中断时不能自动清除 RI，必须由软件清除。

2）TI（SCON. 1）。

串行口发送中断标志位。当 CPU 将一个发送数据写入串行口发送缓冲器时，就启动了发送过程。每发送完一个串行帧，由硬件置位 TI。CPU 响应中断时，不能自动清除 TI，必须由软件清除。

SCON 的字节地址为 98H，另 6 位与中断无关，将在第 8 章介绍。

单片机复位后，TCON 和 SCON 各位清 0。另外，所有能产生中断的标志位均可由软件置 1 或清 0，由此可以获得与硬件使之置 1 或清 0 同样的效果。

2. 中断允许控制寄存器

8051 单片机对中断系统所有中断源以及某个中断源的开放和屏蔽（关闭）是由中断允许寄存器 IE 控制的。IE 的状态可通过程序由软件设定，某位设定为 1，相应中断源中断允许；某位设置为 0，相应中断源中断屏蔽。CPU 复位时，IE 各位清 0，禁止所有中断。IE 的结构、位名称和位地址见表 6-3。

表 6-3　IE 的结构、位名称和位地址

IE	D7	D6	D5	D4	D3	D2	D1	D0
位名称	EA	—	—	ES	ET1	EX1	ET0	EX0
位地址	AFH	—	—	ACH	ABH	AAH	A9H	A8H
中断源	CPU	—	—	串行口	T1	$\overline{INT1}$	T0	$\overline{INT0}$
复位后的值	0	—	—	0	0	0	0	0

（1）EX0（IE.0）

外部中断 0 允许位。EX0 = 0，禁止外部中断 0 中断；EX0 = 1，允许外部中断 0 中断。

（2）ET0（IE.1）

定时/计数器 T0 中断允许位。ET0 = 0，禁止 T0 溢出中断；ET0 = 1，允许 T0 溢出中断。

（3）EX1（IE.2）

外部中断 1 允许位。EX1 = 0，禁止外部中断 1 中断；EX1 = 1，允许外部中断 1 中断。

（4）ET1（IE.3）

定时/计数器 T1 中断允许位。ET1 = 0，禁止 T1 溢出中断；ET1 = 1，允许 T1 溢出中断。

（5）ES（IE.4）

串行口中断允许位。ES = 0，禁止串行口中断；ES = 1，允许串行口中断。

（6）EA（IE.7）

CPU 中断允许（总允许）位。EA = 0，CPU 屏蔽所有中断；EA = 1，CPU 开放中断。对各中断源的中断请求是否允许，还取决于各中断源的中断允许控制位。

例如，要使 T0 开中断（其余中断关闭），可执行下列指令：

    MOV   IE,#10000010B

或者：SETB   EA

      SETB   ET0

IE 的字节地址为 A8H。

3. 中断优先级控制寄存器

8051 单片机有 5 个中断源，划分为两个中断优先级：高优先级和低优先级。若 CPU 在执行低优先级中断时，又发生高优先级请求中断，CPU 会中断正在执行的低优先级中断，转而响应高优先级中断。中断优先级的划分，是可编程的。即可以用指令设置哪些中断源为高优先级，哪些中断源为低优先级。控制 8051 单片机中断优先的寄存器为 IP，只要对 IP 各位置 1 或清 0，就可对各中断源设置为高优先级或低优先级。相应位置 1，定义为高优先级；相应位清 0，定义为低优先级。单片机复位时，IP 各位清 0，各中断源同为低优先级中断。IP（字节地址为 B8H）的结构、位名称和位地址见表 6-4。

1）PX0（IP.0）：外部中断 0 优先级设定位。

2）PT0（IP.1）：定时/计数器 T0 优先级设定位。

3）PX1（IP.2）：外部中断 1 优先级设定位。

4）PT1（IP.3）：定时/计数器 T1 优先级设定位。

5）PS（IP.4）：串行口优先级设定位。

表 6-4 IP 的结构、位名称和位地址

IP	D7	D6	D5	D4	D3	D2	D1	D0
位名称	—	—	—	PS	PT1	PX1	PT0	PX0
位地址	—	—	—	BCH	BBH	BAH	B9H	B8H
中断源	—	—	—	串行口	T1	$\overline{INT1}$	T0	$\overline{INT0}$
复位后的值	—	—	—	0	0	0	0	0

同一优先级中的中断申请不止一个时，则有中断优先顺序问题。同一优先级的中断源优先顺序是按 CPU 对各中断源的中断标志位的查询顺序来确定的，见表 6-5。

表 6-5　同一优先级中断源的中断优先顺序

中　断　源	优　先　顺　序
外部中断INT0	最高
定时/计数器 T0	
外部中断INT1	↓
定时/计数器 T1	
串行口	最低

8051 单片机的中断优先级有三条原则：

1）CPU 同时接收到几个中断时，首先响应优先级别最高的中断请求。

2）正在进行的中断过程不能被新的同级或低优先级的中断请求所中断。

3）正在进行的低优先级中断服务，能被高优先级中断请求所中断。

需要指出的是，若设置 5 个中断源全部为高优先级，就等于不分优先级。

6.3　中断处理过程

在单片机程序运行过程中，当有中断源产生中断信号，并且中断是允许的，就会进入中断处理过程。中断处理过程大致可分为四步：中断请求、中断响应、中断服务和中断返回。图 6-3 为中断处理过程流程图。

6.3.1　中断请求

当中断源要求 CPU 为它服务时，必须发出一个中断请求信号。若是外部中断源，则需将中断请求信号送到规定的外部中断引脚上，CPU 将相应的中断请求标志位置 "1"。为保证该中断得以实现，中断请求信号应保持到 CPU 响应该中断后才能取消。若是内部中断源，则内部硬件电路将自动置位该中断请求标志。CPU 将不断地、及时地查询这些中断请求标志，一旦查询到某个中断请求标志置位，CPU 就响应该中断源中断。

6.3.2　中断响应

CPU 查询（检测）到某中断的中断请求标志位为 "1"，在满足中断响应条件下，响应中断。

1. 中断响应条件

1）该中断已经开放。

2）CPU 此时没有响应同级或更高级的中断。

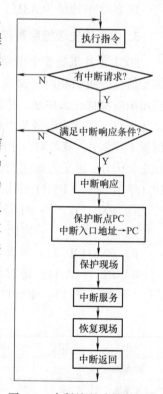

图 6-3　中断处理过程流程图

3）当前正处于所执行指令的最后一个机器周期。中断源发出中断请求，无论外中断、内中断均使中断请求标志置位，以待 CPU 查询。8051 单片机的 CPU 是在执行每一条指令的最后一个机器周期去查询（或称检测）中断标志是否置位，查询到有中断标志置位就响应中断。在其他时间，CPU 不查询，即不会响应中断。

4）正在执行的指令不是 RETI 或者是访问 IE、IP 的指令，否则必须再另外执行一条指令后才能响应。若正在执行 RETI 指令，则牵涉到前一个中断断口地址问题，必须等待前一个中断返回后，才能响应新的中断；若是访问 IE、IP 指令，则有可能改变中断允许开关状态和中断优先级次序状态，必须等其确定后，按照新的 IE、IP 控制执行中断响应。

2. 中断响应操作

在满足上述中断响应条件的前提下，进入中断响应，CPU 响应中断后，进行下列操作：

1）保护断点地址。因为 CPU 响应中断是中断原来执行的程序，转而执行中断服务程序。中断服务程序执行完毕，还要返回原来的中断点，继续执行原来的程序。因此，必须把中断点的 PC 地址记下来，以便正确返回。中断断点的 PC 地址保存在堆栈之中。16 位 PC 地址，需要两个字节的堆栈空间。

2）撤除该中断源的中断请求标志。CPU 是在执行每一条指令的最后一个机器周期查询各中断请求标志位是否置位，响应中断后，必须将其撤除。否则，中断返回后将重复响应该中断而出错。对于 8051 单片机来讲，有的中断请求标志在 CPU 响应中断后，由 CPU 硬件自动撤除。但有的中断请求标志（如串行口中断），必须由用户在软件程序中对该中断标志复位（清 0）。需要指出的是，外中断电平触发方式时的中断请求标志，CPU 虽能自动撤除，但引起外中断请求的信号必须由用户设法清除，否则，仍会触发外中断请求标志置位。

3）关闭同级中断。在一种中断响应后，同一优先级的中断即被暂时屏蔽。待中断返回时重新自动开启。

4）将相应中断的入口地址送入 PC。对 8051 单片机来讲，每一个中断源都有对应的固定不变的中断入口地址，哪一个中断源中断，在 PC 中就装入哪一个中断源相应的中断入口地址。8051 单片机的 5 个中断源的中断入口地址如下：

INT0：	0003H
T0：	000BH
INT1：	0013H
T1：	001BH
串行口：0023H

中断入口地址有以下特点：中断入口地址固定；其排列顺序与 IE、IP 和中断优先权中 5 个中断源的排列顺序相同；且相互间隔只有 8B。一般来说，8B 安排不下一个中断服务程序，可安排一条跳转指令，跳转到其他合适的区域编制真正的中断服务程序。PC 装入新的 16 位地址后，CPU 就按照该新的 PC 值至 ROM 中读取指令，依次执行相应的指令程序。以上中断响应操作，除撤除串行口中断请求标志外，均由 CPU 自动完成。

6.3.3 中断服务

一般来说，中断服务程序应包含以下几部分：

1. 保护现场

在中断服务程序中，通常会涉及一些特殊功能寄存器，如 A、PSW 和 DPTR 等，而这些特殊功能寄存器中断前的数据在中断返回后还要用到，若在中断服务程序中改变，返回主程序后将会出错。因此，要求把这些特殊功能寄存器中断前的数据保存起来，待中断返回时恢复。

所谓保护现场，是指把断点处有关寄存器的内容压入堆栈保护，以便中断返回时恢复。"有关"是指中断返回时需要恢复，不需要恢复就是无关。通常有关的是特殊功能寄存器 A、PSW 和 DPTR 等。

2. 执行中断服务程序主体，完成相应操作

中断服务程序中的操作内容和功能是中断源请求中断的目的，是 CPU 完成中断处理操作的核心和主体。

3. 恢复现场

与保护现场对应，中断返回前，应将进入中断服务程序时保护的有关寄存器内容从堆栈中弹出，送回到原有关寄存器，以便返回断点后继续执行原来的程序。需要指出的是，对 8051 单片机，利用堆栈保护和恢复现场需要遵循先进后出、后进先出的原则。

上述 3 个部分，中断服务程序是中断源请求中断的目的，用程序指令实现相应的操作要求。保护现场和恢复现场是对应的，但不是必需的。需要保护就保护，不需要或无保护内容则不需要保护现场。执行中断服务程序中的内容，CPU 不能自动完成，均要编制程序。

6.3.4　中断返回

在中断服务程序最后，必须安排一条中断返回指令 RETI，当 CPU 执行 RETI 指令后，自动完成下列操作：

1）恢复断点地址。将原来压入堆栈中的 PC 断点地址从堆栈中弹出，送回 PC。这样 CPU 就返回到原断点处，继续执行被中断的原程序。初学者不易理解的是，中断返回，返回哪里？答案是：从什么地方来，回什么地方去。不是返回到相应中断的入口地址，而是返回到中断断点地址。

2）开放同级中断，以便允许同级中断源请求中断。

上述中断响应过程大部分操作是 CPU 自动完成的。用户只需要了解来龙去脉，用户需要做的事情是编制中断服务程序。并在此之前完成中断初始化（设置堆栈、定义外中断触发方式、定义中断优先级、开放中断等）。

6.3.5　中断响应等待时间

计算机应用系统引入中断的主要目的是为了让 CPU 及时响应中断源的中断请求，那么从发出中断请求到 CPU 响应中断，需要等待多长时间呢？

现以外中断 $\overline{\text{INT0}}$ 为例说明中断响应等待时间。见图 6-4，CPU 在执行指令的最后一个机器周期的 S5P2 状态节拍中采样 TCON，若发现 TCON 中的 IE0 = 1（图中 M0 阶段），则在下一个机器周期进入中断处理过程。首先查询该中断是否满足中断响应条件（图中 M1 阶段）。

若满足条件，则在再下一机器周期进入中断响应过程，由硬件生成一条相当于长调用的指令，转移到相应中断入口地址（图中 M2M3 阶段）。因此从中断源发出中断请求有效到执行中断服务程序（M4 阶段）第一条指令的时间至少需要 3 个机器周期（M1～M3）。

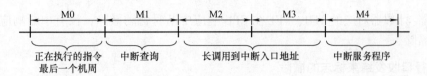

图 6-4 中断响应等待时间示意图

如果正在执行的一条指令是 RETI 或访问 IE、IP 的指令，则根据中断响应条件，执行或访问 IE、IP 的指令是不满足中断响应条件的，必须待这类指令执行完毕，再另外执行一条指令（假设是乘除法四机周指令）后，才能满足中断响应条件，进入中断响应。在这种情况下，中断响应等待时间最长就需要 8 个机器周期。

如果 CPU 正在执行同级或更高级的中断服务程序，那么必须等 CPU 执行同级或更高级的中断服务程序结束返回后，才能响应新的中断。这样，中断响应等待时间就要视执行同级或更高级的中断服务程序时间的长短而定，就无法判定了。

综上所述，若排除 CPU 正在响应同级或更高级的中断情况，中断响应等待时间为 3～8 个机器周期。一般情况是 3～4 个机器周期，执行 RETI 或访问 IE、IP 指令，且后一条指令是乘除法指令时，最长可达 8 个机器周期。

6.3.6 中断请求的撤除

当中断标志有效，CPU 进入相应的处理流程后，为避免对同一个有效的中断请求标志再次进行处理，应及时撤除上一个中断请求标志，这是对中断请求标志进行处理的必要步骤。

中断请求标志的产生都是由硬件自动完成的，不同中断源的中断请求标志的撤除却并不相同。

1. 外部中断请求标志的撤除

对于边沿（下降沿）触发的外部中断，中断请求标志会在中断响应的同时自动撤除。

对于电平（低电平）触发的外部中断，仅仅撤除中断请求标志并不意味着中断请求的真正撤除。仍然存在的有效低电平又将成为下一个有效的中断请求信号，只有把导致外部中断产生的低电平强制改为高电平才能解决这个问题，为此可设计如图 6-5 所示的电路。

从 D 触发器的 Q 端送入 $\overline{INT0}$ 的有效低电平被确认并处理后，应立即撤销，这可通过直接置位端 SD 来实现。在图 6-5 中，只要单片机在 P1.0 输出一个负脉冲（下降沿）就可以使 D 触发器置 1，从而撤除低电平的中断请求。这个负脉冲可通过在中断服务程序中加入两条指令来获得：

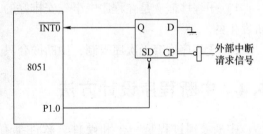

图 6-5 外部中断电平触发方式中断请求信号的撤除

SETB   P1.0

```
CPL    P1.0
```

显然，将外部中断设为边沿（下降沿）触发时的控制更为简便。

2. 定时器/计数器溢出标志的撤除

定时器/计数器对应的 TF0、TF1 在 CPU 响应中断时自动撤除；没有中断响应的情况下要由软件撤除。

3. 串行口收发结束标志的撤除

串行口对应的 TI、RI 无论在中断方式下还是在查询方式下，都由用户通过软件来撤除。这样做的目的是，需要在中断程序中利用此标志来判断究竟是发送完成还是接收完成。

6.3.7　中断优先控制和中断嵌套

1. 中断优先控制

8051 单片机中断优先控制首先根据中断优先级划分为高优先级和低优先级，此外还规定了同一中断优先级之间的中断优顺序。其从高到低的顺序为：$\overline{INT0}$、T0、$\overline{INT1}$、T1、串行口。

需要强调的是：中断优先级是可编程的，而中断优先顺序是固定的，不能设置，仅用于同级中断源同时请求中断时的优先次序。因此，8051 单片机中断优先控制的基本原则为：

1）高优先级中断可以中断正在响应的低优先级中断，反之则不能。

2）同优先级中断不能互相中断。即某个中断（不论是高优先级还是低优先级）一旦得到响应，与它同级的中断就不能再中断它。

3）同一中断优先级中，若有多个中断源同时请求中断，CPU 将先响应优先权高的中断，后响应优先权低的中断。

2. 中断嵌套

当 CPU 正在执行某个中断服务程序时，如果发生更高一级的中断源请求中断，CPU 可以"中断"正在执行的低优先级中断，转而响应更高一级的中断，这就是中断嵌套。中断嵌套示意图如图 6-6 所示。

中断嵌套只能高优先级"中断"低优先级，低优先级不能"中断"高优先级，同一优先级也不能相互"中断"。

中断嵌套结构与调用子程序嵌套类似，不同的是：

1）子程序嵌套是在程序中事先安排好的；中断嵌套是随机发生的。

2）子程序嵌套无次序限制，中断嵌套只允许高优先级"中断"低优先级。

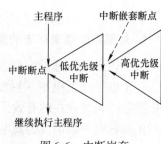

图 6-6　中断嵌套

6.4　中断程序设计方法

中断处理过程是一个和硬件、软件都有关的过程，其编程方法具有一定的特殊性，由图 6-7 可知，与中断有关的程序一般包含两部分：主程序的中断初始化部分以及中断响应后的中断服务程序。

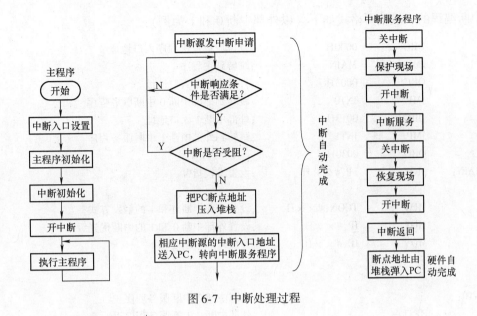

图 6-7　中断处理过程

6.4.1　中断初始化

在单片机复位后，与中断有关的寄存器均复位为 0，即均处于中断关闭状态。要实现中断功能，必须进行中断初始化设置。中断初始化应在产生中断请求前完成，一般放在主程序中，与主程序其他初始化内容一起完成设置。

1. 设置堆栈指针 SP

因中断涉及保护断点 PC 地址和保护现场数据，且均要用堆栈实现保护，因此要设置适宜的堆栈深度。堆栈深度要求不高且工作寄存器组 1～3 不用时，可维持复位时状态：SP = 07H，深度为 24B（20H～2FH 为位寻址区）。要求有一定深度时，可设置 SP = 50H 或 60H，深度分别为 48B 和 32B。

2. 定义中断优先级

根据中断源的轻重缓急，划分高优先级和低优先级。用 MOV　IP, #××H 或 SETB ××指令设置。

3. 定义外中断触发方式

如果使用外中断，一般情况下，定义为边沿（下降沿）触发方式为宜。若外中断信号无法适用边沿触发方式，必须采用电平触发方式时，应在硬件电路上和中断服务程序中采取撤除中断请求信号的措施。

4. 开放中断

注意开放中断必须同时开放二级控制，即同时置位 EA 和需要开放中断的中断允许控制位。可用 MOV　IE, #××H 指令设置，也可用 SETB　EA 和 SETB　××位操作指令设置。

除上述中断初始化操作外，还应安排好等待中断或中断发生前主程序应完成的操作内容。

中断编程的一般编写格式如下（以外部中断 0 和 1 为例）：

```
        ORG     0000H           ;复位后单片机程序入口地址
        JMP     MAIN            ;跳转到主程序
        ORG     0003H           ;外部中断 0 入口地址
        JMP     INT0            ;跳转到外部中断 0 中断服务程序
        ORG     0013H           ;外部中断 1 入口地址
        JMP     INT1            ;跳转到外部中断 1 中断服务程序
        ORG     0030H
MAIN：  MOV     SP,#××H         ;设置堆栈指针
        ⋮
        MOV     TCON,#××H       ;设置外部中断 0 和 1 的触发方式
        MOV     IP,#××H         ;设置外部中断 0 和 1 的中断优先级
        MOV     IE,#××H         ;开放外部中断 0 和 1
        ⋮

INT0：  ⋮                       ;外部中断 0 中断服务程序
        RETI                    ;外部中断 0 中断服务程序返回

INT1：  ⋮                       ;外部中断 1 中断服务程序
        RETI                    ;外部中断 1 中断服务程序返回
        END
```

注意：不能把中断服务程序插在主程序中，可以将其安排在主程序前面或后面。

6.4.2　中断服务程序

中断服务程序内容要求如下：

1）在中断服务入口地址设置一条跳转指令，转移到中断服务程序的实际入口处。由于 8051 单片机相邻两个中断入口地址间只有 8B 的空间，而一般情况中断服务程序长度均大大超出 8B，因此，必须跳转到其他合适的地址空间。跳转指令可用 JMP 指令，可将真正的中断服务程序不受限制地安排在 ROM 任何地方。

2）根据需要保护现场，保护现场不是中断服务程序的必需部分，保护现场数据越少越好，数据保护越多，堆栈负担越重，堆栈深度设置应越深。通常要保护 A、PSW 和 DPTR 等特殊功能寄存器中的内容。

3）中断源请求中断服务要求的操作，这是中断服务程序的主体。

4）若是外中断电平触发方式，应有中断信号撤除操作。若是串行收发中断，应有对 RI、TI 清 0 指令。

5）恢复现场。与保护现场相对应，注意先进后出、后进先出操作原则。

6）中断返回，最后一条指令必须是 RETI。

中断服务程序一般编写格式如下：

```
××：  CLR     EA          ;关中断   ××:中断服务程序入口标号
      PUSH    A           ;保护现场(根据需要由用户决定)
      PUSH    PSW
```

```
        SETB    EA              ;开中断
          ⋮                     ;中断处理程序
        CLR     EA
        POP     PSW             ;恢复现场
        POP     A
        SETB    EA
        RETI                    ;中断返回
```

6.4.3 外部中断的应用举例

【**例6-1**】电路如图6-8所示，在主程序运行时，发光二极管 DS1 不亮。当按下 S1 时，运行外部中断 0 中断服务程序，使发光二极管 DS1 亮。当按下 S3 时，运行外部中断 1 中断服务程序，使发光二极管 DS1 不亮。

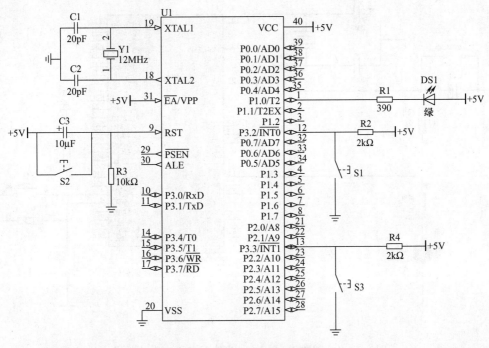

图6-8　例6-1电路原理图

解：根据题意外部中断 0 和外部中断 1 无需区分高低优先级，所以 IP 寄存器使用默认值即可，无需设置。在外部中断 0 和外部中断 1 的中断服务程序中仅是将 P1.0 清 0 和置位，因此也不需要保护现场和恢复现场。

```
            ORG     0000H           ;复位后单片机程序入口地址
            JMP     MAIN            ;跳转到主程序
            ORG     0003H           ;外部中断 0 入口地址
            JMP     INT0            ;跳转到外部中断 0 中断服务程序
            ORG     0013H           ;外部中断 1 入口地址
            JMP     INT1            ;跳转到外部中断 1 中断服务程序
            ORG     0030H
MAIN：      MOV     SP,#70H         ;设置堆栈指针
```

```
      SETB      P1. 0          ;使发光二极管 DS1 不亮
      MOV       TCON,#05H      ;设置外部中断 0 和 1 的边沿触发
      MOV       IE,#85H        ;开放外部中断 0 和 1
      JMP       $

INT0：CLR       P1. 0          ;使发光二极管 DS1 亮
      RETI                     ;外部中断 0 中断服务程序返回

INT1：SETB      P1. 0          ;使发光二极管 DS1 不亮
      RETI                     ;外部中断 1 中断服务程序返回
      END
```

本例题在 Proteus 中，当按下 S1 后的仿真效果图如图 6-9 所示。

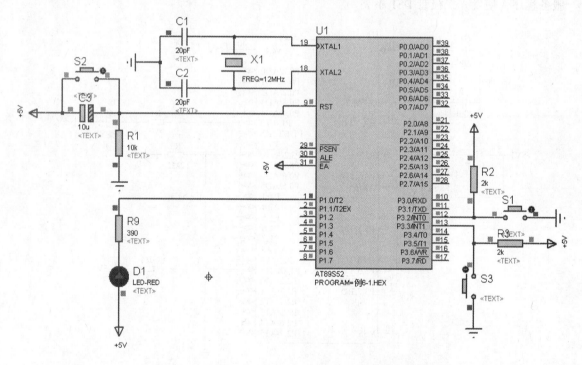

图 6-9　本例题在 Proteus 中，当按下 S1 后的仿真效果

【例 6-2】 太阳能热水器一般都设在室外房屋的高处，热水器的水位在使用时不易观测。

图 6-10 所示电路可以实现自动向太阳能热水器中加水功能。编写程序，使水位低于电极 B 时，使电磁阀线圈得电，向太阳能热水器水箱中注水，同时发光二极管 DS1 点亮；当水位高于电极 A 时，停止向太阳能热水器水箱中注水，同时发光二极管 DS1 熄灭。

解： 根据电路分析可知，当水位降落低于电极 B 时，会在 P3.2 口产生一个下降沿；当水位淹没电极 A 时，会在 P3.3 口产生一个下降沿。当 P1.3 输出低电平时，电磁阀线圈得电；当 P1.3 输出高电平时，电磁阀线圈不得电。二极管 D1 为续流二极管，起到保护晶体管 VT2 的作用。

```
      ORG       0000H          ;复位后单片机程序入口地址
      JMP       MAIN           ;跳转到主程序
```

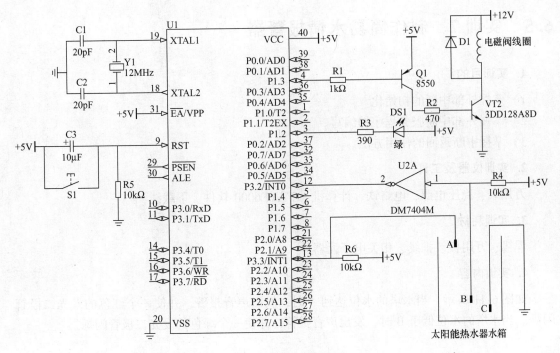

图 6-10　例 6-2 电路图

	ORG	0003H	;外部中断 0 入口地址
	JMP	INT0	;跳转到外部中断 0 中断服务程序
	ORG	0013H	;外部中断 1 入口地址
	JMP	INT1	;跳转到外部中断 1 中断服务程序
	ORG	0030H	
MAIN:	MOV	SP,#70H	;设置堆栈指针
	MOV	TCON,#05H	;设置外部中断 0 和 1 的边沿触发
	MOV	IE,#85H	;开放外部中断 0 和 1
	SETB	P1.3	;不向水箱注水
	SETB	P1.2	;DS1 熄灭
	JB	P3.2,MAIN1	
	CLR	P1.3	;水位低于电极 B,向水箱注水
	CLR	P1.2	;水位低于电极 B,DS1 点亮
MAIN1:	JMP	$	
INT0:	CLR	P1.3	;水位低于电极 B,向水箱注水
	CLR	P1.2	;水位低于电极 B,DS1 点亮
	RETI		;外部中断 0 中断服务程序返回
INT1:	SETB	P1.3	;水位高于电极 A,不向水箱注水
	SETB	P1.2	;水位高于电极 A,DS1 熄灭
	RETI		;外部中断 1 中断服务程序返回
	END		

6.5　实训 7　制作简易水情报警器

1. 实训目的

1）掌握外部中断的初始化。

2）掌握外部中断服务程序的编写。

3）掌握中断返回的使用方法。

2. 实训仪器及工具

万用表、稳压电源、电烙铁、计算机、WAVE6000 软件、下载线

3. 实训耗材

焊锡、万用板、排线、相关电子元器件

4. 实训内容

如图 6-11 所示，当水塔的水位达到 A 时，发出声音报警，并使一个红色的发光二极管闪烁。当水塔的水位低于 B 时，发出声音报警，并使一个绿色的发光二极管闪烁。

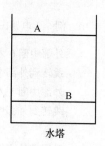

图 6-11　水塔水位示意图

1）根据上述要求设计电路原理图。

2）根据所设计的电路图制作电路板。

3）根据要求编写、调试控制程序，并观察实际效果。

6.6　习题

1. 什么是中断？

2. 为什么要设置中断？

3. 8051 单片机有哪几个中断源？

4. 什么是中断嵌套？

5. 8051 单片机外部中断有哪些触发方式？

6. 中断服务子程序与普通子程序有什么区别？

7. 8051 单片机中断服务程序入口地址如何分配？

第 7 章　8051 单片机的定时/计数器

定时/计数器是单片机内部的一个重要功能部件，与 CPU 并行工作，其工作方式灵活、编程简单、使用方便。在工业控制等场合，运用单片机的定时/计数器，可以实现定时控制、延时、频率测量、脉宽测量、对外部事件进行记录、信号发生、信号检测等。此外，定时/计数器还可在串行通信中用作波特率发生器。灵活运用定时/计数器可以减轻 CPU 负担，提高单片机工作程序效率，简化外围电路。本章介绍 8051 单片机定时/计数器的结构、控制方法、工作模式和应用。

7.1　定时/计数器概述

8051 单片机内部有两个 16 位可编程的定时/计数器 T0 和 T1，其实质就是加 1 计数器。它们都由两个 8 位计数器组成。T0 的两个 8 位计数器是 TH0 和 TL0，TH0 是高 8 位，TL0 是低 8 位；T1 的两个 8 位计数器是 TH1 和 TL1。

8051 单片机的定时/计数器是同一个部件，这个部件有定时和计数两种功能。定时时间和计数值可以编程设定，其方法是在计数器内设置一个初值，然后每来一个脉冲就加 1，计满后溢出（当 16 位计数器里的数值是 FFFFH 时，然后加 1，计数器里的数值就变成 0000H，这时就称计数器发生了溢出）。调整计数器初值，可调整从初值到计满溢出的数值，即调整了定时时间和计数值。

7.1.1　计数

当使用定时/计数器的计数功能时，定时/计数器是对来自单片机外部的脉冲（下降沿）进行计数。T0 的外部脉冲只能通过引脚 P3.4 输入，T1 的外部脉冲只能通过引脚 P3.5 输入，从其他引脚输入无效。

8051 单片机在每个机器周期对 P3.4（T0）和 P3.5（T1）进行采样，若在一个机器周期采样到高电平，在下一个机器周期采样到低电平，即得到一个有效的计数脉冲。计数寄存器在下一个机器周期自动加 1。因为 8051 单片机的 CPU 确认一次脉冲跳变需要两个机器周期，所以外部脉冲的最高频率不能超过时钟频率的 1/24。例如 $f_{osc} = 12\text{MHz}$，则外部脉冲的频率不能高于 500kHz。

7.1.2　定时

当使用定时/计数器的定时功能时，定时/计数器是对来自单片机内部的机器周期脉冲进行计数。由于每个机器周期脉冲的间隔时间是固定的且是已知的，所以脉冲的数量就可以代表时间。通过累计脉冲的个数，即可实现定时功能。例如 $f_{osc} = 12\text{MHz}$，一个机器周期脉冲的间隔时间是 $1\mu s$，那么 10 个脉冲就是 $10\mu s$。如果 $f_{osc} = 6\text{MHz}$，那么 10 个脉冲就是 $20\mu s$。如果外部脉冲的周期相同，也可将计数功能作为定时功能来使用，视具体情况而定。

无论是定时功能还是计数功能，T0 和 T1 在对脉冲计数时，不占用 CPU 时间，除非定时/计数器溢出，才可能中断 CPU 的当前操作。由此可见，定时/计数器是单片机中效率高而且工作灵活的部件。

T0 和 T1 除了可以选择定时功能或计数功能外，还有四种工作模式，其中模式 0、模式 1 和模式 2 对 T0 和 T1 都一样，模式 3 对 T0 和 T1 是不同的。这些功能都由特殊功能寄存器 TMOD 和 TCON 所控制。

7.2 定时/计数器的控制寄存器

8051 单片机的定时/计数器是可编程的，其编程操作通过两个特殊功能寄存器 TCON 和 TMOD 的状态设置来实现。

7.2.1 定时/计数器控制寄存器 TCON

定时/计数器控制寄存器 TCON 既参与定时控制又参与中断控制。此处只对与定时/计数器控制功能有关的控制位进行介绍。

TCON 的字节地址为 88H，每一位有位地址，均可进行位操作。TCON 的结构、位名称、位地址和功能见表 7-1。

表 7-1 TCON 的结构、位名称、位地址和功能

TCON	D7	D6	D5	D4	D3	D2	D1	D0
位名称	TF1	TR1	TF0	TR0	IE1	IT1	IE0	IT0
位地址	8FH	8EH	8DH	8CH	8BH	8AH	89H	88H
功能	T1 中断标志	T1 运行控制	T0 中断标志	T0 运行控制	$\overline{\text{INT1}}$ 中断标志	$\overline{\text{INT1}}$ 触发方式	$\overline{\text{INT0}}$ 中断标志	$\overline{\text{INT0}}$ 触发方式
复位后的值	0	0	0	0	0	0	0	0

TCON 的高 4 位进行定时器/计数器控制，其中高两位（6、7 位）控制定时器/计数器 T1，低两位（4、5 位）控制定时器/计数器 T0。

（1）TF1（TCON.7）

定时/计数器 T1 溢出标志。当 T1 被允许计数后，T1 从初值开始加 1 计数，至最高位产生溢出时，TF1 由硬件自动置 1，既表示计数溢出，又表示请求中断。CPU 响应中断后由硬件自动对 TF1 清 0。也可在程序中用指令查询 TF1 或置 1、清 0。

（2）TR1（TCON.6）

定时器/计数器 T1 的启动停止控制位，由软件进行设定。TR1 =0，停止 T1 定时（或者计数）；TR1 =1，启动 T1 定时（或者计数），T1 是否运行还有其他条件。

（3）TF0（TCON.5）

定时/计数器 T0 溢出标志位，其含义与 TF1 相同。

（4）TR0（TCON.4）

定时器/计数器 T0 的启动停止控制位，其含义与 TR1 相同。

7.2.2 定时/计数器工作方式控制寄存器 TMOD

TMOD 是 8051 单片机专门用来控制两个定时/计数器的工作方式的寄存器。高 4 位用于控制 T1，低 4 位用于控制 T0。TMOD 的结构、位名称和功能见表 7-2。

表 7-2 TMOD 的结构、位名称和功能

TMOD	高 4 位控制 T1				低 4 位控制 T0			
	D7	D6	D5	D4	D3	D2	D1	D0
位名称	GATE	C/$\overline{\text{T}}$	M1	M0	GATE	C/$\overline{\text{T}}$	M1	M0
功能	门控位	定时/计数方式选择	工作方式选择		门控位	定时/计数方式选择	工作方式选择	
复位后的值	0	0	0	0	0	0	0	0

下面介绍与定时/计数器 T1 相关的 TMOD 的高 4 位。

(1) GATE（门控位）

GATE = 0，定时/计数器的运行只受 TCON 中运行控制位 TR1 的控制。

GATE = 1，定时/计数器的运行同时受 TR1 和外中断输入信号（$\overline{\text{INT1}}$）的双重控制，只有当 $\overline{\text{INT1}}$ = 1 且 TR1 = 1 时 T1 才能开始运行。

(2) C/$\overline{\text{T}}$（计数/定时方式选择位）

C/$\overline{\text{T}}$ = 0，为定时工作方式，对片内机周脉冲（由晶振进行 12 分频产生）计数，用作定时器。

C/$\overline{\text{T}}$ = 1，为计数工作方式，对外部脉冲计数，负跳变脉冲（下降沿）有效，外部脉冲由 P3.5 引脚输入。

(3) M1M0（工作方式选择位）

M1M0 两位二进制数可表示 4 种状态，因此 M1M0 可选择 4 种工作方式，见表 7-3。

表 7-3 M1M0 的 4 种工作方式

M1M0	工作方式	功能	M1M0	工作方式	功能
00	方式 0	13 位计数器	10	方式 2	8 位计数器，初值自动装入
01	方式 1	16 位计数器	11	方式 3	两个 8 位计数器，仅适用于 T0

TMOD 的低 4 位是对 T0 进行控制，功能和 TMOD 的高 4 位相同。

TMOD 字节地址为 89H，不能进行位操作。因此，设置 TMOD 必须用字节操作指令。

7.3 定时/计数器工作方式

前述 8051 单片机定时/计数器有 4 种工作方式，由 TMOD 中 M1M0 的状态确定。下面以 T0 为例进行分析。

7.3.1 工作方式0

当 M1M0 = 00 时，定时/计数器 T0 工作于方式 0，如图 7-1 所示。在方式 0 情况下，内部计数器为 13 位。由 TL0 低 5 位和 TH0 的 8 位组成，TL0 低 5 位计数满时不向 TL0 第 6 位进位，而是向 TH0 进位，13 位计满溢出时，TF0 置 1，最大计数值 $2^{13} = 8192$（计数器初值为 0）。方式 0 没有充分利用 16 位计数寄存器的计数范围，这是为了与 MCS-48 系列单片机兼容。

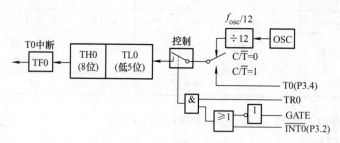

图 7-1 定时/计数器 T0 工作方式 0

$C/\overline{T} = 0$，为定时工作方式，对片内机周脉冲（由晶振进行 12 分频产生）计数。$C/\overline{T} = 1$，为计数工作方式，对 P3.4 引脚上输入的外部脉冲计数。

门控位 GATE 具有特殊的作用。当 GATE = 0 时，经反相后使或门输出为 1，此时仅由 TR0 控制与门的开启，与门输出 1 时。控制开关接通，计数开始：当 GATE = 1 时，由外中断引脚信号控制或门的输出。此时控制与门的开启由外中断引脚信号和 TR0 共同控制。当 TR0 = 1 时，外中断引脚信号引脚的高电平启动计数，外中断引脚信号引脚的低电平停止计数，这种方式常用来测最外中断引脚上正脉冲的宽度。

7.3.2 工作方式1

当 M1M0 = 01 时，定时/计数器 T0 工作于方式 1，如图 7-2 所示。在方式 1 情况下，内部计数器为 16 位。由 TL0 作为低 8 位，TH0 作为高 8 位。16 位计满溢出时，TF0 置 1，最大计数值 $2^{16} = 65536$（计数器初值为 0）。

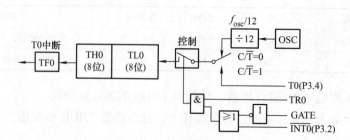

图 7-2 定时/计数器 T0 工作方式 1

7.3.3 工作方式2

当 M1M0 = 10 时，定时/计数器 T0 工作于方式 2，如图 7-3 所示。由于每次定时/计数之后计数寄存器的内容为0，在下一次定时/计数后都要进行初值重载。在方式0和方式1中，初值重载是由软件实现的。如果需要多次进行定时/计数，则需占用较多CPU时间。在方式2中，定时/计数器为8位，能自动恢复定时/计数器初值（由硬件实现初值重载）。但在方式2中，仅用TL0计数，最大计数值为$2^8 = 256$，计满溢出

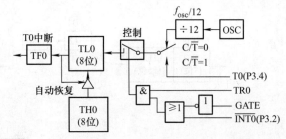

图7-3 定时/计数器T0工作方式2

后，一方面，使溢出标志位TF0置1；另一方面，使原来装在TH0中的初值装入TL0（TH0中的初值允许与TL0不同）。所以，方式2既有优点，又有缺点。优点是定时初值可自动恢复，定时误差小，缺点是计数范围小。因此，方式2适用于需要重复定时，而定时范围不大的应用场合。工作方式2通常用于串口通信中的波特率发生器（将在第8章中讲解）。

7.3.4 工作方式3

当M1M0=11时，定时/计数器T0工作于方式3，但方式3仅适用于T0，T1无方式3。

1. T0方式3

在方式3中，T0被拆成两个独立的8位计数器TH0、TL0，如图7-4所示。

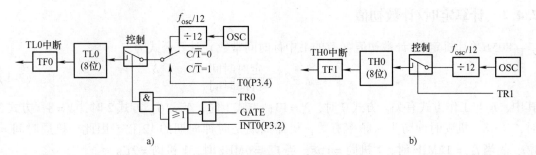

图7-4 定时/计数器T0工作方式3
a）T0中断（8位）　b）TH0利用T1部分资源中断（8位）

TL0使用T0原有的控制寄存器资源：TF0、TR0、GATE、C/$\overline{T}$、$\overline{INT0}$，组成一个8位的定时/计数器；TH0借用T1的中断溢出标志TF1、运行控制开关TR1，只能对片内机周脉冲计数，组成另一个8位定时器（不能用作计数器）。

2. T0方式3情况下的T1

T1由于其TF1、TR1被T0的TH0占用，计数器溢出时，只能将输出信号送至串行口，即用作串行口波特率发生器。但T1工作方式仍可设置为方式0～方式2，C/$\overline{T}$控制位仍可使T1工作在计数器方式或定时器方式，如图7-5所示。

从图7-5c中看出，T0方式3情况下的T1方式2，因定时初值能自动恢复，用作波特率发生器更为合适。

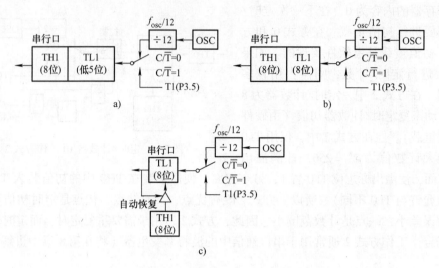

图 7-5　T0 方式 3 情况下的 T1 的 3 种工作方式
a) T1 方式 0　b) T1 方式 1　c) T1 方式 2

7.4　定时/计数器的应用

7.4.1　计算定时/计数初值

8051 单片机定时/计数初值（有的书中称时间常数）计算公式为

$$T_{初值} = 2^N - \frac{定时时间}{机周时间} \tag{7-1}$$

其中，N 与工作方式有关。方式 0 时，$N=13$；方式 1 时，$N=16$；方式 2 时，$N=8$；方式 3 时，$N=8$。机周时间与主振频率有关，机器周期是时钟周期的 12 倍。因此，机周时间 = $1/f_{osc}$。当 $f_{osc}=12\text{MHz}$ 时，1 机周 $=1\mu s$；当 $f_{osc}=6\text{MHz}$ 时，1 机周 $=2\mu s$。

【例 7-1】已知晶振频率为 12MHz，要求定时 0.1ms，试分别求出 T0 工作于方式 0、方式 1、方式 2、方式 3 时的定时初值。

解：（1）工作方式 0

$T0_{初值} = 2^{13} - 100\mu s/1\mu s = 8192 - 100 = 8092 = \text{1F9CH}$

$\text{1F9CH} = 0001\ 1111\ 1001\ 1100\text{B} = 000\ \underline{111\ 11100}\ \underline{11100}\ \text{B}$

其中低 5 位 11100 前添加 3 位 000 送入 TL0，TL0 $=00011100\text{B}=\text{1CH}$

高 8 位送入 TH0，TH0 $=11111100\text{B}=\text{FCH}$

（2）工作方式 1

$T0_{初值} = 2^{16} - 100\mu s/1\mu s = 65536—100 = 65436 = \text{FF9CH}$

TH0 $=\text{FFH}$，TL0 $=\text{9CH}$

（3）工作方式 2

$T0_{初值} = 2^8 - 100\mu s/1\mu s = 256 - 100 = 156 = \text{9CH}$

TH0 $=\text{9CH}$，TL0 $=\text{9CH}$

（4）工作方式 3

T0 方式 3 时，被拆成两个 8 位定时器，定时初值可分别计算，计算方法同方式 2。两个定时初值一个装入 TL0，另一个装入 TH0。因此：

TH0 ＝9CH，TL0 ＝9CH

从上例中看到，方式 0 时计算定时初值比较麻烦，根据式(7-1) 计算出数值后，还要变换一下，容易出错，不如直接用方式 1，且方式 0 计数范围比方式 1 小，方式 0 完全可以用方式 1 代替，方式 0 与方式 1 相比，无任何优点。

在编程时，在 WAVE6000 中对于方式 1 可以用下面两条指令赋初值：

```
MOV   TH×,#HIGH(65536—脉冲个数)      ×:0 或 1
MOV   TL×,#LOW(65536—脉冲个数)       ×:0 或 1
```

7.4.2 定时/计数器应用

1. 定时/计数器应用注意事项

（1）合理选择定时/计数器工作方式

根据所要求的定时时间长短、定时的重复性，合理选择定时/计数器工作方式，确定实现方法。一般来讲，定时时间长，用方式 1（尽量不用方式 0）；定时时间短（≤255 机周）且需重复使用自动恢复定时初值，用方式 2；串行通信波特率，用 T1 方式 2。

（2）计算定时/计数器定时初值按式(7-1) 计算

（3）编制应用程序

1）定时/计数器的初始化，包括定义 TMOD，写入定时初值，如果使用中断方式则需要设置中断系统，启动定时/计数器运行等。

2）如果使用中断方式，在编制定时/计数器中断服务程序时，注意是否需要重装定时初值。若需要反复使用原定时时间，且未工作在方式 2，则应在中断服务程序中重装定时初值。

3）若将定时/计数器用于计数方式，则外部事件脉冲必须从 P3.4（T0）或 P3.5（T1）引脚输入。且外部脉冲的最高频率不能超过时钟频率的 1/24。

2. 定时/计数器在中断方式下的编程步骤

1）TMOD 初始化。

2）设置定时/计数器初值。

3）设置中断优先级。

4）开中断。

5）启动定时/计数器。

6）编写定时/计数器中断处理程序。

3. 定时/计数器在查询方式下的编程步骤

1）关定时/计数器的中断。

2）TMOD 初始化。

3）设置定时/计数器初值。

4）启动定时/计数器。

5）查询 TF0（或 TF1）及相关处理。

4. 定时/计数器应用举例

【例 7-2】设 $f_{osc}=12$MHz，定时/计数器 T1 以工作方式 2 实现在 P2.0 引脚输出频率为 2kHz，占空比为 50% 的方波。

解：（1）首先计算定时时间，方波频率为 2kHz，则周期为 0.5ms。因为占空比为 50%，所以 P2.0 每 250μs 取反一次，定时时间为 250μs。

（2）计算计数初值，由于 $f_{osc}=12$MHz，因此一个机周为 1μs，所以需要 250 个机周。计数初值为：$2^8-250=6$。

（3）设置 TMOD，对 T1 的工作方式进行选择，因此设置 TMOD 的高 4 位。

定时功能：$C/\overline{T}$ 位为 0；

工作方式 2：M1M0 的组合为 10；

与外部脉冲无关，GATE 位为 0。

（4）编制程序，中断方式如下：

```
            ORG     0000H
            JMP     MAIN
            ORG     001BH
            JMP     TIME1
            ORG     0030H
MAIN:       MOV     SP,#70H      ;设置堆栈指针
            MOV     TMOD,#20H    ;T1 工作方式 2,定时功能
            MOV     TH1,#6       ;设置计数初值
            MOV     TL1,#6
            SETB    EA           ;开中断
            SETB    ET1
            SETB    TR1          ;启动 T1
            JMP     $

TIME1:      CPL     P2.0         ;P2.0 取反
            RETI
            END
```

在 Proteus 中的仿真结果如图 7-6 所示。

查询方式：

```
            ORG     0000H
            JMP     MAIN
            ORG     0030H
MAIN:       MOV     TMOD,#20H    ;T1 工作方式 2,定时功能
            MOV     TH1,#6       ;设置计数初值
            MOV     TL1,#6
            SETB    TR1          ;启动 T1
MAIN1:      JNB     TF1,MAIN1    ;判断 T1 是否溢出
```

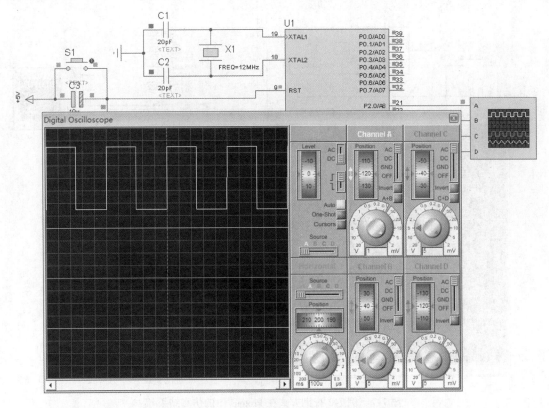

图 7-6　例 7-2 中断方式在 Proteus 中的仿真结果

```
CPL        P2.0              ;P2.0 取反
CLR        TF1               ;清除 T1 溢出标志位
JMP        MAIN1
END
```

在 Proteus 中的仿真结果如图 7-7 所示。

【例 7-3】 电路如图 7-8 所示，$f_{osc} = 12MHz$，要求利用 T0 使图中的发光二极管 DS1 每秒闪烁一次。

解：要使 DS1 每秒闪烁一次，即 1s 内亮一次并暗一次，可以亮 0.5s、暗 0.5s。$f_{osc} = 12MHz$，每个机周 1μs，T0 方式 1 最大定时只有 65ms 左右，取一次定时 50ms，连续 10 次，即可实现 0.5s 定时。

（1）计算定时初值。每个机周 1μs，50ms 需要 50000 个脉冲。可以用两条指令得到初值：

```
MOV    TH0,#HIGH(65536—50000)
MOV    TL0,#LOW(65536—50000)
```

（2）设置 TMOD，对 T0 的工作方式进行选择，因此设置 TMOD 的低 4 位。

定时功能：$C/\overline{T}$ 位为 0；

工作方式 1：M1M0 的组合为 01；

与外部脉冲无关，GATE 位为 0。

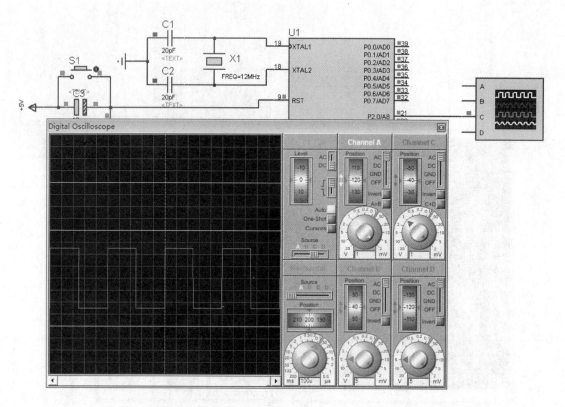

图 7-7 例 7-2 查询方式在 Proteus 中的仿真结果

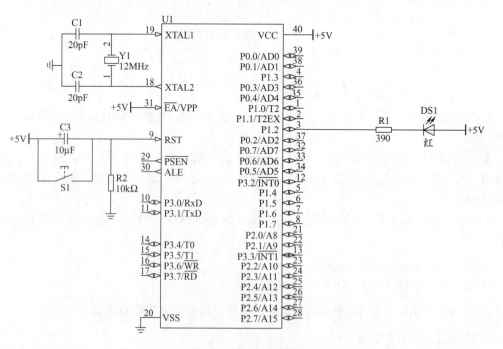

图 7-8 例 7-3 电路图

（3）程序流程图如图 7-9 所示。

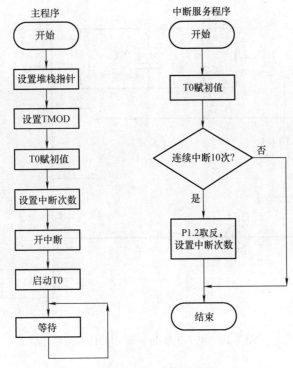

图 7-9　例 7-3 程序流程图

编制程序如下：

```
        ORG     0000H
        JMP     MAIN
        ORG     000BH
        JMP     TIME0
        ORG     0030H
MAIN：  MOV     SP,#70H                      ;设置堆栈指针
        MOV     TMOD,#01H                    ;T0 工作方式 1,定时功能
        MOV     TH0,#HIGH(65536—50000)       ;设置计数初值
        MOV     TL0,#LOW(65536—50000)
        MOV     R7,#10                       ;设置中断次数:10 次
        SETB    EA                           ;开中断
        SETB    ET0
        SETB    TR0                          ;启动 T0
        JMP     $

TIME0： MOV     TH0,#HIGH(65536—50000)       ;设置计数初值
        MOV     TL0,#LOW(65536—50000)
        DJNZ    R7,TIME0A                    ;判断是否连续中断 10 次
        CPL     P1.2                         ;P1.2 取反
        MOV     R7,#10                       ;设置中断次数:10 次
TIME0A：RETI
        END
```

在 Proteus 中的仿真结果如图 7-10 所示。

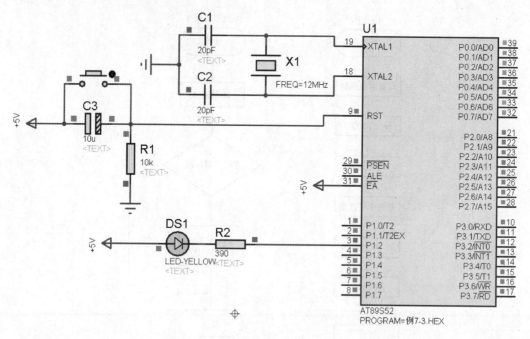

图 7-10　例 7-3 在 Proteus 中的仿真结果

【例 7-4】设 $f_{osc} = 12\text{MHz}$，编程测试引脚 P3.2 上的脉冲信号的高电平宽度（机器周期数），宽度小于 $65536\mu\text{s}$，将结果存放在 41H40H 中（高位在前）。

解：脉冲来自引脚 P3.2，应由 T0 的外部控制电路进行定时。测试引脚 P3.2 上的高电平宽度，即高电平时进行定时，低电平时停止定时，应设置 T0 的门控位 GATE 为 1。T0 用来累加高电平的宽度，计数初值为 0，应选择计数范围大的工作方式，令其方式 1 定时。

编制程序如下：

```
            ORG     0000H
            JMP     MAIN
            ORG     0030H
MAIN：      MOV     TMOD,#9      ;T0 方式 1,GATE 位为 1
            MOV     TH0,#0       ;计数器清 0
            MOV     TL0,#0
            JB      P3.2,$       ;让过高电平
            SETB    TR0          ;启动 T0
            JNB     P3.2,$       ;等候上升沿,自动启动计数
            JB      P3.2,$       ;高电平期间累计机周脉冲个数
            CLR     TR0          ;停止 T0 定时计数
            MOV     40H,TL0      ;将脉冲宽度存入 41H、40H 中
            MOV     41H,TH0
            ⋮
```

7.5 实训 8 制作测速器

1. 实训目的

1）熟悉中断系统的应用。

2）掌握外部中断、定时/计数器应用方法。

2. 实训仪器及工具

万用表、稳压电源、电烙铁、计算机、WAVE6000 软件、下载线

3. 实训耗材

焊锡、万用板、排线、相关电子元器件

4. 实训内容

如图 7-11 所示，在电动机的转轴上固定一个调制盘，调制盘上均匀开 6 个缺口，电动机转动时会带动调制盘转动。当缺口处于红外线二极管和红外光敏晶体管之间时，红外光敏晶体管就能接收到红外线二极管发出的红外线，就导通，其他时间调制盘将红外线二极管和红外光敏晶体管之间的红外线遮住，红外光敏晶体管就截止，这样电动机每转动一圈，红外光敏晶体管就会输出 6 个脉冲信号，只要对单位时间内的脉冲的个

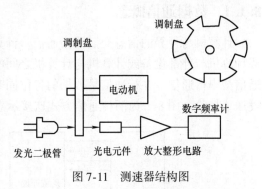

图 7-11 测速器结构图

数进行统计，就可以计算出电动机的转速。当然缺口开的数目越多，测量精度就越高。

1）根据上述要求设计电路原理图。

2）根据所设计的电路图制作电路板。

3）根据要求编写、调试控制程序，并观察实际效果。

7.6 习题

1. 8051 单片机内设有几个定时/计数器？它们由哪些特殊功能寄存器组成？

2. 8051 单片机定时/计数器做定时或计数用时，其计数脉冲分别由谁提供？

3. 8051 单片机定时/计数器做定时器用时，其定时时间与哪些因素有关？做计数器时，对外界计数频率有何限制？

4. 8051 单片机定时/计数器的门控信号 GATE 设置为 1 时，定时器如何启动？

5. 定时器工作方式 2 有什么特点，适用于什么场合？

6. 计数值 N 是如何确定的？写入计数器的初始计数值又如何确定？

7. 设 $f_{osc} = 12\text{MHz}$，编程实现在 P2.1 引脚输出频率为 100kHz，占空比为 50% 的方波。

8. 利用定时/计数器测量某正脉冲的宽度，结果存放在 R7R6 中（高位在前），脉冲从 P3.3 脚输入，宽度小于 $65536\mu\text{s}$，$f_{osc} = 12\text{MHz}$。

第8章　8051单片机的串行接口

8051单片机具有一个全双工串行通信接口，它采用通用异步接收/发送器（UART）工作方式，可以同时发送和接收数据。利用它8051单片机可以方便地与其他计算机或具有串行接口的外围设备实现双机、多机通信。本章主要介绍串行口的概念、8051单片机串行口的结构、原理和应用。

8.1　串行通信的基本概念

8.1.1　数据通信概念

计算机与外界的信息交换称为通信。计算机通信是将计算机技术和通信技术相结合，完成计算机与外部设备或计算机与计算机之间的信息交换。计算机通信可以分为两大类：并行通信与串行通信。并行通信是数据的各位同时发送或同时接收；串行通信是数据的各位依次发送或接收。图8-1为两种通信方式连接示意图。

图8-1　两种通信方式连接示意图

a）并行通信　b）串行通信

由于并行通信是几位数据并行传送，至少需要几条数据线和一条公共线，有时还需要状态、应答等控制线，由于传输线较多，长距离传送时，成本高且接收方的各位同时接收存在困难，优点是控制简单、传输速度快。串行通信只需要一到两根数据线，长距离传送时，比较经济，但由于每次只能传送一位，传送速度较慢，随着通信信号频率的提高，传送速度较慢的矛盾已逐渐缓解。但数据的传送控制比并行通信复杂。

按照串行通信的同步方式，串行通信可分为同步通信和异步通信两类。异步通信依靠起始位、停止位保持通信同步；同步通信依靠同步字符保持通信同步。

异步通信是指通信的发送与接收设备使用各自的时钟控制数据的发送和接收过程。为使双方的收发协调，要求发送和接收设备的时钟尽可能一致。异步通信是按帧传输数据，一帧数据包含起始位、数据位、校验位和停止位。最常见的帧格式由1个起始位、8个数据位、1个校验位和1个停止位组成，帧与帧之间可有空闲位。起始位约定为0，停止位和空闲位约定为1，如图8-2所示。

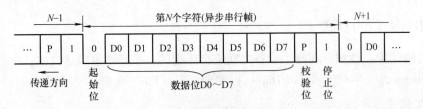

图 8-2 异步通信原理示意图

异步通信的特点是不要求收发双方时钟的严格一致，因此对硬件要求较低，实现起来比较简单、灵活，适用于数据的随机发送/接收，但因每个字节都要建立一次同步，即每个字符都要额外附加两位，所以工作速度较低，在单片机中主要采用异步通信方式。

同步通信是一种连续串行传送数据的通信方式，一次通信只传输一帧信息。这里的信息帧和异步通信的字符帧不同，通常是由 1~2 个同步字符和多字节数据位组成（如图 8-3 所示），同步字符作为起始位以触发同步时钟开始发送或接收数据；多字节数据之间不允许有空隙，每位占用的时间相等；空闲位需发送同步字符。在同步通信中，同步字符可以采用统一的标准格式，也可以由用户约定。

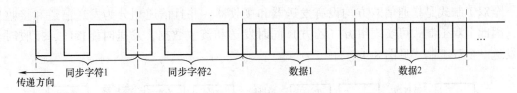

图 8-3 同步通信原理示意图

同步通信传送的多字节数据由于中间没有空隙，因而传输速度较快，但要求有准确的时钟来实现收发双方的严格同步，对硬件要求较高，适用于成批数据传送。

8.1.2 串行通信波特率

1. 波特率

通信线路上传送的所有位信号都保持一致的信号持续时间，每一位的宽度都由数据传送速率来确定，而传送速率是以每秒传送多少个二进制位来度量的，这个速率叫波特率，它的单位是位/秒（bit/s）。

波特率的倒数即为每位传输所需的时间。由以上串行通信原理可知，通信双方必须具有相同的波特率，否则无法成功地完成串行数据通信。

2. 允许的波特率误差

假设传递的数据一帧为 10 位，若发送和接收的波特率达到理想的一致，那么接收方对数据的采样都将发生在每位数据有效时刻的中点。如果接收一方的波特率比发送一方大或小 5%，那么对 10 位一帧的串行数据，时钟脉冲相对数据有效时刻逐位偏移，当接收到第 10 位时，积累的误差达 50%，则采样的数据已是第 10 位数据的有效与无效的临界状态，这时就可能发生错位，所以 5% 是 10 位一帧串行传送的最大波特率允许误差。

请读者思考：对于常用的 8 位、9 位和 11 位一帧的串行传送，其最大的波特率允许误差分别是多少？

8.1.3 串行通信的制式

在串行通信中，数据是在两个设备之间进行传送的，按照数据传送方向，串行通信可分为单工（Simplex）、半双工（Half Duplex）和全双工（Full Duplex）三种制式。

1. 单工制式

单工制式是指甲乙双方通信时只能单向传送数据。系统组成以后，发送方和接收方固定。这种通信制式很少应用，但在某些设备中使用了这种制式，如早期的打印机和计算机之间，数据传输只需要一个方向，即从计算机至打印机。单工制式见图8-4a。

2. 半双工制式

半双工制式是指通信双方都具有发送器和接收器，即可发送也可接收，但不能同时接收和发送，发送时不能接收，接收时不能发送。如对讲机就是采用这种通信制式。半双工制式见图8-4b。

3. 全双工制式

全双工制式是指通信双方均设有发送器和接收器，并且信道划分为发送信道和接收信道，因此全双工制式可实现甲方（乙方）同时发送和接收数据，发送时能接收，接收时也能发送。全双工制式见图8-4c。

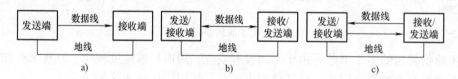

图8-4　串行通信制式
a）单工制式　b）半双工制式　c）全双工制式

8.1.4 串行通信的校验

在串行通信中，往往要考虑在通信过程中对数据差错进行校验，因为差错校验是保证准确无误通信的关键。常用差错校验方法有奇偶校验（8051系列单片机可采用此法）、累加和校验及循环冗余码校验等。

1. 奇偶校验

在发送数据时，数据位尾随的1位数据为奇偶校验位（1或0），当设置为奇校验时，数据中1的个数与校验位1的个数之和应为奇数；当设置为偶校验时，数据中1的个数与校验位中的1的个数之和应为偶数。接收时，接收方应具有与发送方一致的差错检验设置，当接收1帧字符时，对1的个数进行校验，若二者不一致，则说明数据传送过程中出现了差错。奇偶校验是检验串行通信双方传输的数据正确与否的一个措施，并不能保证通信数据的传输一定正确。换言之，如果奇偶校验发生错误，表明数据传输一定出错了；如果奇偶校验没有出错，绝不等于数据传输完全正确。奇偶校验的特点是按字符校验，数据传输速度将受到影响。一般只用于异步串行通信中。

2. 累加和校验

累加和校验是指发送方将所发送的数据块求和，并将"校验和"附加到数据块末尾。接收方接收数据时也是先对数据块求和，将所得结果与发送方的"校验和"进行比较，相符则无差错，否则即出现了差错。"校验和"的加运算可用逻辑加，也可用算术加。累加和校验的缺点是无法检验出字节位序（或 1、0 位序不同）的错误。

3. 循环冗余码校验（Cyclic Redundancy Check，CRC）

循环冗余码校验的基本原理是将一个数据块看成一个位数很长的二进制数，然后用一个特定的数去除它，将余数作校验码附在数据块后一起发送。接收端收到该数据块和校验码后，进行同样的运算来校验传送是否出错。目前 CRC 已广泛用于数据存储和数据通信中，并在国际上形成规范，已有不少现成的 CRC 软件算法。

8.1.5　串行通信接口标准

1. RS‑232C 接口

RS‑232C 是使用最早、应用最多的一种异步串行通信总线标准。它是美国电子工业协会（EIA）于 1962 年公布，1969 年最后修订而成的。其中，RS 表示 Recommended Standard，232 是该标准的标识号，C 表示最后一次修订。

RS‑232C 主要用来定义计算机系统的一些数据终端设备（DTE）和数据电路终接设备（DCE）之间的电气性能。

（1）机械特性

RS‑232C 接口规定使用 25 针连接器，连接器的尺寸及每个插针的排列位置都有明确的定义。然而 RS‑232C 标准在连接器方面没有严格规定，在一般应用中并不一定用到全部 RS‑232C 标准的全部信号，所以，在实际应用中常常使用 9 针连接器代替 25 针连接器。连接器的外观如图 8-5 所示。

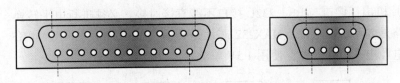

图 8-5　DB‑25（阳头）和 DB‑9（阳头）连接器外观

（2）功能特性

RS‑232C 标准接口的主要引脚定义见表 8-1。

（3）电气特性

RS‑232C 采用负逻辑电平，规定 DC（−3 ~ −15V）为逻辑 1，DC（+3 ~ +15V）为逻辑 0，−3 ~ +3 为过渡区，不作定义。

RS‑232C 的逻辑电平与通常的 TTL 和 CMOS 电平不兼容，为实现与 TTL 或 CMOS 电路的连接，要外加电平转换电路。

表 8-1　RS-232C 标准接口的主要引脚定义

插针序号	信号名称	功　能	信号方向
1	PGND	保护接地	
2 (3)	TXD	发送数据（串行输出）	DTE→DCE
3 (2)	RXD	接收数据（串行输入）	DTE←DCE
4 (7)	RTS	请求发送	DTE→DCE
5 (8)	CTS	允许发送	DTE←DCE
6 (6)	DSR	DCE 就绪（数据建立就绪）	DTE←DCE
7 (5)	SGND	信号接地	
8 (1)	DCD	载波检测	DTE←DCE
20 (4)	DTR	DTE 就绪（数据终端准备就绪）	DTE→DCE
22 (9)	RI	振铃指示	DTE←DCE

（4）过程特性

过程特性规定了信号之间的时序关系，以便正确地接收和发送数据。

远程通信 RS-232C 总线连接如图 8-6 所示。

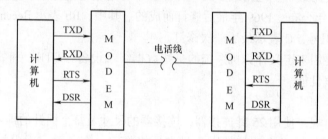

图 8-6　远程通信的 RS-232C 总线连接

近程通信时（通信距离≤15m），可以不用调制解调器，其连接如图 8-7 所示。

（5）RS-232C 电平与 TTL 电平转换驱动电路

8051 单片机串行接口与 RS-232C 接口不能直接对接，必须进行电平转换。常用的电平转换集成电路是 MAX232 芯片。MAX232 芯片是美信（MAXIM）公司专为 RS-232 标准串口设计的单电源电平转换芯片，使用 +5V 单电源供电。

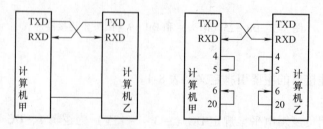

图 8-7　近程通信的 RS-232C 总线连接

（6）采用 RS-232C 接口存在的问题

① 传输距离短，传输速率低。RS-232C 总线标准受电容允许值的约束，使用时传输距

离一般不要超过15m（线路条件好时也不超过几十米）。最高传送速率为20kbit/s。

② 有电平偏移。RS－232C总线标准要求收发双方共地。通信距离较大时，收发双方的地电位差别较大，在信号地上将有比较大的地电流并产生压降。

③ 抗干扰能力差。

2. RS－422A 接口

RS－422A输出驱动器为双端平衡驱动器。如果其中一条线为逻辑"1"状态，另一条线就为逻辑"0"，比采用单端不平衡驱动对电压的放大倍数大一倍。差分电路能从地线干扰中拾取有效信号，差分接收器可以分辨200mV以上电位差。若传输过程中混入了干扰和噪声，由于差分放大器的作用，可使干扰和噪声相互抵消。因此可以避免或大大减弱地线干扰和电磁干扰的影响。

RS－422A传输速率（90kbit/s）时，传输距离可达1200m。

3. RS－485 接口

RS－485是RS－422A的变型：RS－422A用于全双工，而RS－485则用于半双工。RS－485是一种多发送器标准，在通信线路上最多可以使用32对差分驱动器/接收器。如果在一个网络中连接的设备超过32个，还可以使用中继器。

RS－485的信号传输采用两线间的电压来表示逻辑1和逻辑0。由于发送方需要两根传输线，接收方也需要两根传输线。传输线采用差动信道，所以它的干扰抑制性极好，又因为它的阻抗低，无接地问题，所以传输距离可达1200m，传输速率可达1Mbit/s。

8.2 8051 单片机的串行口

8051系列单片机有一个全双工的串行口，这个口既可以用于网络通信，也可以实现串行异步通信，还可以作为同步移位寄存器使用。8051系列单片机的串行口由发送电路、接收电路和串行控制电路三部分组成，串行口的结构如图8-8所示。

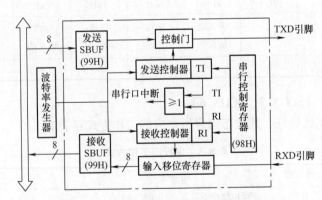

图8-8 8051系列单片机串行口结构示意图

8051系列单片机的串行口通过引脚RXD（P3.0）和引脚TXD（P3.1）和外界进行通信。其基本工作过程是：发送时，将CPU送来的并行数据转换成一定格式的串行数据，从引脚TXD（P3.1）上按规定的波特率逐位输出；接收时，要监视引脚RXD（P3.0），一旦出现起始位 0，就将外围设备送来的一定格式的串行数据转换成并行数据，等待 CPU 读取。

8.2.1 串行口特殊功能寄存器

8051 单片机有关串行通信的特殊功能寄存器有串行数据缓冲器 SBUF、串行控制寄存器 SCON 和电源控制寄存器 PCON。

1. 串行数据缓冲器 SBUF

SBUF 是串行口缓冲寄存器。包括发送寄存器和接收寄存器，以便能以全双工方式进行通信。此外，在接收寄存器之前还有移位寄存器，从而构成了串行接收的双缓冲结构，以避免在数据接收过程中出现帧重叠错误。与接收数据情况不同，发送数据时，由于 CPU 是主动的，不会发生帧重叠错误，因此发送电路就不需双重缓冲结构。

在逻辑上，SBUF 只有一个，既表示发送寄存器，又表示接收寄存器。具有同一个单元地址 99H。在物理上，SBUF 有两个，一个是发送缓冲寄存器，另一个是接收缓冲寄存器。

在完成串行初始化后，发送时，只需将发送数据输入 SBUF，CPU 将自动启动和完成串行数据的发送；接收时，CPU 将自动把接收到的数据存入 SBUF，用户只需从 SBUF 中读出接收数据。

2. 串行控制寄存器 SCON

串行控制寄存器 SCON 的结构和各位名称、位地址见表 8-2。SCON 的字节地址是 98H，可以进行位寻址。

表8-2　SCON 的结构和各位名称、位地址

SCON	D7	D6	D5	D4	D3	D2	D1	D0
位名称	SM0	SM1	SM2	REN	TB8	RB8	TI	RI
位地址	9FH	9EH	9DH	9CH	9BH	9AH	99H	98H
功能	工作方式选择		多机通信控制	接收允许	发送第9位	接收第9位	发送中断	接收中断
复位后的值	0	0	0	0	0	0	0	0

（1）SM0、SM1（SCON.7、SCON.6）

串行口工作方式选择位，其状态组合所对应的工作方式见表 8-3。

表8-3　串行口工作方式

SM0	SM1	工作方式	功能说明	波特率
0	0	0	同步移位寄存器（用于扩展 I/O 口）	$f_{osc}/12$
0	1	1	10 位 UART	T1 溢出率/n，n = 16 或 32
1	0	2	11 位 UART	f_{osc}/n，n = 32 或 64
1	1	3	11 位 UART	T1 溢出率/n，n = 16 或 32

注：UART（Universal Asynchronous Receiver/Transmitter），通用异步接收/发送器。

（2）SM2（SCON. 5）

多机通信控制位，用于方式 2 和方式 3 中。在方式 2 和方式 3 处于接收方式时，若 SM2 = 1，且接收到的第 9 位数据 RB8 为 0 时，不激活 RI，并将接收到的 8 位数据丢弃；若 SM2 = 1，且接收到的第 9 位数据 RB8 为 1 时，则激活 RI，向 CPU 发出中断请求。在方式 2、3 处于接收或发送方式时，若 SM2 = 0，不论接收到的第 9 位 RB8 为 0 还是为 1，TI、RI 都以正常方式被激活。在方式 1 处于接收状态时，若 SM2 = 1，则只有收到有效的停止位后，RI 才会置 1，否则 RI 清 0。在方式 0 中，SM2 必须为 0。

（3）REN（SCON. 4）

允许接收控制位，用于对串行数据的接收进行控制：REN = 0，禁止接收；REN = 1，允许接收。该位由软件置位或清 0。

（4）TB8（SCON. 3）

方式 2 和方式 3 中要发送的第 9 位数据。在方式 2 和方式 3 中，TB8 是发送的第 9 位数据。在多机通信中，以 TB8 位的状态表示主机发送的是地址还是数据：TB8 = 0 表示数据，TB8 = 1 表示地址。该位由软件置位或清 0。TB8 还可用于奇偶校验位。需要注意的是：应先将第 9 位数据送入 TB8，再将要发送的 8 位数据写入 SBUF。

（5）RB8（SCON. 2）

方式 2 和方式 3 中要接收的第 9 位数据。在方式 2 或方式 3 中，RB8 存放接收到的第 9 位数据。

（6）TI（SCON. 1）

发送中断标志。在方式 0 中，发送完第 8 位数据后，该位由硬件置位。在其他方式下，遇发送停止位时，该位由硬件置位。因此 TI = 1，表示帧发送结束，可软件查询 TI 位标志，也可以请求中断。TI 位必须由软件清 0。

（7）RI（SCON. 0）

接收中断标志。在方式 0 中，接收完第 8 位数据后，该位由硬件置位。在其他方式下，当接收到停止位时，该位由硬件置位。因此 RI = 1，表示帧接收结束，可软件查询 RI 位标志，也可以请求中断。RI 位也必须由软件清 0。

3. 电源控制寄存器 PCON

PCON 主要是为单片机的电源控制设置的专用寄存器，不可位寻址，字节地址为 87H，见表 8-4。

表 8-4　PCON 的结构和各位名称

PCON	D7	D6	D5	D4	D3	D2	D1	D0
位名称	SMOD	—	—	—	GF1	GF0	PD	IDL
复位后的值	0	×	×	×	0	0	0	0

PCON 中只有一位 SMOD 与串行口工作有关，SMOD（PCON. 7）为波特率倍增位，在串行口方式 1、方式 2、方式 3 中，波特率与 SMOD 有关，当 SMOD = 1 时，波特率提高一倍。复位时，SMOD = 0。

8.2.2 串行口工作方式

8051 单片机的串行通信共有 4 种工作方式，由串行控制寄存器 SCON 中 SM0SM1 决定，见表 8-3。

1. 方式 0

在方式 0 中，串行口作为同步移位寄存器使用，主要用于扩展并行输入或输出口。数据由 RXD（P3.0）引脚输入或输出，同步移位脉冲由 TXD（P3.1）引脚输出。移位数据的发送和接收以 8 位数据为一帧不设起始位和停止位，无论输入/输出，均低位在前高位在后。其帧格式如图 8-9 所示。波特率固定为 $f_{osc}/12$。

◄—数据传送方向	D0	D1	D2	D3	D4	D5	D6	D7	......

图 8-9　方式 0 帧格式

（1）方式 0 输出

当一个数据写入串行口发送缓冲器 SBUF 时，串行口将 8 位数据以 $f_{osc}/12$ 的波特率从 RXD 引脚输出，发送完后将 TI 置位，请求中断。方式 0 的输出时序如图 8-10 所示。

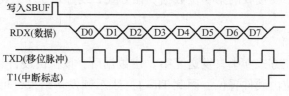

图 8-10　方式 0 的输出时序

串行口作为并行输出口使用时，要有"串入并出"的移位寄存器配合（例如 74HC164 或 CD4094），其典型连接电路如图 8-11 所示。

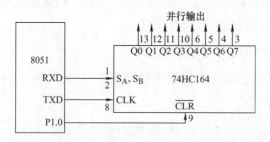

图 8-11　用 74HC164 将 8051 单片机串行口扩展为并行输出口电路图

在移位时钟脉冲（TXD）的控制下，数据从串行口 RXD 端逐位移入 74HC164 的 S_A、S_B 端。当 8 位数据全部移出后，SCON 寄存器的 TI 位被自动置 1。其后 74HC164 的内容即可并行输出。74HC164 的 $\overline{CLR}$ 为清 0 端，输出时 $\overline{CLR}$ 必须为 1，否则 74HC164 的 Q0 ~ Q7 输出为 0。

【例 8-1】电路如图 8-12 所示，试编写程序使发光二极管按下列要求点亮，每次操作的时间间隔为 0.3s。①8 个发光二极管全亮；②8 个发光二极管全灭；③从左到右依次点亮，每次增加一个，直至全部点亮；④从右到左依次熄灭，每次增加一个，直至全部熄灭；⑤返回①，不断循环。

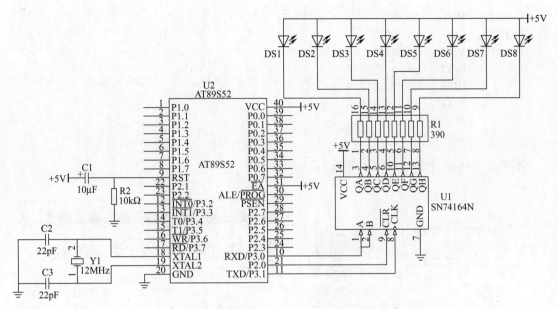

图 8-12　例 8-1 图

　　解： 此题要求比较复杂，可以按上述要求的顺序制作一个发光二极管亮暗的控制字表，依次执行。另外 SN74164N 的 QA 为输出数据的高位，QH 为输出数据的低位，不同公司生产的同一款芯片的同一引脚的命名可能会有所不同，但功能是相同的。

```
          ORG     0000H
          JMP     MAIN
          ORG     0030H
MAIN：     MOV     SP,#60H              ;设置堆栈指针
          MOV     SCON,#00H            ;设置串行口为工作方式0
MAIN1：    SETB    P2.0                 ;开启 SN74164N 并行输出
          MOV     DPTR,#TAB            ;设置发光二极管亮暗控制字表首地址
          MOV     R7,#18               ;设置控制字的个数
MAIN2：    MOV     A,#0                 ;设置顺序编号0
          MOVC    A,@ A + DPTR         ;读控制字
          MOV     SBUF,A               ;启动串行发送
          JNB     TI, $                ;等待发送完毕
          CLR     TI                   ;将发送中断标志位清0
          CALL    DELAY                ;延时 0.3s
          INC     DPTR                 ;指向下一个控制字
          DJNZ    R7,MAIN2             ;判断是否循环一遍？未完继续
          JMP     MAIN1                ;开始新的一轮循环

TAB：      DB      00H,0FFH             ;全亮,全灭
          DB      7FH,3FH,1FH,0FH,07H,03H,01H,00H;从左到右依次点亮,每次增加一个,
                                       ;直至全部点亮
```

167

```
DB          01H,03H,07H,0FH,1FH,3FH,7FH,0FFH;从右到左依次熄灭，每次增加一个，
                                              ;直至全部熄灭

DELAY:      MOV    R6,#3              ;延时0.3s
DELAY1:     MOV    R5,#200
DELAY2:     MOV    R4,#249
            DJNZ   R4, $
            DJNZ   R5,DELAY2
            DJNZ   R6,DELAY1
            RET
            END
```

本例在 Proteus 中的仿真结果如图 8-13 所示。

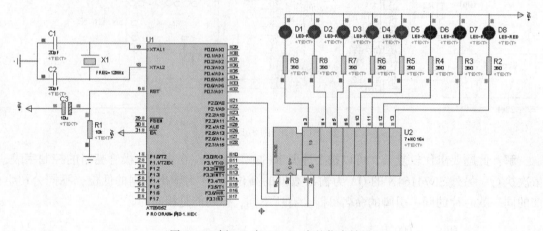

图 8-13　例 8-1 在 Proteus 中的仿真结果

（2）方式 0 输入

在满足 REN =1 和 RI =0 的条件下，串行口即开始从 RXD 端以 $f_{osc}/12$ 的波特率输入数据，当接收完 8 位数据后，置中断标志 RI 为 1，请求中断。在再次接收数据之前，必须由软件将 RI 清 0。方式 0 的输入时序如图 8-14 所示。

串行口作为并行输入口使用时，要有"并入串出"的移位寄存器配合（例如 74HC165 或 CD4014），其典型连接电路如图 8-15 所示。

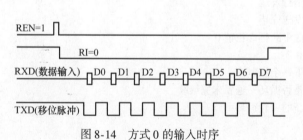

图 8-14　方式 0 的输入时序

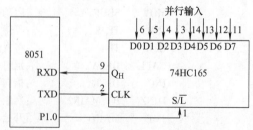

图 8-15　用 74HC165 将 8051 单片机串行口
扩展为并行输入口电路图

74HC165 的 S/$\overline{\text{L}}$ 端为移位/置入端，当 S/$\overline{\text{L}}$ = 0 时，从 D0 ~ D7 并行置入数据，当 S/$\overline{\text{L}}$ = 1 时，允许从 Q$_\text{H}$ 端移出数据。在 8051 单片机的串行控制寄存器 SCON 中的 REN = 1 时，TXD 端发出移位时钟脉冲，从 RXD 端串行输入 8 位数据。当接收到第 8 位数据 D7 后，置位中断标志 RI，表示一帧数据接收完成。

【例 8-2】电路如图 8-16 所示，试编写程序实现如下功能：当按键 KEY1 按下时使 LED1 亮，当按键 KEY2 按下时使 LED2 亮，依次类推，当按键 KEY8 按下时使 LED8 亮。

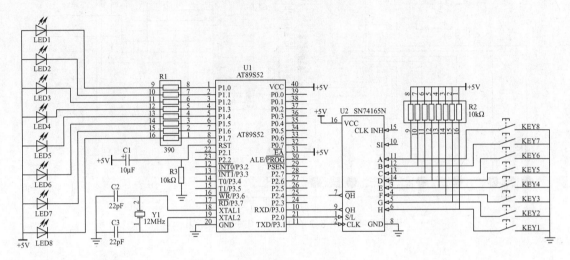

图 8-16　例 8-2 图

解：

	ORG	0000H	
	JMP	MAIN	
	ORG	0030H	
MAIN:	CLR	P2.0	;并行置入数据
	SETB	P2.0	;允许从 QH 端移出数据
	MOV	SCON,#10H	;设置串行口为工作方式 0,并允许接收
	JNB	RI,$	;等待接收完毕
	CLR	REN	;禁止串行口接收
	CLR	RI	;将接收中断标志位清 0
	MOV	P1,SBUF	;将接收到的数据从 P1 口输出
	JMP	MAIN	;开始新的一轮循环
	END		

本例在 Proteus 中的仿真结果如图 8-17 所示。

2. 方式 1

方式 1 是一帧 10 位数据的异步串行通信方式。TXD 为数据发送引脚，RXD 为数据接收引脚，传送一帧数据的格式如图 8-18 所示，其中 1 个起始位，8 个数据位，1 个停止位。

（1）数据发送

方式 1 的数据发送是由一条写串行数据缓冲寄存器 SBUF 指令开始的。在串行口由硬件自动加入起始位和停止位，构成一个完整的帧格式，然后在移位脉冲的作用下，由

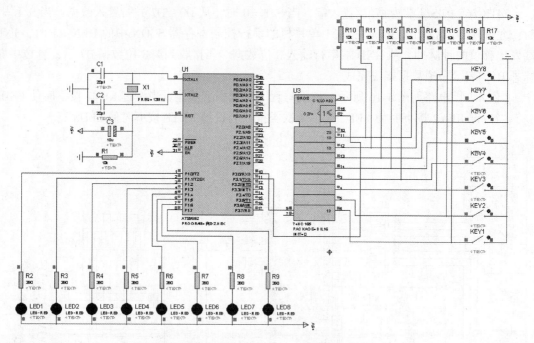

图 8-17   例 8-2 在 Proteus 中的仿真结果

图 8-18   方式 1 的帧格式

TXD 端串行输出。一个字符帧发送完后，使 TXD 输出线维持在 "1"（space）状态下，并将串行控制寄存器 SCON 中的 TI 置 1，表示一帧数据发送完毕，方式 1 数据发送时序如图 8-19 所示。

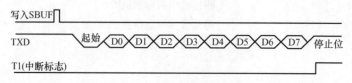

图 8-19   方式 1 数据发送时序

（2）数据接收

接收数据时，SCON 中的 REN 位应处于允许接收状态（REN = 1）。在此前提下，串行口采样 RXD 端，当采样到从 1 向 0 的状态跳变时，就认定为已接收到起始位。随后在移位脉冲的控制下，把接收到的数据位移入接收寄存器中。直到停止位到来之后把停止位送入 RB8 中，并置位中断标志位 RI，表示可以从 SBUF 取走接收到的一个字符，方式 1 数据接收时序如图 8-20 所示。

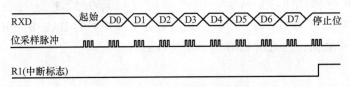

图 8-20 方式 1 数据接收时序

（3）波特率

方式 1 的波特率是可变的，其波特率由定时/计数器 T1 的计数溢出率来决定，其公式为：波特率 $= 2^{\mathrm{SMOD}} \times$（T1 溢出率）$/32$，其中 SMOD 为 PCON 寄存器中最高位的值，SMOD $= 1$ 表示波特率倍增。

当定时/计数器 T1 用作波特率发生器时，通常选用定时初值自动重装的工作方式 2（注意：不要把定时/计数器的工作方式与串行口的工作方式搞混清了），从而避免了通过程序反复装入计数初值而引起的定时误差，使得波特率更加稳定。而且，若 T1 不中断，则 T0 可设置为方式 3，借用 T1 的部分资源，拆成两个独立的 8 位定时/计数器，以弥补 T1 被用作波特率发生器而少一个定时/计数器的缺憾。若时钟频率为 f_{osc}，定时计数初值为 T1$_{初值}$，则波特率为

$$波特率 = \frac{2^{\mathrm{SMOD}}}{32} \times \frac{f_{\mathrm{osc}}}{12\,(256 - T1_{初值})}$$

在实际应用时，通常是先确定波特率，后根据波特率求 T1 定时初值，因此上式又可写为

$$T1_{初值} = 256 - \frac{2^{\mathrm{SMOD}}}{32} \times \frac{f_{\mathrm{osc}}}{12 \times 波特率}$$

需要注意的是，当串行口工作于方式 1 或方式 3，且波特率要求按规范取 1200、2400、4800、9600…，若采用晶振 12MHz，按上述公式计算得出的 T1 定时初值将不是一个整数，产生波特率误差而影响串行通信的同步性能。解决的方法只有调整单片机的时钟频率 f_{osc}，通常采用 11.0592MHz 晶振。表 8-5 给出了串行方式 1 或方式 3 常用波特率及其产生条件。

表 8-5 常用波特率及其产生条件

串口工作方式	波特率（bit/s）	f_{osc}（MHz）	SMOD	T1 方式 2 定时初值
方式 1 或方式 3	1200	11.0592	0	E8H
			1	D0H
方式 1 或方式 3	2400	11.0592	0	F4H
			1	E8H
方式 1 或方式 3	4800	11.0592	0	FAH
			1	F4H
方式 1 或方式 3	9600	11.0592	0	FDH
			1	FAH
方式 1 或方式 3	19200	11.0592	1	FDH

【例8-3】电路如图8-21所示，甲乙两机以串行方式1进行数据传送，f_{osc} = 11.0592MHz，波特率为4800bit/s，甲机发送的数据存放在内容 RAM 的 30H ~ 3FH 单元中，每隔0.5s 发送一个数据，乙机用 LED 显示所接收到的数据。

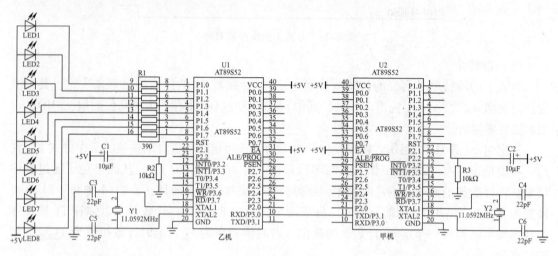

图 8-21 例8-3图

解：甲机发送程序：

```
              ORG    0000H
              JMP    MAIN
              ORG    0030H
MAIN:         MOV    SP,#60H              ;设置堆栈指针
              MOV    30H,#12H             ;对内部 RAM 中的 30H ~3FH 单元赋值
              MOV    31H,#0C7H
              MOV    32H,#0E2H
              MOV    33H,#19H
              MOV    34H,#21H
              MOV    35H,#51H
              MOV    36H,#66H
              MOV    37H,#0B9H
              MOV    38H,#00H
              MOV    39H,#0FFH
              MOV    3AH,#0CDH
              MOV    3BH,#25H
              MOV    3CH,#34H
              MOV    3DH,#78H
              MOV    3EH,#0AEH
              MOV    3FH,#0DFH
              MOV    SCON,#40H            ;设置串行口为工作方式1，并禁止接收
              MOV    TMOD,#20H            ;设置 T1 为工作方式2
              MOV    TH1,#0FAH            ;为 T1 赋初值，将波特率设置为4800bit/s
              MOV    TL1,#0FAH            ;为 T1 赋初值，将波特率设置为4800bit/s
              SETB   TR1                  ;启动 T1
```

```
            MOV     R1,#16          ;需要连续发送 16 个单元中的数据
            MOV     R0,#30H         ;从内部 RAM 的 30H 单元开始发送
MAIN1:      MOV     SBUF,@ R0       ;发送 R0 所指定的内部 RAM 中的数据
            JNB     TI, $           ;等待发送完毕
            CLR     TI              ;将发送中断标志位清 0
            CALL    DELAY           ;延时 0.5s
            INC     R0              ;指向下一个内部 RAM 单元
            DJNZ    R1,MAIN1        ;判断是否发送完 16 个存储单元中的数据？未完继续
            JMP     $               ;等待

DELAY:      MOV     R6,#5           ;延时 0.5s
DELAY1:     MOV     R5,#200
DELAY2:     MOV     R4,#249
            DJNZ    R4, $
            DJNZ    R5,DELAY2
            DJNZ    R6,DELAY1
            RET
            END
```

乙机接收程序：

```
            ORG     0000H
            JMP     MAIN
            ORG     0030H
MAIN:       MOV     SP,#60H         ;设置堆栈指针
            MOV     SCON,#50H       ;设置串行口为工作方式 1,并允许接收
            MOV     TMOD,#20H       ;设置 T1 为工作方式 2
            MOV     TH1,#0FAH       ;为 T1 赋初值,将波特率设置为 4800bit/s
            MOV     TL1,#0FAH       ;为 T1 赋初值,将波特率设置为 4800bit/s
            SETB    TR1             ;启动 T1
MAIN1:      JNB     RI, $           ;等待接收完毕
            CLR     RI              ;将接收中断标志位清 0
            MOV     P1,SBUF         ;将接收到的数据从 P1 口输出
            JMP     MAIN1           ;开始新的一轮的接收
            END
```

本例在 Proteus 中的仿真结果如图 8-22 所示。

3. 方式 2

方式 2 是一帧 11 位数据的异步串行通信方式。TXD 为数据发送引脚，RXD 为数据接收引脚，传送一帧数据的格式如图 8-23 所示，其中 1 个起始位，8 个数据位，1 个可编程位 TB8/RB8 和 1 个停止位。可编程位 TB8/RB8 既可作奇偶校验位用，也可作控制位（多机通信）用，其功能由用户确定。

（1）数据发送
发送前应先输入 TB8 的数据，可以使用如下指令完成：

```
SETB    TB8     ;TB8 位置 1
CLR     TB8     ;TB8 清 0
```

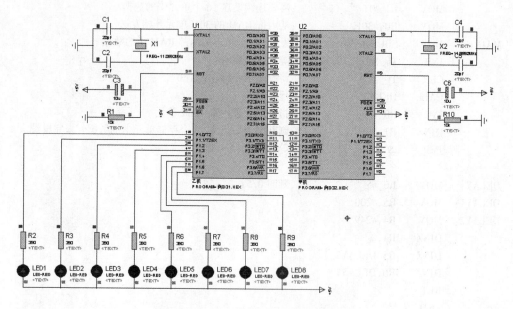

图 8-22 例 8-3 在 Proteus 中的仿真结果

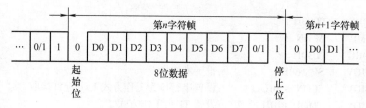

图 8-23 方式 2 的帧格式

然后用指令将要发送的数据写入 SBUF，并以此来启动串行发送。一帧数据发送完毕后，CPU 自动将 TI 置 1，其过程与方式 1 相同。方式 2 数据发送时序如图 8-24 所示。

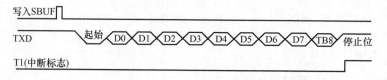

图 8-24 方式 2 数据发送时序

（2）数据接收

方式 2 的接收过程也与方式 1 基本相同，区别在于方式 2 把接收到的第 9 位内容送入 RB8，前 8 位数据仍送入 SBUF。方式 2 数据接收时序如图 8-25 所示。

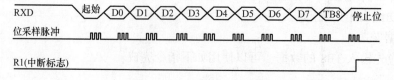

图 8-25 方式 2 数据接收时序

（3）波特率

方式 2 的波特率是固定的，且有两种：即 $f_{osc}/32$ 和 $f_{osc}/64$。

【例 8-4】电路如图 8-26 所示，甲乙两机以串行方式 2 进行数据传送，$f_{osc} = 12\text{MHz}$，波特率为 187500bit/s，甲机发送的数据存放在内部 RAM 的 30H ~ 3FH 单元中，每隔 0.5s 发送一个数据，乙机用 LED 显示所接收到的数据，在数据传送过程中采用偶校验。

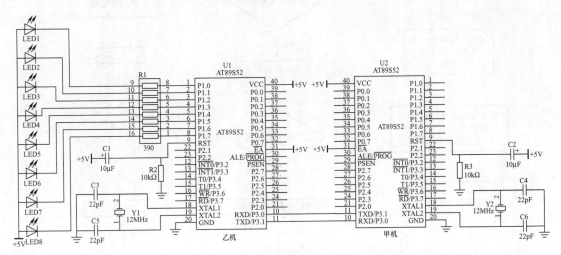

图 8-26 例 8-4 图

解： 由于本例要求以串行方式 2 进行数据传送并采用偶校验，所以 8 个数据位和 1 个可编程位 TB8 中的数据的 1 的个数必须为偶数。可以先将要发送的数据传送到 A 中，此时特殊功能寄存 PSW 的 P 位中的数据表示 A 中 1 的个数是奇数还是偶数，P 为 1 表示 A 中有奇数个 1，P 为 0 表示 A 中有偶数个 1，所以只要将 P 中的数据传送给 TB8，即可保证 8 个数据位和 1 个可编程位 TB8 中的数据的 1 的个数为偶数，最后将 A 中的数据传送给 SBUF 启动发送即可。乙机收到数据后，校验数据中 1 的个数是否为偶数（校验方法：先将接收到的数据传送给 A，然后判断 P 中的数据是否等于 RB8 中的数据，如果 P = RB8 则说明接收到的数据中 1 的个数为偶数，如果 P ≠ RB8 则说明接收到的数据中 1 的个数为奇数），如果为偶数说明数据的正确性比较高（如果数据中有一个 0 变成 1，有一个 1 变成 0，数据的奇偶性没发生改变，但数据是不正确的），给甲机回复数据 00H，如果为奇数说明数据不正确，给甲机回复数据 FFH。甲机收到乙机回复 FFH，将刚发送的数据重新发送一次，甲机收到乙机回复 00H，可以发送下一个数据。本例要求波特率为 187500bit/s，则 SMOD = 0，8051 单片机复位后 SMOD 即为 0。甲机发送程序的流程图如图 8-27 所示，乙机接收程序的流程图如图 8-28 所示。

甲机发送程序：

```
        ORG     0000H
        JMP     MAIN
        ORG     0030H
MAIN:   MOV     SP,#60H          ;设置堆栈指针
        MOV     30H,#12H         ;对内部 RAM 中的 30H ~ 3FH 单元赋值
        MOV     31H,#0C7H
```

175

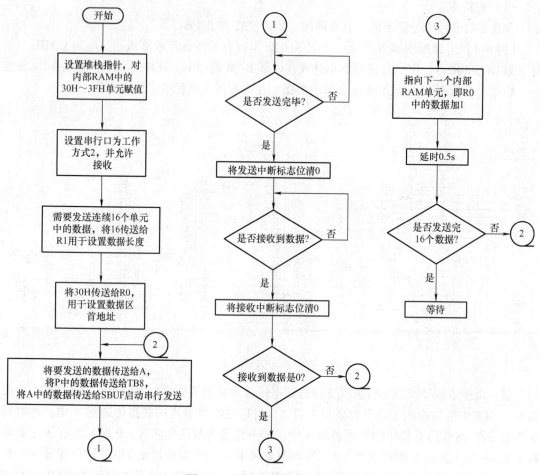

图 8-27　甲机发送程序的流程图

```
        MOV    32H,#0E2H
        MOV    33H,#19H
        MOV    34H,#21H
        MOV    35H,#51H
        MOV    36H,#66H
        MOV    37H,#0B9H
        MOV    38H,#00H
        MOV    39H,#0FFH
        MOV    3AH,#0CDH
        MOV    3BH,#25H
        MOV    3CH,#34H
        MOV    3DH,#78H
        MOV    3EH,#0AEH
        MOV    3FH,#0DFH
        MOV    SCON,#90H        ;设置串行口为工作方式 2,并允许接收
        MOV    R1,#16           ;需要发送连续 16 个单元中的数据
        MOV    R0,#30H          ;从内部 RAM 的 30H 单元开始发送
MAIN1:  MOV    A,@ R0           ;将 R0 所指定的内部 RAM 中的数据传送给 A
```

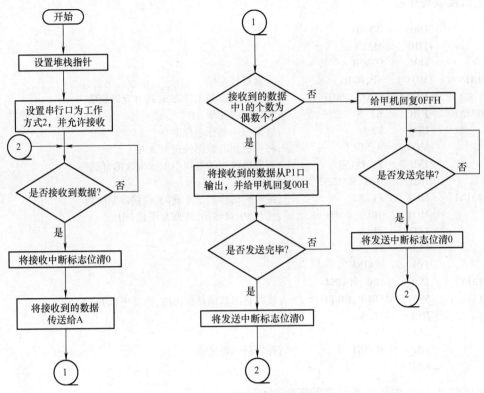

图 8-28　乙机接收程序的流程图

MOV	C,P	;将 P 中的数据传送给 TB8
MOV	TB8,C	
MOV	SBUF,A	
JNB	TI,$	;等待发送完毕
CLR	TI	;将发送中断标志位清 0
JNB	RI,$	;等待接收完毕
CLR	RI	;将接收中断标志位清 0
MOV	A,SBUF	;将接收到的数据传送到 A 中
JNZ	MAIN1	;如果接收到 FFH,跳到 MAIN1 处
		;如果接收到 00H,继续发送下一个数据
INC	R0	;指向下一个内部 RAM 单元
CALL	DELAY	;延时 0.5s
DJNZ	R1,MAIN1	;判断是否发送完 16 个存储单元中的数据？未完继续
JMP	$	;等待
DELAY: MOV	R6,#5	;延时 0.5s
DELAY1: MOV	R5,#200	
DELAY2: MOV	R4,#249	
DJNZ	R4,$	
DJNZ	R5,DELAY2	
DJNZ	R6,DELAY1	
RET		
END		

乙机接收程序:

```
              ORG     0000H
              JMP     MAIN
              ORG     0030H
MAIN:         MOV     SP,#60H          ;设置堆栈指针
              MOV     SCON,#90H        ;设置串行口为工作方式2,并允许接收
MAIN1:        JNB     RI, $            ;等待接收完毕
              CLR     RI               ;将接收中断标志位清0
              MOV     A,SBUF           ;将接收到的数据传送至A中
              JNB     P,MAIN2          ;判断接收到的数据中1的个数的奇偶性
              JNB     RB8,MAIN3
MAIN4:        MOV     P1,A             ;接收到的数据是正确的,将接收到的数
              MOV     SBUF,#00H        ;据从P1口输出,并回复甲机00H
              JNB     TI, $
              CLR     TI
              JMP     MAIN1
MAIN2:        JNB     RB8,MAIN4
MAIN3:        MOV     SBUF,#0FFH       ;接收到的数据是错误的,回复甲机FFH
              JNB     TI, $
              CLR     TI
              JMP     MAIN1            ;开始新一轮接收
              END
```

本例在 Proteus 中的仿真结果如图 8-29 所示。

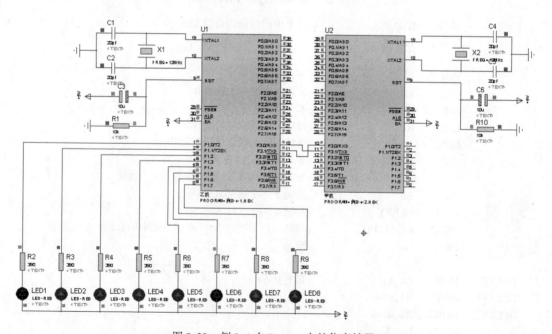

图 8-29   例 8-4 在 Proteus 中的仿真结果

4. 方式3

方式3同样是一帧11位的串行通信方式, 其通信过程与方式2完全相同, 所不同的仅

在于波特率。方式 2 的波特率只有固定的两种，而方式 3 的波特率则与方式 1 相同，即通过设置 T1 的初值来设定波特率。

8.2.3 多机通信

在单片机的应用系统中，经常需要多个单片机之间协调工作，8051 单片机的串行口的工作方式 2 和工作方式 3 有一个专门的应用领域，即多机通信。这一功能通常采用主从式多机通信方式，在这种方式中，要用一台主机和多台从机。主机发送的信息可以传送到各个从机或指定的从机，各从机发送的信息只能被主机接收，从机与从机之间不能直接进行通信，其中的主要问题是如何识辨地址和如何维持主机与指定从机之间的通信。

1. 多机通信连接电路

8051 单片机在串行工作方式 2 或工作方式 3 条件下，实现多机通信的连接电路如图 8-30 所示。

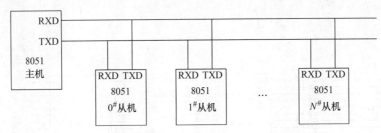

图 8-30　8051 单片机多机通信连接电路

2. 多机通信原理

多机通信时，主机向从机发送的信息分为地址帧和数据帧两类，以第 9 位可编程 TB8 作区分标志，TB8 = 0，表示数据；TB8 = 1，表示地址。多机通信充分利用了 8051 单片机串行控制寄存器 SCON 中的多机通信控制位 SM2 的特性。当 SM2 = 1 时，CPU 接收的前 8 位数据是否送入 SBUF 取决于接收的第 9 位 RB8。RB8 = 1，将接收到的前 8 位数据送入 SBUF，并置位 RI 产生中断请求；RB8 = 0，将接收到的前 8 位数据丢弃。即当从机 SM2 = 1 时，从机只能接收主机发送的地址帧（RB8 = 1），对数据帧（RB8 = 0）不予理睬。当从机 SM2 = 0 时，可以接收主机发送的所有信息。通信开始时，主机首先发送地址帧。由于各从机 SM2 = 1 和 RB8 = 1，所以各从机均分别发出串行接收中断请求，通过串行中断服务程序来判断主机发送的地址与本从机地址是否相符。若相符，则把自身的 SM2 清 0，准备接收其后传送来的数据帧。其余从机由于地址不符，则仍然保持 SM2 = 1 状态，因而不能接收主机传送来的数据帧。这就是多机通信中主机和从机一对一的通信情况。通信只能在主机和从机之间进行，如若需进行两个从机之间的通信，要通过主机作中介才能实现。

3. 多机通信过程

1）各从机在初始化时置 SM2 = 1，均只能接收主机发送的地址帧（RB8 = 1）。

2）主机发送地址帧（TB8 = 1），指出接收从机的地址。

3）各从机接收到主机发送的地址帧后，与自身地址比较，相同则置 SM2 = 0；相异则保持 SM2 = 1 不变。

4）主机发送数据帧（TB8 = 0），由于指定的从机已将 SM2 = 0，能接收主机发送的数据帧，而其他从机仍置 SM2 = 1，对主机发送的数据帧不予理睬。

5）被寻址的从机与主机通信完毕，重置 SM2 = 1，恢复初始状态。

4. 多机通信协议

多机通信是一个较为复杂的通信过程，必须有通信协议来保证多机通信的可操作性和操作秩序。这些通信协议，除设定相同的波特率及帧格式外，至少应包括从机地址、主机控制命令、从机状态字格式和数据通信格式的约定。

【例 8-5】 电路如图 8-31 所示，甲、乙、丙三机以串行方式 3 进行数据传送，f_{osc} = 11.0592MHz，波特率为 2400bit/s，甲机是主机，乙机和丙机是从机，乙机的地址是 01H，丙机的地址是 02H。甲机将 00H ~ 0FFH 中的奇数发送给乙机，每隔 1s 发送一个数据，乙机用 LED 显示所接收到的数据。甲机将 00H ~ 0FFH 中的偶数发送给丙机，每隔 1s 发送一个数据，丙机用 LED 显示所接收到的数据。

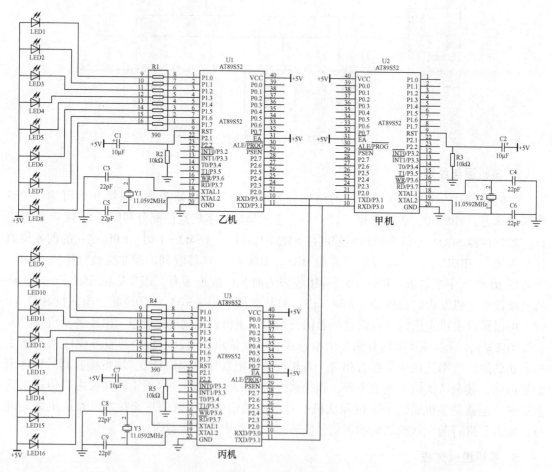

图 8-31　例 8-5 图

解： 本例要求甲机每隔 1s 给乙机发送一个 00H ~ 0FFH 中的奇数，每隔 1s 给丙机发送一个 00H ~ 0FFH 中的偶数，因此可以让甲机每隔 0.5s 发送一个 00H ~ 0FFH 中的数。甲机发送程序的流程图如图 8-32 所示，乙机和丙机接收程序的流程图如图 8-33 所示。

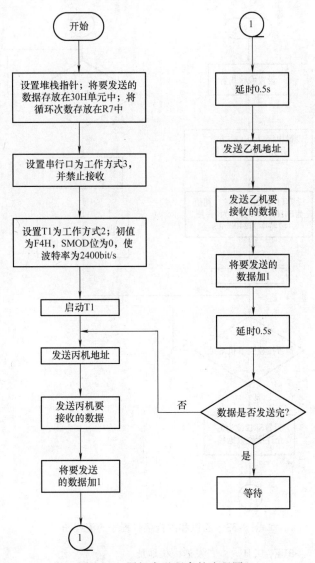

图 8-32 甲机发送程序的流程图

甲机发送程序:

```
            ORG     0000H
            JMP     MAIN
            ORG     0030H
MAIN:       MOV     SP,#60H         ;设置堆栈指针
            MOV     30H,#00H        ;将要发送的数据存放在 30H 单元中
            MOV     R7,#128         ;连续循环 128 次可将数据发送完毕
            MOV     SCON,#0C0H      ;设置串行口为工作方式 3,并禁止接收
            MOV     TMOD,#20H       ;设置 T1 为工作方式 2
            MOV     TH1,#0F4H       ;为 T1 赋初值,将波特率设置为 2400bit/s
            MOV     TL1,#0F4H       ;为 T1 赋初值,将波特率设置为 2400bit/s
            SETB    TR1             ;启动 T1
MAIN1:      SETB    TB8             ;主机发送地址帧
```

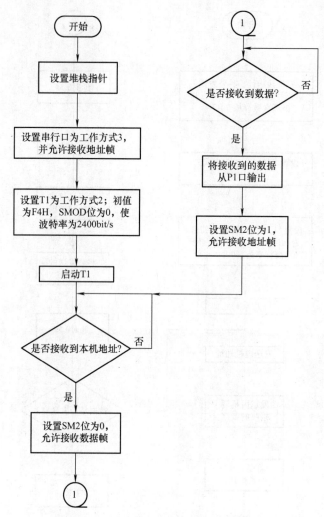

图 8-33　乙机和丙机接收程序的流程图

MOV	SBUF,#02H	;发送丙机地址
JNB	TI, $	;等待发送完毕
CLR	TI	;将发送中断标志位清 0
NOP		;延时
NOP		
NOP		
CLR	TB8	;主机发送数据帧
MOV	SBUF,30H	;将要发送的数据传送至 SBUF 中
JNB	TI, $	;等待发送完毕
CLR	TI	;将发送中断标志位清 0
INC	30H	;将要发送的数据加 1
CALL	DELAY	;延时 0.5s
SETB	TB8	;主机发送地址帧
MOV	SBUF,#01H	;发送乙机地址
JNB	TI, $	;等待发送完毕
CLR	TI	;将发送中断标志位清 0

```
        NOP                          ;延时
        NOP
        NOP
        CLR     TB8                  ;发送数据帧
        MOV     SBUF,30H             ;将要发送的数据传送至 SBUF 中
        JNB     TI, $                ;等待发送完毕
        CLR     TI                   ;将发送中断标志位清 0
        INC     30H                  ;将要发送的数据加 1
        CALL    DELAY                ;延时 0.5s
        DJNZ    R7,MAIN1             ;判断是否发送完所有数据？未完继续
        JMP     $                    ;等待

DELAY:  MOV     R6,#5                ;延时 0.5s
DELAY1: MOV     R5,#200
DELAY2: MOV     R4,#249
        DJNZ    R4, $
        DJNZ    R5, DELAY2
        DJNZ    R6, DELAY1
        RET
        END
```

乙机接收程序：

```
        ORG     0000H
        JMP     MAIN
        ORG     0030H
MAIN:   MOV     SP,#60H              ;设置堆栈指针
        MOV     SCON,#0F0H           ;设置串行口为工作方式 3,并允许接收地址帧
        MOV     TMOD,#20H            ;设置 T1 为工作方式 2
        MOV     TH1,#0F4H            ;为 T1 赋初值,将波特率设置为 2400bit/s
        MOV     TL1,#0F4H            ;为 T1 赋初值,将波特率设置为 2400bit/s
        SETB    TR1                  ;启动 T1
MAIN1:  JNB     RI, $                ;等待接收完毕
        CLR     RI                   ;将接收中断标志位清 0
        MOV     A,SBUF               ;将接收到的数据传送至 A 中
        CJNE    A,#01H,MAIN1         ;不是乙机地址调转至 MAIN1 处
        CLR     SM2                  ;准备接收主机发送的数据帧
        JNB     RI, $                ;等待接收完毕
        CLR     RI                   ;将接收中断标志位清 0
        MOV     P1,SBUF              ;将接收到的数据从 P1 口输出
        SETB    SM2                  ;准备接收主机发送的地址帧
        JMP     MAIN1                ;开始新一轮接收
        END
```

丙机接收程序：

```
        ORG     0000H
        JMP     MAIN
        ORG     0030H
MAIN:   MOV     SP,#60H              ;设置堆栈指针
```

```
         MOV     SCON,#0F0H      ;设置串行口为工作方式3,并允许接收地址帧
         MOV     TMOD,#20H       ;设置 T1 为工作方式 2
         MOV     TH1,#0F4H       ;为 T1 赋初值,将波特率设置为2400bit/s
         MOV     TL1,#0F4H       ;为 T1 赋初值,将波特率设置为2400bit/s
         SETB    TR1             ;启动 T1
MAIN1:   JNB     RI,$            ;等待接收完毕
         CLR     RI              ;将接收中断标志位清 0
         MOV     A,SBUF          ;将接收到的数据传送至 A 中
         CJNE    A,#02H,MAIN1    ;不是丙机地址调转至 MAIN1 处
         CLR     SM2             ;准备接收主机发送的数据帧
         JNB     RI,$            ;等待接收完毕
         CLR     RI              ;将接收中断标志位清 0
         MOV     P1,SBUF         ;将接收到的数据从 P1 口输出
         SETB    SM2             ;准备接收主机发送的地址帧
         JMP     MAIN1           ;开始新一轮接收
         END
```

本例在 Proteus 中的仿真结果如图 8-34 所示。

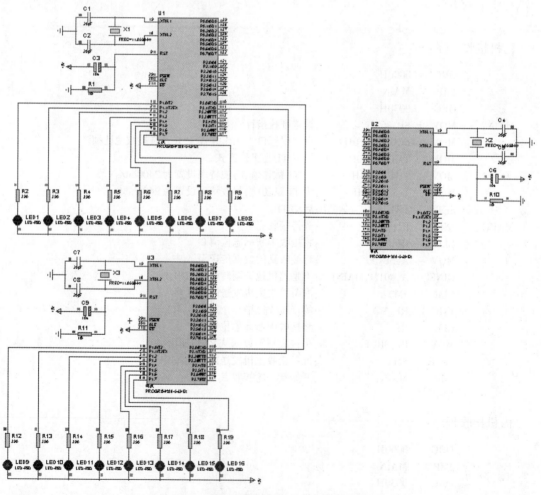

图 8-34　例 8-5 在 Proteus 中的仿真结果

8.3 实训 9 PC 和 8051 单片机串行通信

1. 实训目的

1）掌握串行口的初始化编程。

2）熟悉 8051 单片机串行接口与 RS-232C 接口的电平转换电路。

3）掌握串口调试助手软件的使用方法。

2. 实训仪器及工具

万用表、稳压电源、电烙铁、PC、WAVE6000 软件、下载线、串口调试助手软件

3. 实训耗材

焊锡、万用板、排线、相关电子元器件

4. 实训内容

如图 8-35 所示，通过串口调试助手软件将 0 ~ 255 中的任意一个数发送给单片机，单片机接收到后，通过 P1 口的发光二极管进行显示。

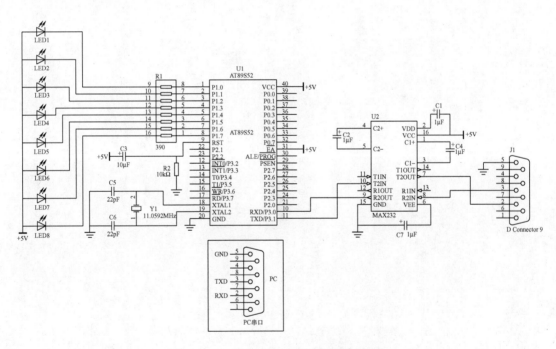

图 8-35 PC 和 8051 单片机串行通信电路图

1）根据电路图制作电路板。

2）根据要求编写、调试程序，并观察实际效果。

8.4 习题

1. 计算机通信可以分为哪两大类？各有什么特点？

2. 串行通信可以分为哪两大类？各有什么特点？

3. 什么是波特率？串行通信对波特率有什么要求？

4. 串行通信按照数据传送方向有哪些制式？

5. 串行通信接口标准有哪些？

6. 简述8051单片机串行口的基本工作过程。

7. 8051单片机串行口有几种工作方式？各工作方式的波特率如何确定？

8. 8051单片机串行口有几种帧格式？

9. 由8051单片机组成的多机通信与双机通信有什么区别？

10. 利用8051单片机串行口设计1位数码管显示电路，画出电路图并编写程序，使数码管每隔1s交替显示0、1、2、3、4、5、6、7、8、9。

11. 利用8051单片机设计一个双机通信系统，画出电路图并编写程序。将甲机内部RAM中的30H~3FH存储单元中的数据发送给乙机，乙机将接收到的数据存放在内部RAM中的40H~4FH存储单元中，波特率为4800bit/s，采用奇校验。

第 9 章　LED 数码管显示与键盘

单片机应用系统中，通常都要有人机对话功能。它包括人对应用系统的状态干预与数据输入，以及应用系统向人报告运行状态和运行结果。人对应用系统状态干预和数据输入的外部设备最常采用的是按键、键盘等，系统向人报告运行状态和运行结果的外部设备最常采用的是各种报警指示灯、蜂鸣器、数码管、显示屏、打印机等。

9.1　LED 数码管显示

在单片机应用系统中，如果需要显示的内容只有数码和某些字母，使用 LED 数码管是一种较好的选择。LED 数码管显示清晰、成本低廉、配置灵活、与单片机接口简单。

9.1.1　LED 数码管

LED 数码管是由发光二极管作为显示字段的数码型显示器件。有 0.36in、0.56in 等多种尺寸，发光颜色主要有红色、绿色、蓝色。按亮度强弱可分为超亮、高亮和普亮。图 9-1 为 LED 数码管的外形和引脚图，其中 7 只发光二极管分别对应 a~g 笔段，构成 "8" 字形，另一只发光二极管 dp 作为小数点，因此这种 LED 显示器称为八段数码管。

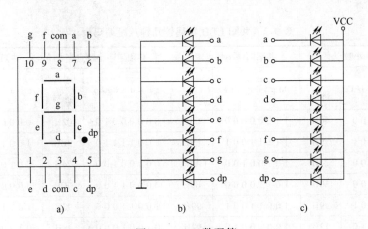

图 9-1　LED 数码管

a) 外形和引脚　b) 共阴极结构　c) 共阳极结构

LED 数码管按电路中的连接方式可以分为共阴极型和共阳极型两大类：共阴极型是将各段发光二极管的负极连在一起，作为公共端 com 接地，a~g、dp 各笔段接控制端，某笔段接高电平时发光，低电平时不发光，控制某几段笔段发光，就能显示出某个数码或字符，如图 9-1b 所示。共阳极型是将各段发光二极管的正极连在一起，作为公共端 com，某笔段接低电平时发光，高电平时不发光，如图 9-1c 所示。

LED 数码管的使用与发光二极管相同，根据其材料不同，正向压降一般为 1.5~2V，额定电流为 10mA，最大电流为 40mA。静态显示时取 10mA 为宜，动态扫描显示，可加大脉冲电流，但一般不超过 40mA。

9.1.2 LED 数码管编码方式

当 LED 数码管与单片机相连时，一般将 LED 数码管的各笔段引脚 a~g、dp 按某一顺序接到单片机某一个并行 I/O 口，当该 I/O 口 D0、D1、D2、D3、D4、D5、D6、D7 输出某一特定数据时，就能使 LED 数码管显示出某个字符。例如要使共阳极 LED 数码管显示 "0"，则 a、b、c、d、e、f 各笔段引脚为低电平，g 和 dp 为高电平，见表 9-1。

表 9-1　共阳极 LED 数码管显示 0 的编码表

D7	D6	D5	D4	D3	D2	D1	D0	字段码	显示数字
dp	g	f	e	d	c	b	a		
1	1	0	0	0	0	0	0	C0H	0

C0H 称为共阳 LED 数码管显示 "0" 的字段码。

LED 数码管的编码方式有多种，按小数点计否可分为七段码和八段码；按公共端连接方式可分为共阴字段码和共阳字段码，计小数点的共阴字段码与共阳字段码互为反码；按 a、b、…、g、dp 编码顺序是高位在前，还是低位在前，又可分为顺序字段码和逆序字段码。甚至在某些特殊情况下可将 a、b、…、g、dp 顺序打乱编码。表 9-2 为共阳 LED 数码管几种八段编码表。

表 9-2　共阳 LED 数码管几种八段编码表

显示数字	共阳顺序小数点亮 dp g f e d c b a	十六进制	共阳顺序小数点暗 dp g f e d c b a	十六进制	共阳逆序小数点亮 a b c d e f g dp	十六进制	共阳逆序小数点暗 a b c d e f g dp	十六进制
0	0 1 0 0 0 0 0 0	40H	1 1 0 0 0 0 0 0	C0H	0 0 0 0 0 0 1 0	02H	0 0 0 0 0 0 1 1	03H
1	0 1 1 1 1 0 0 1	79H	1 1 1 1 1 0 0 1	F9H	1 0 0 1 1 1 1 0	9EH	1 0 0 1 1 1 1 1	9FH
2	0 0 1 0 0 1 0 0	24H	1 0 1 0 0 1 0 0	A4H	0 0 1 0 0 1 0 0	24H	0 0 1 0 0 1 0 1	25H
3	0 0 1 1 0 0 0 0	30H	1 0 1 1 0 0 0 0	B0H	0 0 0 0 1 1 0 0	0CH	0 0 0 0 1 1 0 1	0DH
4	0 0 0 1 1 0 0 1	19H	1 0 0 1 1 0 0 1	99H	1 0 0 1 1 0 0 0	98H	1 0 0 1 1 0 0 1	99H
5	0 0 0 1 0 0 1 0	12H	1 0 0 1 0 0 1 0	92H	0 1 0 0 1 0 0 0	48H	0 1 0 0 1 0 0 1	49H
6	0 0 0 0 0 0 1 0	02H	1 0 0 0 0 0 1 0	82H	0 1 0 0 0 0 0 0	40H	0 1 0 0 0 0 0 1	41H
7	0 1 1 1 1 0 0 0	78H	1 1 1 1 1 0 0 0	F8H	0 0 0 1 1 1 1 0	1EH	0 0 0 1 1 1 1 1	1FH
8	0 0 0 0 0 0 0 0	00H	1 0 0 0 0 0 0 0	80H	0 0 0 0 0 0 0 0	00H	0 0 0 0 0 0 0 1	01H
9	0 0 0 1 0 0 0 0	10H	1 0 0 1 0 0 0 0	90H	0 0 0 1 0 0 0 0	08H	0 0 0 0 1 0 0 1	09H

那么，如何将显示数转换为显示字段码呢？转换过程需分两步进行。第一步是从显示数中分离出显示的每一位数字，通常的方法是将显示数除以十进制的权。例如显示数 567，除

以 100，分离出百位显示数字 5；余数再除以 10，分离出十位显示数字 6；余数 7 为个位显示数字。第二步是将分离出的显示数字转换为显示字段码，通常是用查表的方法。

9.1.3 静态显示

LED 数码管显示电路在单片机应用系统中可分为静态显示方式和动态显示方式。

静态显示是指数码管显示某一字符时，相应的发光二极管恒定导通或恒定截止。这种显示方式的各位数码管相互独立，公共端恒定接地（共阴极）或接正电源（共阳极）。每个数码管的 8 个字段分别与一个 8 位 I/O 口相连，I/O 口只要有段码输出，相应字符即显示出来，并保持不变，直到 I/O 口输出新的段码。采用静态显示方式，较小的电流即可获得较高的亮度，且占用 CPU 时间少，编程简单，显示便于监测和控制，但其占用的 I/O 口多，硬件电路复杂，成本高，只适合于显示位数较少的场合。由于单片机本身提供的 I/O 口有限，在实际使用中可以通过扩展 I/O 口的形式解决输出口数量不足的问题，但会增加硬件电路的成本。

【例 9-1】 电路如图 9-2 所示，编写程序实现 0 ~ 99s 循环计时。

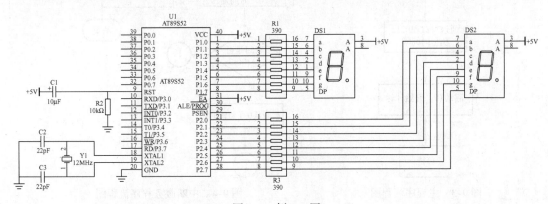

图 9-2　例 9-1 图

解：根据题意，可以采用定时/计数器 T0 来进行计时，每经过 1s，时间加 1s，用内部 RAM 的 30H 存储单元记录时间。由电路图可知，系统晶振为 12MHz，T0 工作在方式 1 时最长的计时时间约为 65ms，离 1s 差得很多，因此可以让 T0 每隔 50ms 产生 1 次中断，连续中断 20 次，就可得到 1s 的计时，然后将时间加 1s 即可，再将时间的十位数和个位数分离出来，通过查表的方式得到相应数值的八段编码，分别送至 P1 口和 P2 口即可在数码管上显示时间。主程序流程图如图 9-3 所示，中断服务程序流程图如图 9-4 所示。

程序如下：

```
        ORG     0000H
        JMP     MAIN
        ORG     000BH
        JMP     TIME0
        ORG     0030H
MAIN：   MOV     SP,#60H         ;设置堆栈指针
        MOV     30H,#0          ;设置计时初值为 0s
        MOV     R7,#20          ;设置连续中断次数为 20
        MOV     TMOD,#01H       ;设置 T0 为工作方式 1,定时模式
        MOV     TH0,#HIGH(65536—50000)      ;给 T0 赋初值
```

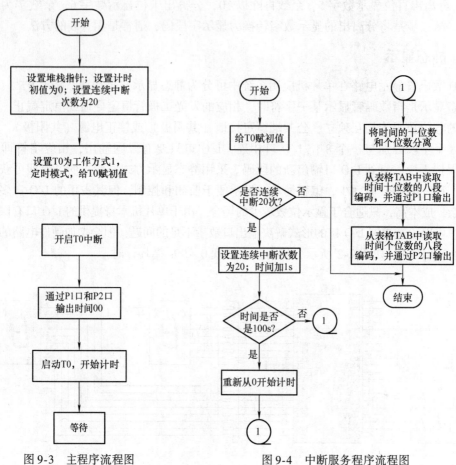

图 9-3　主程序流程图　　　　　　　　图 9-4　中断服务程序流程图

```
        MOV     TL0,#LOW(65536—50000)
        SETB    EA                  ;开启中断
        SETB    ET0                 ;开启 T0 中断
        MOV     P1,#0C0H            ;输出时间00s的个位数的八段编码
        MOV     P2,#0C0H            ;输出时间00s的十位数的八段编码
        SETB    TR0                 ;启动 T0,开始计时
        JMP     $                   ;等待

TIME0:  MOV     TH0,#HIGH(65536—50000)   ;给 T0 赋初值
        MOV     TL0,#LOW(65536—50000)
        DJNZ    R7,TIME            ;没有连续中断 20 次,跳到 TIME 处
        MOV     R7,#20             ;设置连续中断次数为 20
        INC     30H                ;时间加 1s
        MOV     A,30H
        CJNE    A,#100,TIME1       ;时间没到 100s,跳到 TIME1 处
        MOV     30H,#0             ;时间到 100s,重新从 0s 开始计时
        MOV     A,30H
```

TIME1:	MOV	B,#10	
	DIV	AB	;将时间的十位和个位分离,商为十位,余数为个位
	MOV	DPTR,#TAB	;将表格 TAB 的首地址传送给 DPTR
	MOVC	A,@ A + DPTR	;从表格 TAB 中读取时间十位数的八段编码
	MOV	P1,A	;将时间的十位数的八段编码送至数码管 DS1 显示
	MOV	A,B	;将时间个位数送至 A 中
	MOV	DPTR,#TAB	
	MOVC	A,@ A + DPTR	;从表格 TAB 中读取时间个位数的八段编码
	MOV	P2,A	;将时间的个位数的八段编码送至数码管 DS1 显示
TIME:	RETI		;中断返回
TAB:	DB	0C0H,0F9H,0A4H,0B0H,99H,92H,82H,0F8H,80H,90H
			;数字 0 ~ 9 的八段编码
	END		

本例在 Proteus 中的仿真结果如图 9-5 所示。

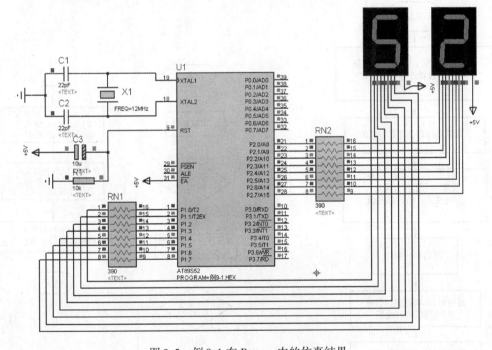

图 9-5   例 9-1 在 Proteus 中的仿真结果

【例 9-2】电路如图 9-6 所示,编写程序实现 99s 倒计时。

解:根据题意,可以采用定时/计数器 T0 来进行计时,每经过 1s,时间减 1s,用内部 RAM 的 30H 存储单元记录时间。由电路图可知,系统晶振为 12MHz,T0 工作在方式 1 时最长的计时时间约为 65ms,离 1s 差得很多,因此可以让 T0 每隔 50ms 产生 1 次中断,连续中断 20 次,就可得到 1s 的计时,然后将时间减 1s 即可,再将时间的十位数和个位数分离出来,通过查表的方式得到相应数值的八段编码,通过串行口输出即可在数码管上显示时间。由电路图可知,串行口是用来扩展输出口的,因此串行口工作在方式 0,先输出时间的个位数据,再输出十位数据。主程序流程图如图 9-7 所示,中断服务程序流程图如图 9-8 所示。

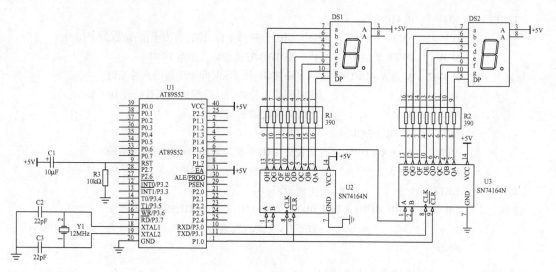

图 9-6 例 9-2 图

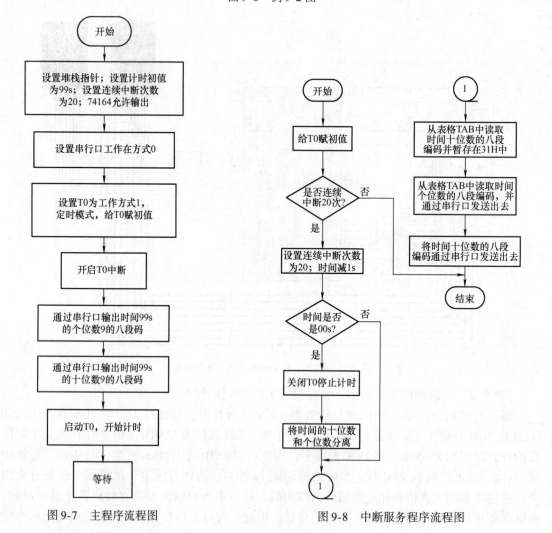

图 9-7 主程序流程图

图 9-8 中断服务程序流程图

程序如下：

```
        ORG     0000H
        JMP     MAIN
        ORG     000BH
        JMP     TIME0
        ORG     0030H
MAIN:   MOV     SP,#60H               ;设置堆栈指针
        SETB    P1.0                  ;使 74164 允许输出
        MOV     30H,#99               ;设置计时初值为 99s
        MOV     R7,#20                ;设置连续中断次数为 20
        MOV     SCON,#00H             ;设置串行口工作在方式 0
        MOV     TMOD,#01H             ;设置 T0 为工作方式 1,定时模式
        MOV     TH0,#HIGH(65536—50000) ;给 T0 赋初值
        MOV     TL0,#LOW(65536—50000)
        SETB    EA                    ;开启中断
        SETB    ET0                   ;开启 T0 中断
        MOV     SBUF,#90H             ;通过串行口输出时间 99s 的个位数 9 的八段码
        JNB     TI,$                  ;数据未发送完等待
        CLR     TI                    ;数据发送完毕,将发送中断标志位清 0
        MOV     SBUF,#90H             ;通过串行口输出时间 99s 的十位数 9 的八段码
        JNB     TI,$
        CLR     TI
        SETB    TR0                   ;启动 T0,开始计时
        JMP     $                     ;等待

TIME0:  MOV     TH0,#HIGH(65536—50000) ;给 T0 赋初值
        MOV     TL0,#LOW(65536—50000)
        DJNZ    R7,TIME               ;没有连续中断 20 次,跳到 TIME 处
        MOV     R7,#20                ;设置连续中断次数为 20
        DEC     30H                   ;时间减 1s
        MOV     A,30H
        CJNE    A,#0,TIME1            ;时间未到 00s,跳到 TIME1 处
        CLR     TR0                   ;时间到 00s,关闭 T0 停止计时
TIME1:  MOV     B,#10
        DIV     AB                    ;将时间的十位和个位分离,商为十位,余数为个位
        MOV     DPTR,#TAB             ;将表格 TAB 的首地址传送给 DPTR
        MOVC    A,@A+DPTR            ;从表格 TAB 中读取时间十位数的八段编码
        MOV     31H,A                 ;将时间十位数的八段编码暂存在 31H 中
        MOV     A,B                   ;将时间个位数送至 A 中
        MOV     DPTR,#TAB
        MOVC    A,@A+DPTR            ;从表格 TAB 中读取时间个位数的八段编码
        MOV     SBUF,A                ;将时间个位数的八段编码通过串行口发送出去
        JNB     TI,$
        CLR     TI
        MOV     SBUF,31H              ;将时间十位数的八段编码通过串行口发送出去
```

```
            JNB      TI, $
            CLR      TI
TIME：       RETI                              ;中断返回
TAB：        DB       0C0H,0F9H,0A4H,0B0H,99H,92H,82H,0F8H,80H,90H
                                              ;数字 0~9 的八段编码
            END
```

本例在 Proteus 中的仿真结果如图 9-9 所示。

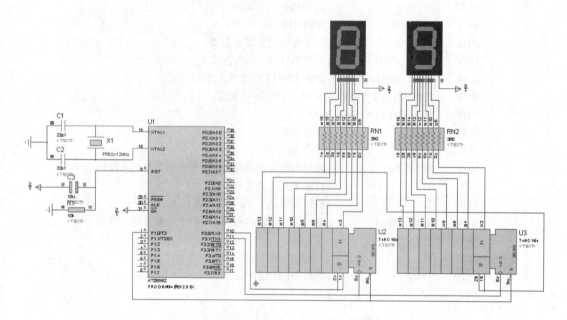

图 9-9   例 9-2 在 Proteus 中的仿真结果

9.1.4   动态显示

动态显示是逐位点亮每个数码管，这种点亮方式称为位扫描。通常，各位数码管的段选线相应并联在一起，由一个 8 位的 I/O 口控制，称为数码管的数据端口；各位的位选线（公共阴极或阳极）由另外的 I/O 口线控制，称为数码管的控制端。动态方式显示时，各数码管分时轮流选通，要使其稳定显示，必须采用扫描方式，即在某一时刻只选通一位数码管，并送出相应的段码，在另一时刻选通另一位数码管，并送出相应的段码。依此规律循环，即可使各位数码管显示将要显示的字符。这些字符是在不同的时刻分别显示的，但由于人眼存在视觉滞留效应，只要每位显示间隔足够短就可以给人以同时显示的感觉。

动态显示的特点是占用 I/O 口少、电路较简单、硬件成本低、编程较复杂，CPU 要定时扫描刷新显示。当要求显示位数较多时，通常采用动态扫描显示方式。

为了减少 I/O 口的使用，可以采用显示译码器将 8421BCD 码译成对应数码管的字段码。常用的译码器有 7446、7447、7448、7449、4511 等。7446、7447 用于驱动共阳数码管，7448、7449、4511 用于驱动共阴数码管。下面仅介绍一下共阳数码管驱动器 7447。

图 9-10 是 7447 的引脚图。表 9-3 是 7447 译码器的功能表。7447 有 4 个输入端 D、C、

B、A，7 个输出端a、$\overline{b}$、$\overline{c}$、$\overline{d}$、$\overline{e}$、$\overline{f}$、$\overline{g}$（低电平有效），VCC 是电源正极，GND 是电源负极。此外，还有 3 个输入控制端，其功能如下。

图 9-10 7447 的引脚图

1）试灯输入端LT，用来检验数码管的 7 段是否正常工作。当$\overline{BI}=1$，$\overline{LT}=0$ 时，无论 D、C、B、A 为何状态，输出端a~g均为 0，数码管 7 段全亮，显示"8"字。

2）灭灯输入端$\overline{BI}$，当$\overline{BI}=0$，无论其他输入信号为何状态，输出端a~g均为 1，数码管 7 段全灭，无显示。

3）灭 0 输入端RBI，当$\overline{BI}=1$，$\overline{LT}=1$，$\overline{RBI}=0$，只有当 DCBA=0000 时，输出端a~g均为 1，不显示"0"字。这时，如果$\overline{RBI}=1$，则译码器正常输出，显示"0"。当 DCBA 为其他组合时，无论$\overline{RBI}$为 0 或 1，译码器均可正常输出。此输入控制信号常用来消除无效 0。例如，可消除 00.01 的第 1 个 0，显示出 0.01。

上述 3 个输入控制端均为低电平有效，在正常工作时均接高电平。

表 9-3 7447 译码器的功能表

功能和十进制数	输入				输出		显　　示
	$\overline{LT}$	$\overline{RBI}$	$\overline{BI}$	D　C　B　A	$\overline{a}$ $\overline{b}$ $\overline{c}$ $\overline{d}$ $\overline{e}$ $\overline{f}$ $\overline{g}$		
试灯	0	×	1	× × × ×	0 0 0 0 0 0 0		8
灭灯	×	×	0	× × × ×	1 1 1 1 1 1 1		全灭
灭 0	1	0	1	0 0 0 0	1 1 1 1 1 1 1		灭 0
0	1	1	1	0 0 0 0	0 0 0 0 0 0 1		0
1	1	×	1	0 0 0 1	1 0 0 1 1 1 1		1
2	1	×	1	0 0 1 0	0 0 1 0 0 1 0		2
3	1	×	1	0 0 1 1	0 0 0 0 1 1 0		3
4	1	×	1	0 1 0 0	1 0 0 1 1 0 0		4
5	1	×	1	0 1 0 1	0 1 0 0 1 0 0		5
6	1	×	1	0 1 1 0	1 1 0 0 0 0 0		6
7	1	×	1	0 1 1 1	0 0 0 1 1 1 1		7

功能和十进制数	输入					输出							显 示
	$\overline{LT}$	$\overline{RBI}$	$\overline{BI}$	D C B A		$\overline{a}$	$\overline{b}$	$\overline{c}$	$\overline{d}$	$\overline{e}$	$\overline{f}$	$\overline{g}$	
8	1	×	1	1 0 0 0		0	0	0	0	0	0	0	8
9	1	×	1	1 0 0 1		0	0	0	1	1	0	0	9
10	1	×	1	1 0 1 0		1	1	1	0	0	1	0	⊏
11	1	×	1	1 0 1 1		1	1	0	0	1	1	0	⊐
12	1	×	1	1 1 0 0		1	0	1	1	1	0	0	⊔
13	1	×	1	1 1 0 1		0	1	1	0	1	0	0	⊑
14	1	×	1	1 1 1 0		1	1	1	0	0	0	0	⊏
15	1	×	1	1 1 1 1		1	1	1	1	1	1	1	全灭

×：任意电平。

【例9-3】 电路如图9-11所示，编程使 LED 数码管显示 8051 单片机内部 RAM 中的 30H ~ 35H 存储单元中的数，30H ~ 35H 存储单元中的数的取值范围是 0 ~ 9。

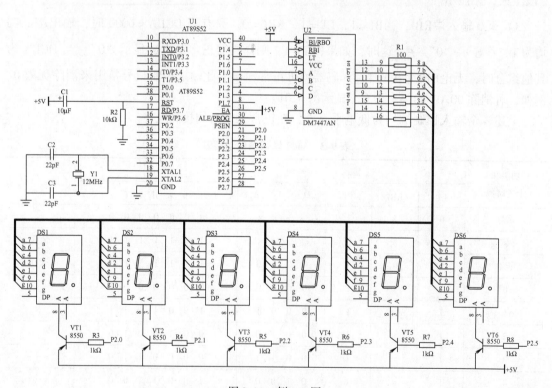

图 9-11 例 9-3 图

解： 由电路图可知，本例采用动态显示，要想得到稳定的显示，必须有足够快的刷新速度，可以用定时/计数器控制每个数码管的显示时间。可以让 T0 每隔 4ms 中断一次，这样每个数码管显示的时间是 4ms，6 个数码管显示一遍需要 24ms，1s 可以刷新 41 次。T0 的中断服务程序负责数码管的扫描，每次中断让下一个数码管显示。30H 中存放的是数码管 DS1 中要显示的数，只要改变 30H 中的数值，数码管 DS1 显示的数就立即发生改变，30H 的数值的取值范围是 0 到 9。31H～35H 和 30H 类似。数码管 DS1 的编号是 0，DS2 的编号是 1，以此类推 DS6 的编号是 5。主程序流程图如图 9-12 所示，中断服务程序流程图如图 9-13 所示。

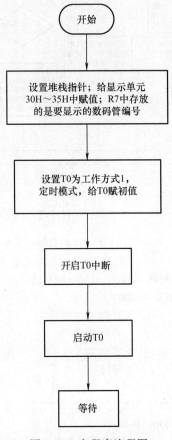

图 9-12　主程序流程图

程序如下：

```
            ORG     0000H
            JMP     MAIN
            ORG     000BH
            JMP     TIME0
            ORG     0030H
MAIN:       MOV     SP,#60H       ;设置堆栈指针
            MOV     30H,#1        ;给显示单元 30H～35H 中赋值
            MOV     31H,#2
            MOV     32H,#3
            MOV     33H,#4
            MOV     34H,#5
            MOV     35H,#6
```

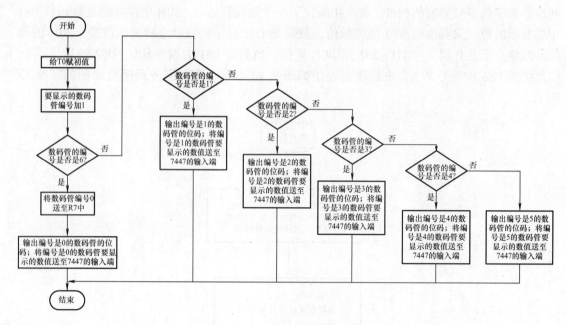

图 9-13 中断服务程序流程图

```
        MOV     R7,#0               ;R7 中存放的是要显示的数码管编号
        MOV     TMOD,#01H           ;设置 T0 为工作方式 1,定时模式
        MOV     TH0,#HIGH(65536—4000) ;给 T0 赋初值
        MOV     TL0,#LOW(65536—4000)
        SETB    ET0                 ;开启 T0 中断
        SETB    EA                  ;开启中断
        SETB    TR0                 ;启动 T0
        JMP     $                   ;等待

TIME0:  MOV     TH0,#HIGH(65536—4000) ;给 T0 赋初值
        MOV     TL0,#LOW(65536—4000)
        INC     R7                  ;要显示的数码管编号加 1
        CJNE    R7,#6,TIME1         ;如果显示的数码管的编号不是 6
                                    ;跳转到 TIME1 处
        MOV     R7,#0;              如果显示的数码管的编号是 6,则重新从编号为 0 的数码管开始
        MOV     P2,#3EH             ;输出编号是 0 的数码管的位码
        MOV     P1,30H              ;将编号是 0 的数码管要显示的数
                                    ;值送至 7447 的输入端
        JMP     TIME                ;跳转至 TIME 处
TIME1:  CJNE    R7,#1,TIME2         ;如果显示的数码管的编号不是 1,跳转至 TIME2
        MOV     P2,#3DH             ;输出编号是 1 的数码管的位码
        MOV     P1,31H              ;将编号是 1 的数码管要显示的数
                                    ;值送至 7447 的输入端
        JMP     TIME                ;跳转至 TIME 处
TIME2:  CJNE    R7,#2,TIME3         ;如果显示的数码管的编号不是 2,跳转至 TIME3
        MOV     P2,#3BH
```

```
        MOV    P1,32H
        JMP    TIME
TIME3：CJNE   R7,#3,TIME4  ;如果显示的数码管的编号不是 3,跳转至 TIME4
        MOV    P2,#37H
        MOV    P1,33H
        JMP    TIME
TIME4：CJNE   R7,#4,TIME5  ;如果显示的数码管的编号不是 4,跳转至 TIME5
        MOV    P2,#2FH
        MOV    P1,34H
        JMP    TIME
TIME5：MOV    P2,#1FH        ;输出编号是 5 的数码管的位码
        MOV    P1,35H         ;将编号是 5 的数码管要显示的数
                              ;值送至 7447 的输入端
TIME：RETI
        END
```

本例在 Proteus 中的仿真结果如图 9-14 所示。

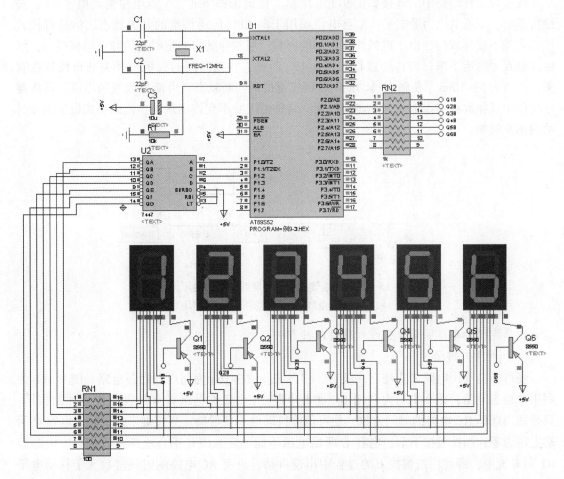

图 9-14 例 9-3 在 Proteus 中的仿真结果

9.2 键盘

在单片机应用系统中，键盘是人机交互的重要组成部分，用于向单片机应用系统输入数据或控制信息。键盘实质上是一组按键开关的集合。通常，按键所用开关为机械弹性开关，均利用机械触点的合、断完成开、关作用。

键盘形式一般有独立式键盘和矩阵式键盘两种。独立式键盘的结构简单，但占用的 I/O 口多，通常用在按键数量较少的场合，大多数单片机应用系统采取这种方式；矩阵式键盘的结构相对复杂，但占用的 I/O 口较少，通常用在按键数量较多的场合。

9.2.1 键盘接口概述

单片机的键盘通常使用机械触点式按键开关，其主要功能是把机械上的通断转换成为电气上的逻辑关系。也就是说，它能提供标准的 TTL 逻辑电平，以便与通用数字系统的逻辑电平相容。

按键开关在电路中的连接如图 9-15a 所示。按键未按下时，A 点电位为高电平 5V；按键按下时，A 点电位为低电平。A 点电位就用于向 CPU 传递按键的开关状态。但是机械式按键在按下或释放时，由于机械弹性作用的影响，通常伴随有一定时间的触点机械抖动，然后其触点才稳定下来。其抖动过程如图 9-15b 所示，抖动时间的长短与开关的机械特性有关，一般为 5~10ms。在触点抖动期间检测按键的通与断状态，可能导致判断出错，即按键一次按下或释放被错误地认为是多次操作。这种情况是不允许出现的，因此必须设法消除抖动的不良后果。

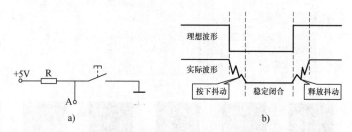

图 9-15　按键和按键按下和释放时的输出电压波形

a）按键输入电路　b）按键输出的电压波形

要消除抖动不良后果，有硬、软件两种方法：

（1）硬件去抖动

硬件去抖动用电路来实现，一般有 3 种方法：图 9-16a 为利用双稳态电路；图 9-16b 为利用单稳态电路；图 9-16c 为利用 RC 滤波电路。RC 滤波电路具有吸收干扰脉冲的作用，只要适当选择 RC 电路的时间常数，便可消除抖动的不良后果。当按键未按下时，电容 C 两端电压为零；当按键按下后，电容 C 两端电压不能突变，CPU 不会立即接收信号，电源经 R1 向 C 充电，即使在按键按下的过程中出现抖动，只要 RC 电路的时间常数大于抖动电平变化周期，非门的输出将不会改变。在图 9-16c 中，R1C 应大于 10ms，且 $VccR2/(R1+R2)$ 值应大于非门的高电平阈值，R2C 应大于抖动波形周期。这既可以由计算确定，也可以由实验或根据经验确定。图 9-16c 所示电路简单实用，若要求不严格，还可将图中非门取消，直接与单片机相连。

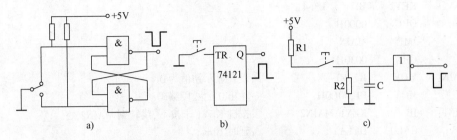

图 9-16　硬件去抖动电路
a）双稳态去抖动电路　b）单稳态去抖动电路　c）RC 滤波去抖动电路

（2）软件去抖动

软件去抖动的原理是根据按键抖动的特性，在检测到有按键按下时，执行一个 10ms 左右（具体时间应视所使用的按键进行调整）的延时程序后，再确认该按键电平是否仍保持闭合状态电平，若仍保持闭合状态电平，则确认该按键确实按下了。

9.2.2　独立式键盘

独立式键盘是各按键相互独立，每个按键占用一根 I/O 端线，每根 I/O 端线上的按键工作状态不会影响其他 I/O 端线上按键的工作状态。

独立式键盘电路配置灵活，软件结构简单，但在按键数量较多时，I/O 端线耗费较多，且电路结构繁杂。故这种形式适用于按键数量较少的场合，在设计独立式键盘时，应遵循尽量不扩展 I/O 口的原则。

【例 9-4】电路如图 9-17 所示，编程实现当按键 KEY1 按下时数码管显示的数值加 1，当按键 KEY2 按下时数码管显示的数值减 1，数码管显示的数的范围为 0 ~ 9。

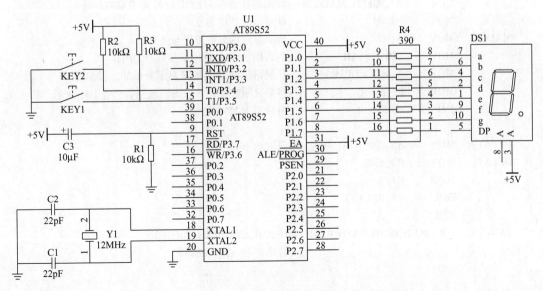

图 9-17　例 9-4 图

程序如下：

```
                KEY1    BIT    P3.5
                KEY2    BIT    P3.4
                ORG    0000H
                JMP    MAIN
                ORG    0030H
MAIN：          MOV    R7,#0              ;设置显示初值为0
                MOV    P1,#0C0H           ;输出0的八段编码
MAIN1：         JB     KEY1,MAIN2         ;按键KEY1未按下,跳转到MAIN2处
                CALL   DELAY              ;延时10ms
                JB     KEY1,MAIN2         ;按键KEY1未按下,跳转到MAIN2处
MAIN1A：        JNB    KEY1,$             ;等待按键KEY1松开
                CALL   DELAY              ;延时10ms
                JNB    KEY1,MAIN1A        ;按键KEY1未松开,跳转到MAIN1A处
                INC    R7                 ;显示的数值加1
                CJNE   R7,#10,MAIN1B      ;显示的数值不为10,跳转到MAIN1B处
                MOV    R7,#9              ;使显示的数值为9
MAIN1B：        MOV    A,R7               ;将要显示的数值传送至A中
                MOV    DPTR,#TAB          ;将表格TAB的首地址传送给DPTR
                MOVC   A,@A+DPTR          ;从表格TAB中读取要显示数值的八段编码
                MOV    P1,A               ;将要显示数值的八段编码送至数码管DS1显示
MAIN2：         JB     KEY2,MAIN1         ;按键KEY2未按下,跳转到MAIN1处
                CALL   DELAY              ;延时10ms
                JB     KEY2,MAIN1         ;按键KEY2未按下,跳转到MAIN1处
MAIN2A：        JNB    KEY2,$             ;等待按键KEY2松开
                CALL   DELAY              ;延时10ms
                JNB    KEY2,MAIN2A        ;按键KEY2未松开,跳转到MAIN2A处
                DEC    R7                 ;显示的数值减1
                CJNE   R7,#0FFH,MAIN2B    ;显示的数值不为FFH,跳转到MAIN2B处
                MOV    R7,#0              ;使显示的数值为0
MAIN2B：        MOV    A,R7               ;将要显示的数值传送至A中
                MOV    DPTR,#TAB          ;将表格TAB的首地址传送给DPTR
                MOVC   A,@A+DPTR          ;从表格TAB中读取要显示数值的八段编码
                MOV    P1,A               ;将要显示数值的八段编码送至数码管DS1显示
                JMP    MAIN1              ;跳转至MAIN1处

DELAY：         MOV    R5,#20             ;延时约10ms
DELAY1：        MOV    R4,#249
                DJNZ   R4,$
                DJNZ   R5,DELAY1
                RET
TAB：           DB     0C0H,0F9H,0A4H,0B0H,99H,92H,82H,0F8H,80H,90H
                                         ;数字0~9的八段编码
                END
```

本例在 Proteus 中的仿真结果如图 9-18 所示。

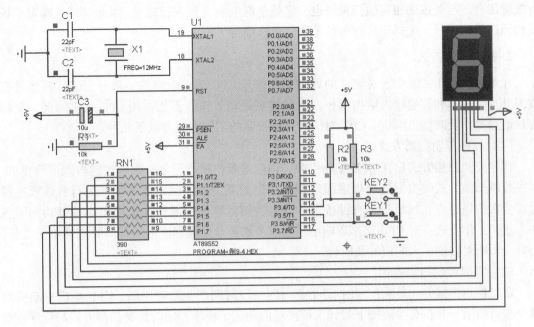

图 9-18　例 9-4 在 Proteus 中的仿真结果

9.2.3　矩阵式键盘

　　矩阵式键盘（又称行列式键盘）是指由若干个按键组成的开关矩阵。4 行 4 列矩阵式键盘如图 9-19 所示。这种键盘适合采取动态扫描的方式进行识别，其优点是使用较少的 I/O 口可以实现对较多按键的控制。例如，如果把 16 个按键排列成 4×4 的矩阵形式，则使用 1 个 8 位 I/O（行、列各用 4 位）即可完成控制；如果把 64 个按键排列成 8×8 的矩阵形式，则使用 2 个 8 位 I/O 口（行、列各用 1 个 8 位 I/O 口）即可完成控制。

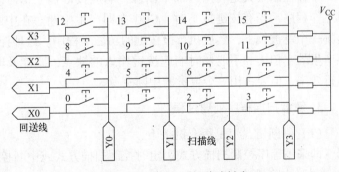

图 9-19　4 行 4 列矩阵式键盘

1. 工作原理

　　以图 9-19 所示的 4 行 4 列的矩阵式键盘为例，图中键盘的行线 X0 ~ X3 通过电阻接 + 5V，当键盘上没有按键闭合时，所有的扫描线和回送线都断开，无论扫描线处于何种状态，回送线都呈高电平。当键盘上某一按键闭合时，则该按键所对应的扫描线和回送线被短路。例如仅 6 号按键被按下时，由于 Y0 ~ Y3 四条扫描线上逐一扫描，未扫描到 Y2 线时，回送线的 4 位数据均为高电平，当扫描到 Y2 线（仅 Y2 为低）时，由于 6 号按键处于闭合状态，回送线 X1 也将变为低电平，因此可知扫描线 Y2 与回送线 X1 相交处的按键闭合了。可见，如果 X0 ~ X3 均为高电平，说明无按键闭合；任一条回送线变为低电平，则说明该回送线上有按键闭合。与此按键相连的扫描线也一定处于低电平（正在扫描）。因此，可以确定扫描线和回送线的编号，这样闭合按键的位置就可以确定了。

2. 扫描控制方式

在单片机应用系统中，对键盘的处理工作仅是 CPU 工作内容的一部分，CPU 还要进行数据处理、显示和其他输入输出操作，因此键盘处理工作既不能占用 CPU 太多时间，又需要对键盘操作及时做出响应。CPU 对键盘处理控制的工作方式有以下几种。

（1）程序控制扫描方式

程序控制扫描方式是在 CPU 工作空余，调用键盘扫描子程序，响应按键输入信号要求。程序控制扫描方式的按键处理程序固定在主程序的某个程序段。当主程序运行到该程序段时，依次扫描键盘，判断是否有键按下。若有，则计算按键编号，执行相应按键功能子程序。这种工作方式，对 CPU 工作影响小，但应考虑键盘处理程序的运行间隔周期不能太长，否则会影响对按键输入响应的及时性。

（2）定时控制扫描方式

定时控制扫描方式是利用定时/计数器每隔一段时间产生定时中断，CPU 响应中断后对键盘进行扫描，并在有按键按下时转入该按键的功能子程序。定时控制扫描方式与程序控制扫描方式的区别是，在扫描间隔时间内，前者用 CPU 工作程序填充，后者用定时/计数器定时控制。定时控制扫描方式也应考虑定时时间不能太长，否则会影响对按键输入响应的及时性。

（3）中断控制方式

中断控制方式是利用外部中断源，响应按键输入信号。当无按键按下时，CPU 执行正常工作程序。当有按键按下时，CPU 立即产生中断。在中断服务子程序中扫描键盘，判断是哪一个键被按下，然后执行该按键的功能子程序。这种控制方式克服了前两种控制方式可能产生的空扫描和不能及时响应按键输入的缺点，既能及时处理按键输入，又能提高 CPU 运行效率，但要占用一个宝贵的中断资源。

3. 键盘扫描程序处理过程

（1）判断键盘上是否有键按下

即采用程序控制扫描方式、定时控制扫描方式或中断控制方式，判断是否有按键按下。

（2）去除抖动

为了保证按键的正确识别，需要进行去抖动处理。其方法是得知键盘上有按键按下后延迟约 10ms，再判断键盘的状态，若仍有按键按下，则认为键盘上有一个按键处于稳定的闭合期，否则认为是按键的抖动或干扰。

（3）确定被按下的按键的物理位置

采用扫描的方式确定被按下的按键的物理位置。

（4）得到被按下的按键的编号

在得到被按下的按键的物理位置的基础上，根据给定的按键编号规律，计算得出被按下的按键的编号。

（5）确保 CPU 对按键的一次按下仅做一次处理

为实现这一功能，可以采用等待被按下的按键释放后再处理的方法。

9.3 显示与键盘应用举例——密码锁的设计

随着人们生活水平的提高，如何实现家庭防盗这一问题也变得尤其突出。传统的机械锁由于构造简单，被撬的事件屡见不鲜。密码锁由于保密性高，使用灵活性好，安全系数高，受到了广大用户的喜爱。

9.3.1 设计要求

设计一个密码锁。密码由四位数构成，每位的取值范围为 0~9、A、B、C。当密码正确时，执行开锁操作，并发出一声鸣叫的提示音，同时绿色发光二极管亮。若密码不正确则红色发光二极管亮，同时发出三声鸣叫提醒用户注意。若开锁密码在 1h 内错误输入 4 次，系统发出连续报警声，以提醒其他人注意，并锁定系统 1h，在这 1h 内禁止输入密码，以防窃贼多次试探密码。

9.3.2 设计方案

本密码锁采用 AT89S52 单片机作为主控制器，用矩阵式键盘实现密码的输入，用 4 个数码管来显示输入的密码，用蜂鸣器来发出提示音及报警声，采用电磁阀来作为锁具的执行机构。当开锁密码在 1h 内错误输入 4 次时锁定系统 1h，采用单片机内部的定时/计数器来进行 1h 的计时。

数码管采用动态显示，用 T0 的中断服务程序负责数码管的扫描，可以将 T0 设置成工作方式 1，每隔 4ms 中断一次，每次中断让下一个数码管显示。R7 中保存的是要显示的数码管的编号，取值范围为 0~3，0 是最左边的数码管的编号，3 是最右边的数码管的编号。密码保存在 PW4、PW3、PW2、PW1 中。即数码管要显示的内容保存在 PW4、PW3、PW2、PW1 中。

用 T1 来负责 1h 的倒计时，可以将 T1 设置成工作方式 1，每隔 50ms 中断一次（电路中晶振的频率为 12MHz），连续中断 20 次即为 1s。中断次数用 R6 保存。

采用程序控制扫描方式对键盘进行扫描。存储空间的分配见表 9-4。

表 9-4　存储空间分配及其功能

名称	地址	功　　能
KEY	30H	用于存放键盘的键值
PW4	34H	用于存放 4 位密码，PW4 为密码的高位，PW1 为密码的低位
PW3	33H	
PW2	32H	
PW1	31H	
ERROR	35H	用于存放密码输入错误的次数
MIN	36H	用于存放 1h 倒计时的分
SEC	37H	用于存放 1h 倒计时的秒
LOCK	20H.0	是否在 1h 内连续错误输入密码 4 次标志位，为 1 表示错误 4 次
RED	P2.4	用于控制红色发光二极管，为 0 亮，为 1 灭
GREEN	P2.5	用于控制绿色发光二极管，为 0 亮，为 1 灭
BELL	P2.6	用于控制蜂鸣器，为 0 蜂鸣器发出声音，为 1 则不发出声音
MAGNETVALVE	P2.7	用于控制电磁阀，为 0 电磁阀通电，为 1 电磁阀不通电

表 9-5 为按键的名称及对应的键值。没有按键按下，则键值为 16。

表 9-5　按键的名称及对应的键值

名称	0	1	2	3	4	5	6	7	8	9	A	B	C	闭锁	确定	取消
键值	0	1	2	3	4	5	6	7	8	9	10	11	12	13	14	15

9.3.3　硬件电路设计

密码锁的电路如图 9-20 所示，其采用 AT89S52 单片机作为主控制器，LED 显示用动态扫描方式实现，P1 口低四位输出显示数据，经 7447 译码后驱动数码管，P1 口高四位对数码管进行位选。为了提供 LED 数码管的驱动电流，用晶体管 8550 作电源驱动输出。P2.4 口控制红色发光二极管，P2.5 口控制绿色发光二极管，P2.6 口控制蜂鸣器，P2.7 口控制电磁阀执行闭锁和开锁操作。采用矩阵键盘实现密码的输入。

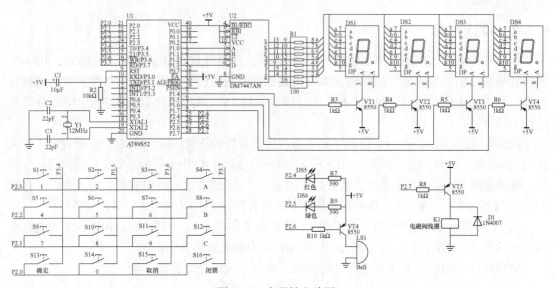

图 9-20　密码锁电路图

9.3.4　软件设计

1. 主程序

在主程序中首先对系统初始化，包括设置堆栈指针、将 T0 和 T1 设置为工作方式 1、给 T0 赋初值、给 T1 赋初值、设置要显示的数码管的编号为 0、设置 1h 倒计时的分为 60、秒为 60、设置 1s 需要连续中断 20 次、设置错误次数为 0、设置 LOCK 为 0、设置红色发光二极管灭、设置绿色发光二极管灭、设置蜂鸣器不发出声音、设置电磁阀不通电、设置数码管上显示的密码为 0000、开启 T0 中断、开启 T1 中断、启动 T0。

如果 LOCK 为 1 说明密码错误输入 4 次，在 1h 内系统锁定，不能通过键盘进行任何操作。如果 LOCK 为 0，通过键盘扫描程序进行键值的读取，根据不同的键值进行相关操作。

键值为 16 说明没有按键按下，继续进行按键扫描。

键值为 15 说明按下的是取消键，使数码管上显示的密码为 0000。

键值为 14 说明按下的是确定键，将数码管上显示的密码和真正的密码 5678 进行比较，如果密码正确则电磁阀通电执行开锁操作，并发出一声提示音，同时绿色发光二极管亮。如果密码不正确将错误次数加 1，并启动 T0 开始 1h 倒计时。若错误次数没到 4 次，发出三声提示音，同时红色发光二极管亮。若错误次数达到 4 次，重新将倒计时的时间设置为 1h，提示音一直响，同时红色发光二极管亮，设置 LOCK 为 1，锁定系统，使键盘在 1h 内不能输入。

键值为 13 说明是闭锁键按下，使电磁阀断电执行闭锁操作，绿色发光二极管灭，数码管上显示的密码为 0000。

键值为 0~9、A、B、C 中之一，则是密码输入，并使密码左移一位。

主程序流程图如图 9-21 所示。

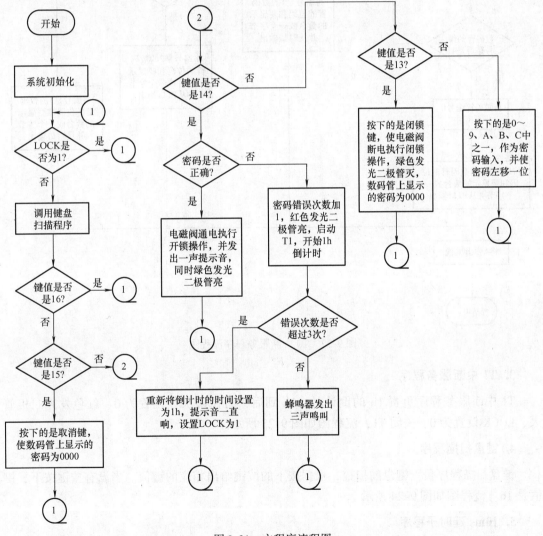

图 9-21 主程序流程图

2. T0 中断服务程序

T0 中断服务程序负责数码管的动态扫描，流程图如图 9-22 所示。在将数码管的位码和要显示的数合成一个字节时，数码管的位码占高 4 位，要显示的数占低 4 位。

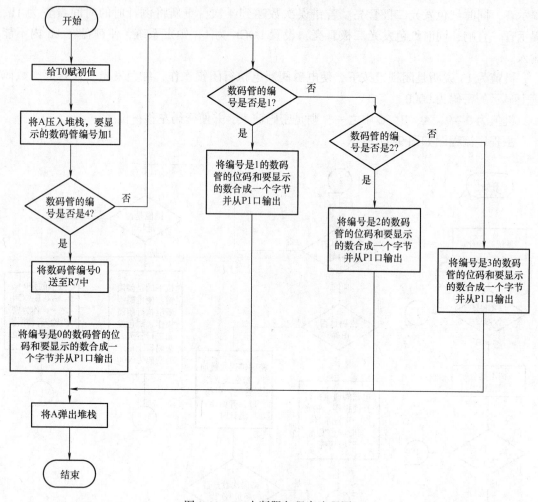

图 9-22　T0 中断服务程序流程图

3. T1 中断服务程序

T1 中断服务程序负责 1h 的倒计时，1h 到后，将错误次数设置为 0、红色发光二极管灭、LOCK 设置为 0、关闭 T1，流程图如图 9-23 所示。

4. 键盘扫描程序

键盘扫描程序负责键盘的扫描，根据按下的按键给出相应的键值。当没有按键按下，键值是 16。流程图如图 9-24 所示。

5. 10ms 延时子程序

10ms 延时子程序延时约 10ms，用于消除按键的抖动。

6. 0.3s 延时子程序

0.3s 延时子程序延时约 0.3s，用于控制蜂鸣器发出一次鸣叫的时间。

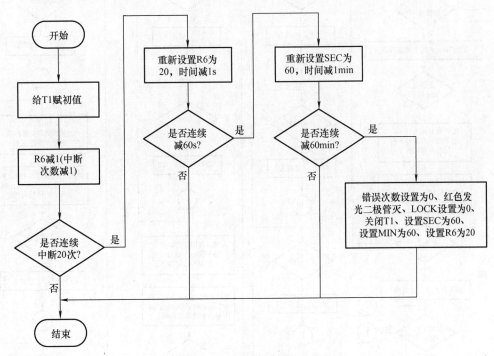

图 9-23   T1 中断服务程序流程图

参考程序：

```
KEY          EQU      30H           ;用于存储键盘的键值
PW1          EQU      31H           ;PW4～PW1用来保存输入的四位密码
PW2          EQU      32H
PW3          EQU      33H
PW4          EQU      34H
ERROR        EQU      35H           ;用于存储密码输入错误的次数
MIN          EQU      36H           ;用于存储时间的分钟
SEC          EQU      37H           ;用于存储时间的秒
LOCK         BIT      20H.0         ;1表示密码错误输入达到4次，
                                    ;0表示密码错误输入不到4次
RED          BIT      P2.4          ;用于控制红色发光二极管
GREEN        BIT      P2.5          ;用于控制绿色发光二极管
BELL         BIT      P2.6          ;用于控制蜂鸣器
MAGNETVALVE          BIT      P2.7          ;用于控制电磁阀
ORG          0000H
JMP          MAIN
ORG          000BH
JMP          TIME0
ORG          001BH
JMP          TIME1
```

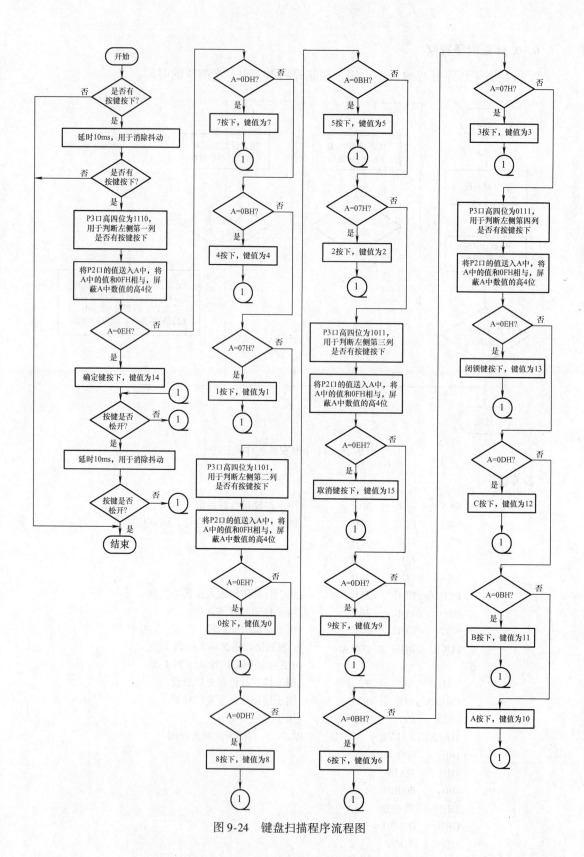

图 9-24　键盘扫描程序流程图

```
        ORG     0030H
MAIN:   MOV     SP,#60H              ;设置堆栈指针
        MOV     TMOD,#11H            ;T0 和 T1 设置为方式 1,定时模式
        MOV     TH0,#HIGH(65536—4000)    ;给 T0 赋初值
        MOV     TL0,#LOW(65536—4000)
        MOV     TH1,#HIGH(65536—50000)   ;给 T1 赋初值
        MOV     TL1,#LOW(65536—50000)
        MOV     MIN,#60              ;设置分为 60
        MOV     SEC,#60              ;设置秒为 60
        MOV     ERROR,#0             ;设置错误次数为 0
        MOV     R7,#0                ;要显示的数码管的编号
        MOV     R6,#20               ;连续中断 20 次 1s
        CLR     LOCK                 ;错误次数未达到 4 次,允许键盘输入
        SETB    RED                  ;红色发光二极管灭
        SETB    GREEN                ;绿色发光二极管灭
        SETB    BELL                 ;蜂鸣器不发出声音
        SETB    MAGNETVALVE          ;电磁阀不通电
        MOV     PW4,#0               ;在数码管上显示 0000
        MOV     PW3,#0
        MOV     PW2,#0
        MOV     PW1,#0
        SETB    ET0                  ;开启 T0 中断
        SETB    ET1                  ;开启 T1 中断
        SETB    EA
        SETB    TR0                  ;启动 T0
MAIN1:  JB      LOCK, $              ;如果 LOCK 为 1,系统锁定
        CALL    SCAN_KEY             ;调用键盘扫描程序
        MOV     A,KEY                ;将键值送至 A 中
        CJNE    A,#16,MAIN2          ;如果有按键按下,跳转至 MAIN2 处
        JMP     MAIN1                ;如果没有按键按下,跳转至 MAIN1 处
MAIN2:  CJNE    A,#15,MAIN3          ;如果不是取消键按下,跳转至 MAIN3 处
        MOV     PW4,#0               ;如果是取消键按下,在数码管上显示
        MOV     PW3,#0               ;0000,并跳转至 MAIN1 处
        MOV     PW2,#0
        MOV     PW1,#0
        JMP     MAIN1
MAIN3:  CJNE    A,#14,MAIN4          ;如果不是正确键按下,跳转至 MAIN4 处
        MOV     A,PW4                ;密码不正确,跳转至 MAIN3A 处
        CJNE    A,#5,MAIN3A          ;密码为 5678
        MOV     A,PW3
        CJNE    A,#6,MAIN3A
        MOV     A,PW2
        CJNE    A,#7,MAIN3A
        MOV     A,PW1
        CJNE    A,#8,MAIN3A
        CLR     MAGNETVALVE          ;电磁阀通电,开锁
        SETB    RED                  ;红色发光二极管灭
```

	CLR	GREEN	;绿色发光二极管亮
	CLR	BELL	;蜂鸣器发出一声鸣叫
	CALL	DELAY300	
	SETB	BELL	
	JMP	MAIN1	;跳转至 MAIN1 处
MAIN3A:	INC	ERROR	;错误次数加 1
	CLR	RED	;红色发光二极管亮
	SETB	TR1	;启动 T1,开始 1h 倒计时
	MOV	A,ERROR	;将错误次数传送至 A 中
	CJNE	A,#4,MAIN3B	;错误次数不是 4,跳转至 MAIN3B 处
	CLR	BELL	;蜂鸣器鸣叫
	SETB	LOCK	;锁定系统(键盘不能输入)
	MOV	MIN,#60	;设置分为 60
	MOV	SEC,#60	;设置秒为 60
	MOV	R6,#20	;连续中断 20 次 1s
	JMP	MAIN1	;跳转至 MAIN1 处
MAIN3B:	CLR	BELL	;蜂鸣器发出三声鸣叫
	CALL	DELAY300	
	SETB	BELL	
	CALL	DELAY300	
	CLR	BELL	
	CALL	DELAY300	
	SETB	BELL	
	CALL	DELAY300	
	CLR	BELL	
	CALL	DELAY300	
	SETB	BELL	
	JMP	MAIN1	;跳转至 MAIN1 处
MAIN4:	CJNE	A,#13,MAIN5	;如果不是闭锁键按下,跳转至 MAIN5 处
	SETB	MAGNETVALVE	;电磁阀断电
	SETB	GREEN	;绿色发光二极管灭
	MOV	PW4,#0	;数码管上显示 0000
	MOV	PW3,#0	
	MOV	PW2,#0	
	MOV	PW1,#0	
	JMP	MAIN1	;跳转至 MAIN1 处
MAIN5:	XCH	A,PW1	;将输入的数字作为密码,密码向左移一位
	XCH	A,PW2	
	XCH	A,PW3	
	XCH	A,PW4	
	JMP	MAIN1	;跳转至 MAIN1 处
TIME0:	MOV	TH0,#HIGH(65536—4000)	;给 T0 赋初值
	MOV	TL0,#LOW(65536—4000)	
	PUSH	A	;将 A 压入堆栈
	INC	R7	;要显示的数码管编号加 1
	CJNE	R7,#4,TIME0A	;如果显示的数码管的编号不是 4

```
                                            ;跳转到 TIME0A 处
            MOV     R7,#0               ;如果显示的数码管的编号是4,则重新从编号0的开始
            MOV     A,#0E0H             ;输出编号是0的数码管的位码送至A中
            ORL     A,PW4               ;将编号是0的数码管的位码和要显示的数合成
            MOV     P1,A                ;将编号是0的数码管的位码和要显示的数从P1口输出
            JMP     TIME0D              ;跳转至TIME0D处
TIME0A:     CJNE    R7,#1,TIME0B        ;要是显示的数码管的编号不是1,
                                        ;跳转至TIME0B处
            MOV     A,#0D0H
            ORL     A,PW3
            MOV     P1,A
            JMP     TIME0D
TIME0B:     CJNE    R7,#2,TIME0C        ;如果显示的数码管的编号不是2,
            MOV     A,#0B0H             ;跳转至TIME0 C处
            ORL     A,PW2
            MOV     P1,A
            JMP     TIME0D
TIME0C:     MOV     A,#70H
            ORL     A,PW1
            MOV     P1,A
TIME0D:     POP     A                   ;将A弹出堆栈
            RETI                        ;中断返回

TIME1:      MOV     TH1,#HIGH(65536—50000)   ;给T1赋初值
            MOV     TL1,#LOW(65536—50000)
            DJNZ    R6,TIME1A           ;没有到1秒钟跳转至TIME1A处
            MOV     R6,#20              ;连续中断20次1s
            DJNZ    SEC,TIME1A          ;未到1分钟跳转至TIME1A处
            MOV     SEC,#60             ;设置秒为60
            DJNZ    MIN,TIME1A          ;未到1小时跳转至TIME1A处
            MOV     MIN,#60             ;设置分为60
            MOV     SEC,#60             ;设置秒为60
            MOV     R6,#20              ;连续中断20次1s
            MOV     ERROR,#0            ;设置错误次数为0
            SETB    RED                 ;红色发光二极管灭
            CLR     LOCK                ;系统开启(键盘能输入)
            CLR     TR1                 ;关闭T1
TIME1A:     RETI                        ;中断返回

SCAN_KEY:   MOV     P3,#0FH             ;P3口高四位为0000
            MOV     A,P2                ;将P2口读入A
            ANL     A,#0FH              ;将P2口高四位屏蔽掉
            CJNE    A,#0FH,SCAN1        ;A不为0FH(有按键按下),
                                        ;跳转至SCAN1处
            MOV     KEY,#16             ;A为0FH(没有按键按下),键值为16
            JMP     SCAN                ;跳转至SCAN处
SCAN1:      CALL    DELAY               ;延时约10ms(用于消除按键抖动)
```

```
            MOV     P3,#0FH
            MOV     A,P2
            ANL     A,#0FH
            CJNE    A,#0FH,SCAN2        ;有按键按下,跳转至 SCAN2 处
            MOV     KEY,#16
            JMP     SCAN
SCAN2:      MOV     P3,#0EFH           ;P3 口高四位为 1110,用于判断
                                       ;左侧第一列是否有按键按下

            MOV     A,P2
            ANL     A,#0FH
            CJNE    A,#0EH,SCAN2A       ;不是确定键按下跳转至 SCAN2A 处
            MOV     KEY,#0EH           ;确定键按下,键值为 14
            JMP     SCAN6              ;跳转至 SCAN6 处
SCAN2A:     CJNE    A,#0DH,SCAN2B       ;不是 7 按下跳转至 SCAN2B 处
            MOV     KEY,#07H           ;7 按下,键值为 7
            JMP     SCAN6
SCAN2B:     CJNE    A,#0BH,SCAN2C       ;不是 4 按下跳转至 SCAN2C 处
            MOV     KEY,#04H           ;4 按下,键值为 4
            JMP     SCAN6
SCAN2C:     CJNE    A,#07H,SCAN3        ;不是 1 按下跳转至 SCAN3 处
            MOV     KEY,#01H           ;1 按下,键值为 1
            JMP     SCAN6
SCAN3:      MOV     P3,#0DFH           ;P3 口高四位为 1101,用于判断
                                       ;左侧第二列是否有按键按下

            MOV     A,P2
            ANL     A,#0FH
            CJNE    A,#0EH,SCAN3A       ;不是 0 按下跳转至 SCAN3A 处
            MOV     KEY,#00H           ;1 按下,键值为 1
            JMP     SCAN6
SCAN3A:     CJNE    A,#0DH,SCAN3B       ;不是 8 按下跳转至 SCAN3B 处
            MOV     KEY,#08H           ;8 按下,键值为 8
            JMP     SCAN6
SCAN3B:     CJNE    A,#0BH,SCAN3C       ;不是 5 按下跳转至 SCAN3C 处
            MOV     KEY,#05H           ;5 按下,键值为 5
            JMP     SCAN6
SCAN3C:     CJNE    A,#07H,SCAN4        ;不是 2 按下跳转至 SCAN4 处
            MOV     KEY,#02H           ;2 按下,键值为 2
            JMP     SCAN6
SCAN4:      MOV     P3,#0BFH           ;P3 口高四位为 1011,用于判断
                                       ;左侧第三列是否有按键按下

            MOV     A,P2
            ANL     A,#0FH
            CJNE    A,#0EH,SCAN4A       ;不是取消键按下跳转至 SCAN4A 处
            MOV     KEY,#0FH           ;取消键按下,键值为 15
            JMP     SCAN6
SCAN4A:     CJNE    A,#0DH,SCAN4B       ;不是 9 按下跳转至 SCAN4B 处
            MOV     KEY,#09H           ;9 按下,键值为 9
```

```
                JMP     SCAN6
SCAN4B：  CJNE    A,#0BH,SCAN4C     ;不是 6 按下跳转至 SCAN4C 处
                MOV     KEY,#06H          ;6 按下,键值为 6
                JMP     SCAN6
SCAN4C：  CJNE    A,#07H,SCAN5      ;不是 3 按下跳转至 SCAN5 处
                MOV     KEY,#03H          ;3 按下,键值为 3
                JMP     SCAN6
SCAN5：    MOV     P3,#7FH           ;P3 口高四位为 0111,用于判断
                                                  ;左侧第三列是否有按键按下
                MOV     A,P2
                ANL     A,#0FH
                CJNE    A,#0EH,SCAN5A    ;不是闭锁键按下跳转至 SCAN5A 处
                MOV     KEY,#0DH          ;闭锁键按下,键值为 13
                JMP     SCAN6
SCAN5A：  CJNE    A,#0DH,SCAN5B    ;不是 C 按下跳转至 SCAN5B 处
                MOV     KEY,#0CH          ;C 按下,键值为 12
                JMP     SCAN6
SCAN5B：  CJNE    A,#0BH,SCAN5C    ;不是 B 按下跳转至 SCAN5C 处
                MOV     KEY,#0BH          ;B 按下,键值为 11
                JMP     SCAN6
SCAN5C：  MOV     KEY,#0AH          ;A 按下,键值为 10
SCAN6：    MOV     P3,#0FH           ;判断按键是否松开
                MOV     A,P2
                ANL     A,#0FH
                CJNE    A,#0FH,SCAN6    ;按键没有松开,跳转至 SCAN6 处
                CALL    DELAY
                MOV     P3,#0FH
                MOV     A,P2
                ANL     A,#0FH
                CJNE    A,#0FH,SCAN6
SCAN：      RET                            ;按键真的松开,键盘扫描程序返回

DELAY：    MOV     R5,#20            ;延时约 10ms
DELAY1：  MOV     R4,#249
                DJNZ    R4,$
                DJNZ    R5,DELAY1
                RET

DELAY300： MOV     R5,#3             ;延时约 0.3s
DELAY31： MOV     R4,#200
DELAY32： MOV     R3,#249
                DJNZ    R3,$
                DJNZ    R4,DELAY32
                DJNZ    R5,DELAY31
                RET
                END
```

密码锁在 Proteus 中的仿真结果如图 9-25 所示。在仿真中用继电器代替了电磁阀，并在继电器中接了一个发光二极管，继电器通电发光二极管亮，继电器断电发光二极管灭。

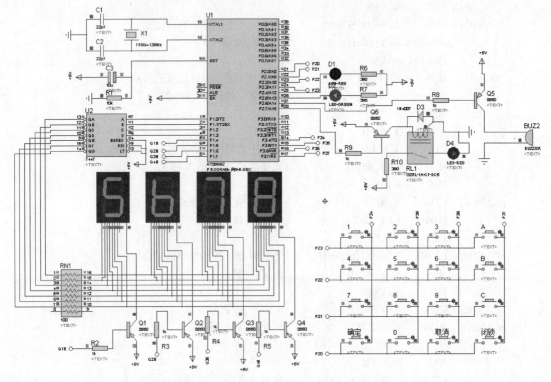

图 9-25　密码锁在 Proteus 中的仿真结果

9.4　实训 10　制作密码锁

1. 实训目的

1）掌握动态显示程序的编写方法。

2）掌握矩阵式键盘扫描程序的编写方法。

2. 实训仪器及工具

万用表、稳压电源、电烙铁、计算机、WAVE6000 软件、下载线

3. 实训耗材

焊锡、万用板、排线、相关电子元器件

4. 实训内容

1）根据图 9-20 制作电路板。

2）根据要求编写、调试控制程序，并观察实际效果。

3）重新设计硬件电路和软件，使之增加密码修改功能。

第 10 章 秒表与数字钟的设计

10.1 秒表的设计

在体育比赛中有许多项目需要用秒表来计时，如图 10-1 所示。本节介绍怎样用 8051 单片机的定时/计数器设计制作一个秒表。

图 10-1 110 米栏项目

10.1.1 设计要求

利用 8051 单片机的定时/计数器设计制作一个秒表，计时范围为 00 秒 00 至 99 秒 99。具有清零、开始计时、停止计时功能。

10.1.2 设计方案

秒表的最小计时单位为 0.01s，也就是 10ms。为了保证计时精度，可以采用定时/计数器 T0 的方式 2 来实现 10ms 的计时，方式 2 具备初值自动装载功能，计时误差最小。在设计电路时单片机系统采用 12MHz 的晶振，因此 T0 在方式 2 下，每 200μs 中断一次，连续中断 50 次即为 10ms，中断次数用 R6 保存。用 SEC 记录秒，用 SEC10 记录 0.01s。

时间显示采用数码管，显示方式采用动态扫描。每个数码管显示 4ms，4ms 的计时采用定时/计数器 T1 的方式 1 来实现。R7 中保存的是要显示的数码管的编号，取值范围为 0 ~ 3，0 是最左边的数码管的编号，3 是最右边的数码管的编号。数码管要显示的内容保存在 DS1、DS2、DS3、DS4 中。DS1 中存放的是秒的十位、DS2 中存放的是秒的个位、DS3 中存放的是 0.1s、DS4 中存放的是 0.01s。存储空间的分配见表 10-1。

表 10-1 存储空间分配及其功能

名 称	地 址	功 能
DS1	30H	存放秒的十位
DS2	31H	存放秒的个位
DS3	32H	存放 0.1s
DS4	33H	存放 0.01s
SEC	34H	记录秒
SEC10	35H	记录 0.01s

按键 S1 按下后，数据清零；按键 S2 按下后，开始计时；按键 S3 按下后，停止计时。

10.1.3 硬件电路设计

秒表的电路如图 10-2 所示，其采用 AT89S52 单片机作为主控制器，数码管显示用动态扫描方式实现，P1 口低四位输出显示数据，经 7447 译码后驱动数码管，P2 口低四位对数码管进行位选。为了提供数码管的驱动电流，用晶体管 8550 作电源驱动输出。按键 S1 通过 P3.0 口输入、按键 S2 通过 P3.1 口输入、按键 S3 通过 P3.2 口输入。左边第二个数码管的小数点需要亮，因此其 DP 引脚通过一个 100Ω 的电阻接电源负极。

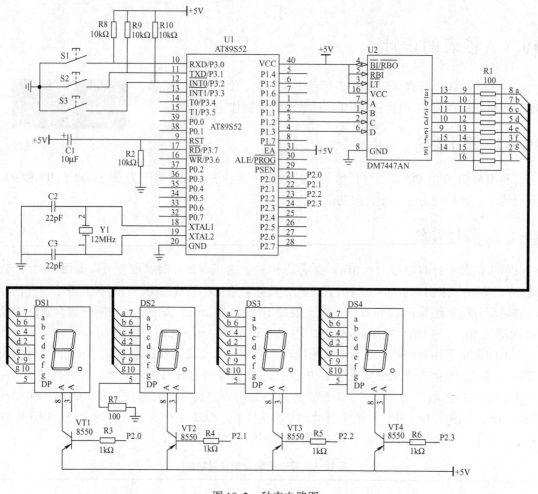

图 10-2　秒表电路图

10.1.4　软件设计

1. 主程序

在主程序中首先对系统初始化，包括设置堆栈指针、将 T0 设置为工作方式 2、将 T1 设置为工作方式 1、给 T0 赋初值、给 T1 赋初值、设置要显示的数码管的编号为 0、设置 0.01s 需要连续中断 50 次、设置数码管上显示的时间为 00.00、设置 SEC 为 0、设置 SEC10 为 0、开启 T0 中断、开启 T1 中断、设置 T0 为高优先级中断、设置 T1 为低优先级中断、启动 T1。

按键 S1 按下，将数码管上显示的时间设置为 00.00、设置 SEC 为 0、设置 SEC10 为 0、给 T0 赋初值、设置 R6 为 50。

按键 S2 按下，启动 T1，开始计时。

按键 S3 按下，停止 T1，停止计时。

主程序流程图如图 10-3 所示。

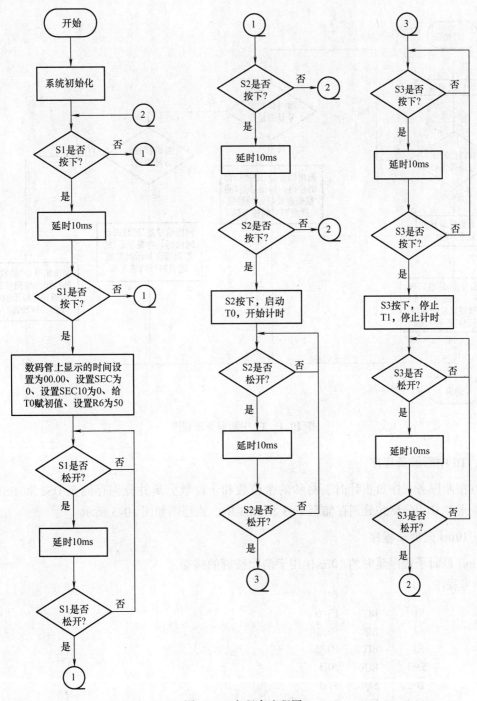

图 10-3　主程序流程图

2. T1 中断服务程序

T1 中断服务程序负责数码管的动态扫描，流程图如图 10-4 所示。数码管的位码由 P2 口低 4 位输出，要显示的数由 P1 口低 4 位输出。

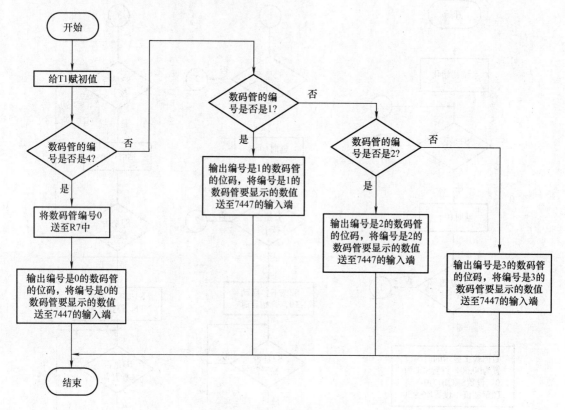

图 10-4　T1 中断服务流程图

3. T0 中断服务程序

T0 中断服务程序负责计时、将秒的个位数和十位数分离并分别存储至 DS2 和 DS1 中、将 0.1s 和 0.01s 分离并分别存储至 DS3 和 DS4 中，流程图如图 10-5 所示。

4. 10ms 延时子程序

10ms 延时子程序延时约 10ms，用于消除按键的抖动。

参考程序：

```
S1      BIT     P3.0
S2      BIT     P3.1
S3      BIT     P3.2
DS1     EQU     30H
DS2     EQU     31H
DS3     EQU     32H
DS4     EQU     33H
SEC     EQU     34H
```

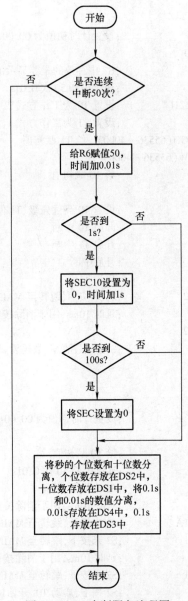

图 10-5 T0 中断服务流程图

```
          SEC10   EQU    35H
          ORG     0000H
          JMP     MAIN
          ORG     000BH
          JMP     TIME0
          ORG     001BH
          JMP     TIME1
          ORG     0030H
MAIN：     MOV     SP,#60H           ;设置堆栈指针
          MOV     DS1,#0            ;数码管显示 00.00
          MOV     DS2,#0
```

```
        MOV     DS3,#0
        MOV     DS4,#0
        MOV     SEC,#0          ;设置计时初值为 00.00s
        MOV     SEC10,#0
        MOV     R7,#0           ;R7 中存放的是要显示的数码管编号
        MOV     R6,#50          ;连续中断 50 次 0.01s
        MOV     TMOD,#12H       ;设置 T0 为工作方式 2,定时模式
                                ;设置 T1 为工作方式 1,定时模式
        MOV     TH1,#HIGH(65536—4000)  ;给 T1 赋初值
        MOV     TL1,#LOW(65536—4000)
        MOV     TH0,#56         ;给 T0 赋初值
        MOV     TL0,#56
        MOV     IP,#02H         ;设置 T0 高优先级、T1 低优先级
        SETB    ET0             ;开启 T0 中断
        SETB    ET1             ;开启 T1 中断
        SETB    EA              ;开启中断
        SETB    TR1             ;启动 T1
MAIN1： JB      S1,MAIN2        ;S1 未按下,跳转至 MAIN2 处
        CALL    DELAY           ;延时 10ms,用于消除按键抖动
        JB      S1,MAIN2
        MOV     DS1,#0          ;S1 按下,清零,数码管显示 00.00
        MOV     DS2,#0
        MOV     DS3,#0
        MOV     DS4,#0
        MOV     SEC,#0          ;设置计时初值为 00.00s
        MOV     SEC10,#0
        MOV     TL0,#56         ;给 T0 赋初值
        MOV     R6,#50          ;连续中断 50 次 0.01s
MAIN1A： JNB    S1,$            ;S1 未松开,等待
        CALL    DELAY           ;延时 10ms,用于消除按键抖动
        JNB     S1,MAIN1A       ;S1 未松开,跳转至 MAIN1A 处
MAIN2： JB      S2,MAIN1        ;S2 未按下,跳转至 MAIN1 处
        CALL    DELAY           ;延时 10ms,用于消除按键抖动
        JB      S2,MAIN1        ;S2 未按下,跳转至 MAIN1 处
        SETB    TR0             ;S2 按下,启动 T0,开始计时
MAIN2A： JNB    S2,$            ;S2 未松开,等待
        CALL    DELAY           ;延时 10ms,用于消除按键抖动
        JNB     S2,MAIN2A       ;S2 未松开,跳转至 MAIN2A 处
MAIN3： JB      S3,$            ;S3 未按下,等待
        CALL    DELAY           ;延时 10ms,用于消除按键抖动
        JB      S3,MAIN3        ;S3 未按下,跳转至 MAIN3 处
        CLR     TR0             ;S3 按下,停止 T0,停止计时
MAIN3A： JNB    S3,$            ;S3 未松开,等待
        CALL    DELAY           ;延时 10ms,用于消除按键抖动
        JNB     S3,MAIN3A       ;S3 未松开,跳转至 MAIN3A 处
        JMP     MAIN1           ;跳转至 MAIN1 处
```

```
TIME0:    DJNZ    R6,TIME0B          ;没有连续中断 50 次,跳转至 TIME0B 处
          MOV     R6,#50             ;连续中断 50 次 0.01s
          INC     SEC10              ;时间加 0.01s
          MOV     A,SEC10            ;将 SEC10 中的数据传送至 A 中
          CJNE    A,#100,TIME0A      ;时间未到 1s,跳转至 TIME0 A 处
          MOV     SEC10,#0           ;将 SEC10 设置为 0
          INC     SEC                ;时间加 1s
          MOV     A,SEC              ;将 SEC 中的数据传送至 A 中
          CJNE    A,#100,TIME0A      ;时间未到 100s,跳转至 TIME0 A 处
          MOV     SEC,#0             ;将 SEC 设置为 0
TIME0A:   MOV     A,SEC              ;将秒的个位数和十位数分离,个位数存
          MOV     B,#10              ;放在 DS2 中,十位数存放在 DS1 中
          DIV     AB
          MOV     DS1,A
          MOV     DS2,B
          MOV     A,SEC10            ;将 0.1s 和 0.01s 的数值分离,0.01
          MOV     B,#10              ;秒存放在 DS4 中,0.1s 存放在
          DIV     AB                 ;DS3 中
          MOV     DS3,A
          MOV     DS4,B
TIME0B:   RETI                       ;中断返回

TIME1:    MOV     TH1,#HIGH(65536—4000) ;给 T1 赋初值
          MOV     TL1,#LOW(65536—4000)
          INC     R7                 ;要显示的数码管编号加 1
          CJNE    R7,#4,TIME1A       ;如果显示的数码管的编号不是 4
                                     ;跳转到 TIME1A 处
          MOV     R7,#0              ;如果显示的数码管的编号是 4,则重新从编号 0 的开始
          MOV     P2,#0EH            ;输出编号是 0 的数码管的位码
          MOV     P1,DS1             ;将编号是 0 的数码管要显示的数
                                     ;值送至 7447 的输入端
          JMP     TIME1D             ;跳转至 TIME1D 处
TIME1A:   CJNE    R7,#1,TIME1B       ;如果显示的数码管的编号不是 1,
                                     ;跳转至 TIME1B
          MOV     P2,#0DH            ;输出编号是 1 的数码管的位码
          MOV     P1,DS2             ;将编号是 1 的数码管要显示的数
                                     ;值送至 7447 的输入端
          JMP     TIME1D             ;跳转至 TIME1D 处
TIME1B:   CJNE    R7,#2,TIME1C       ;如果显示的数码管的编号不是 2,
                                     ;跳转至 TIME1C 处
          MOV     P2,#0BH            ;输出编号是 2 的数码管的位码
          MOV     P1,DS3             ;将编号是 2 的数码管要显示的数
                                     ;值送至 7447 的输入端
          JMP     TIME1D             ;跳转至 TIME1D 处
TIME1C:   MOV     P2,#07H            ;输出编号是 3 的数码管的位码
          MOV     P1,DS4             ;将编号是 3 的数码管要显示的数
                                     ;值送至 7447 的输入端
```

```
TIME1D：   RETI                        ;中断返回

 DELAY：   MOV    R5,#20               ;延时约 10ms
DELAY1：   MOV    R4,#249
           DJNZ   R4, $
           DJNZ   R5,DELAY1
           RET
           END
```

秒表在 Proteus 中的仿真结果如图 10-6 所示。

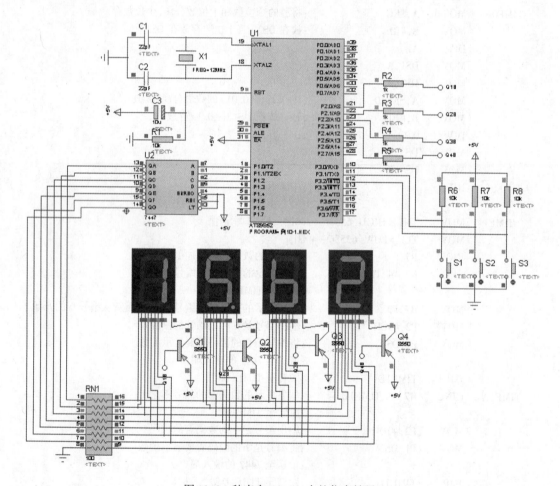

图 10-6　秒表在 Proteus 中的仿真结果

10.2　数字钟的设计

除了专用的时钟、计时显示牌外，许多应用系统常常需要实时时钟，如家用电器、工业过程控制、门禁系统及智能化仪器仪表等。本节介绍怎样用 8051 单片机的定时/计数器设计制作一个数字钟。

10.2.1 设计要求

利用 8051 单片机的定时/计数器设计制作一个数字钟，采用 24 小时制计时方式，可以对时、分、秒进行调整。

10.2.2 设计方案

数字钟计时的关键问题是秒的产生，因为秒是数字钟的最小计时单位，但使用 8051 单片机的定时器/计数器进行定时，即使按工作方式 1，其最大定时时间也只能达到 65.536ms（晶振为 12MHz），离 1s 还差很远。为此，可以把秒计时用硬件定时和软件计数相结合的方法实现，即：把定时器的定时时间定为 50ms，这样连续中断 20 次就可得到 1s，而 20 次计数可用软件方法实现。在设计电路时单片机系统采用 12MHz 的晶振，因此 T1 在方式 1 下，每 50ms 中断一次，连续中断 20 次即为 1s，中断次数用 R6 保存，用 SEC 记录秒，用 MIN 记录分，用 HOUR 记录时。

时间显示采用数码管，显示方式采用动态扫描。每个数码管显示 4ms，4ms 的计时采用定时/计数器 T0 的方式 1 来实现。R7 中保存的是要显示的数码管的编号，取值范围为 0 ~ 5，0 是最左边的数码管的编号，5 是最右边的数码管的编号。数码管要显示的内容保存在 DS1、DS2、DS3、DS4、DS5、DS6 中。DS1 中存放的是时的十位、DS2 中存放的是时的个位、DS3 中存放的是分的十位、DS4 中存放的是分的个位、DS5 中存放的是秒的十位、DS6 中存放的是秒的个位、存储空间的分配见表 10-2。

表 10-2　存储空间分配及其功能

名　称	地　址	功　能
DS1	30H	存放时的十位
DS2	31H	存放时的个位
DS3	32H	存放分的十位
DS4	33H	存放分的个位
DS5	34H	存放秒的十位
DS6	35H	存放秒的个位
SEC	36H	记录秒
MIN	37H	记录分
HOUR	38H	记录时

按键 S1 按下后，秒加 1；按键 S2 按下后，分加 1；按键 S3 按下后，时加 1。

10.2.3 硬件电路设计

数字钟的电路如图 10-7 所示，其采用 AT89S52 单片机作为主控制器，数码管显示用动态扫描方式实现，P1 口低四位输出显示数据，经 7447 译码后驱动数码管，P2 口低六位对数码管进行位选。为了提供数码管的驱动电流，用晶体管 8550 作电源驱动输出。按键 S1 通过 P3.0 口输入、按键 S2 通过 P3.1 口输入、按键 S3 通过 P3.2 口输入。

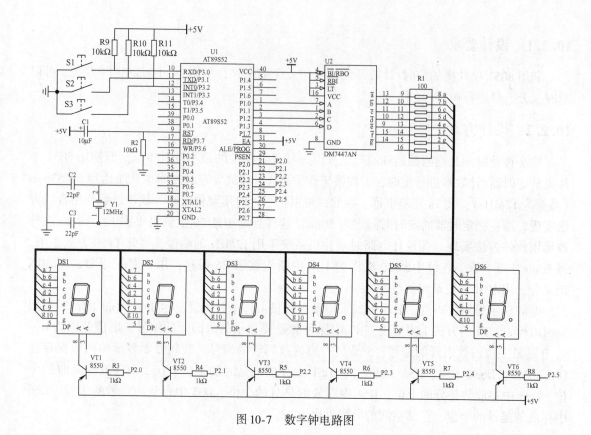

图 10-7　数字钟电路图

10.2.4　软件设计

1. 主程序

在主程序中首先对系统初始化，包括设置堆栈指针、将 T0 设置为工作方式 1、将 T1 设置为工作方式 1、给 T0 赋初值、给 T1 赋初值、设置要显示的数码管的编号为 0、设置 1s 需要连续中断 20 次、设置数码管上显示的时间为 12：00：00、设置 SEC 为 0、设置 MIN 为 0、设置 HOUR 为 12、开启 T0 中断、开启 T1 中断、设置 T1 为高优先级中断、设置 T0 为低优先级中断、启动 T0、启动 T1。

按键 S1 按下，将秒加 1，秒的取值范围是 0~59，并更新数码管显示的数值。

按键 S2 按下，将分加 1，分的取值范围是 0~59，并更新数码管显示的数值。

按键 S3 按下，将时加 1，时的取值范围是 0~23，并更新数码管显示的数值。

主程序流程图如图 10-8 所示。

2. T0 中断服务程序

T0 中断服务程序负责数码管的动态扫描，流程图如图 10-9 所示。数码管的位码由 P2 口低 6 位输出，要显示的数由 P1 口低 4 位输出。

3. T1 中断服务程序

T1 中断服务程序负责计时、连续中断 20 次，通过调用 TIME_ADD 子程序实现时间加 1s，通过调用 UPDATE 子程序实现更新数码管显示的数值，流程图如图 10-10 所示。

226

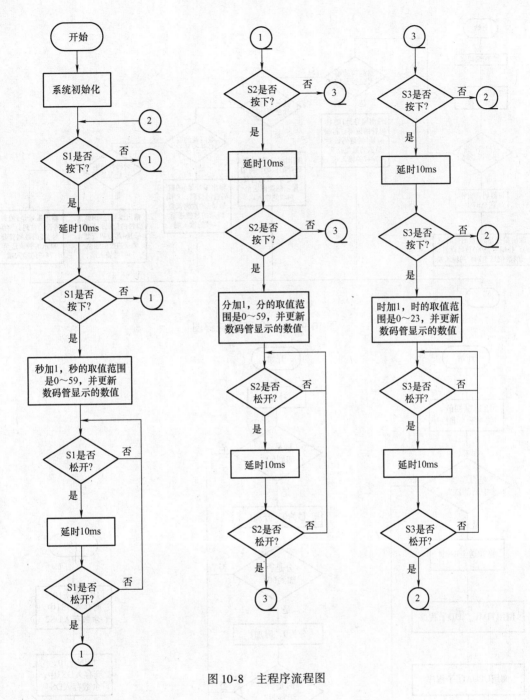

图 10-8 主程序流程图

4. TIME_ADD 子程序

TIME_ADD 子程序负责将时间加 1s，流程图如图 10-11 所示。

5. UPDATE 子程序

UPDATE 子程序负责将 HOUR 中数据的十位数和个位数分离并存放入 DS1 和 DS2 中，将 MIN 中数据的十位数和个位数分离并存放入 DS3 和 DS4 中，将 SEC 中数据的十位数和个位数分离并存放入 DS5 和 DS6 中，流程图如图 10-12 所示。

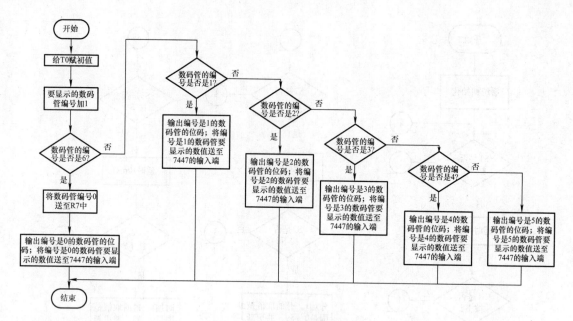

图 10-9　T0 中断服务流程图

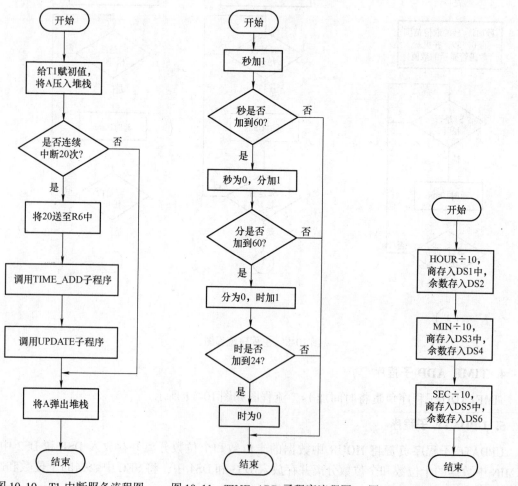

图 10-10　T1 中断服务流程图　　图 10-11　TIME_ADD 子程序流程图　　图 10-12　UPDATE 子程序流程图

6. 10ms 延时子程序

10ms 延时子程序延时约 10ms，用于消除按键的抖动。

参考程序：

```
                S1      BIT     P3.0
                S2      BIT     P3.1
                S3      BIT     P3.2
                DS1     EQU     30H
                DS2     EQU     31H
                DS3     EQU     32H
                DS4     EQU     33H
                DS5     EQU     34H
                DS6     EQU     35H
                SEC     EQU     36H
                MIN     EQU     37H
                HOUR    EQU     38H
                ORG     0000H
                JMP     MAIN
                ORG     000BH
                JMP     TIME0
                ORG     001BH
                JMP     TIME1
                ORG     0030H
    MAIN:       MOV     SP,#60H         ;设置堆栈指针
                MOV     DS1,#1          ;数码管显示 12：00：00
                MOV     DS2,#2
                MOV     DS3,#0
                MOV     DS4,#0
                MOV     DS5,#0
                MOV     DS6,#0
                MOV     SEC,#0          ;设置计时初值为 12：00：00
                MOV     MIN,#0
                MOV     HOUR,#12
                MOV     R7,#0           ;R7 中存放的是要显示的数码管编号
                MOV     R6,#20          ;连续中断 20 次为 1s
                MOV     TMOD,#11H       ;设置 T0、T1 为工作方式 1,定时模式
                MOV     TH0,#HIGH(65536—4000)  ;给 T0 赋初值
                MOV     TL0,#LOW(65536—4000)
                MOV     TH1,#HIGH(65536—50000) ;给 T1 赋初值
                MOV     TL1,#LOW(65536—50000)
                MOV     IP,#08H         ;设置 T1 高优先级、T0 低优先级
                SETB    ET0             ;开启 T0 中断
                SETB    ET1             ;开启 T1 中断
                SETB    EA
                SETB    TR0             ;启动 T0
                SETB    TR1             ;启动 T1
```

```
MAIN1：  JB      S1,MAIN2        ;S1 未按下,跳转至 MAIN2 处
         CALL    DELAY           ;延时 10ms,用于消除按键抖动
         JB      S1,MAIN2
         INC     SEC             ;秒加 1
         MOV     A,SEC           ;将 SEC 的值送至 A 中
         CJNE    A,#60,MAIN1A    ;秒不为 60 跳转至 MAIN1A 处
         MOV     SEC,#0          ;秒为 60,将秒设置为 0
MAIN1A： CALL    UPDATE          ;调用更新数码管显示数值子程序
MAIN1B： JNB     S1,$            ;S1 未松开,等待
         CALL    DELAY           ;延时 10ms,用于消除按键抖动
         JNB     S1,MAIN1B       ;S1 未松开,跳转至 MAIN1B 处
MAIN2：  JB      S2,MAIN3        ;S2 未按下,跳转至 MAIN3 处
         CALL    DELAY           ;延时 10ms,用于消除按键抖动
         JB      S2,MAIN3
         INC     MIN             ;分加 1
         MOV     A,MIN           ;将 MIN 的值送至 A 中
         CJNE    A,#60,MAIN2A    ;分不为 60 跳转至 MAIN2A 处
         MOV     MIN,#0          ;分为 60,将分设置为 0
MAIN2A： CALL    UPDATE
MAIN2B： JNB     S2,$            ;S2 未松开,等待
         CALL    DELAY           ;延时 10ms,用于消除按键抖动
         JNB     S2,MAIN2B       ;S2 未松开,跳转至 MAIN2B 处
MAIN3：  JB      S3,MAIN1        ;S3 未按下,跳转至 MAIN1 处
         CALL    DELAY           ;延时 10ms,用于消除按键抖动
         JB      S3,MAIN1
         INC     HOUR            ;时加 1
         MOV     A,HOUR          ;将 HOUR 的值送至 A 中
         CJNE    A,#24,MAIN3A    ;时不为 24 跳转至 MAIN3A 处
         MOV     HOUR,#0         ;时为 24,将时设置为 0
MAIN3A： CALL    UPDATE
MAIN3B： JNB     S3,$            ;S3 未松开,等待
         CALL    DELAY           ;延时 10ms,用于消除按键抖动
         JNB     S3,MAIN3B       ;S3 未松开,跳转至 MAIN3B 处
         JMP     MAIN1           ;跳转至 MAIN1 处

TIME0：  MOV     TH0,#HIGH(65536—4000) ;给 T0 赋初值
         MOV     TL0,#LOW(65536—4000)
         INC     R7              ;要显示的数码管编号加 1
         CJNE    R7,#6,TIME0A    ;如果显示的数码管的编号不是 6 跳转至 TIME0A 处
         MOV     R7,#0 ;如果显示的数码管的编号是 6,则重新从编号 0 的开始
         MOV     P2,#3EH         ;输出编号是 0 的数码管的位码
         MOV     P1,DS1          ;将编号是 0 的数码管要显示的数值送至 7447 的输入端
         JMP     TIME0F          ;跳转至 TIME0F 处
TIME0A： CJNE    R7,#1,TIME0B    ;如果显示的数码管的编号不是 1,跳转至 TIME0B
         MOV     P2,#3DH         ;输出编号是 1 的数码管的位码
         MOV     P1,DS2          ;将编号是 1 的数码管要显示的数值送至 7447 的输入端
         JMP     TIME0F          ;跳转至 TIME0F 处
```

```
TIME0B:   CJNE    R7,#2,TIME0C            ;如果显示的数码管的编号不是 2,跳转至 TIME0C
          MOV     P2,#3BH
          MOV     P1,DS3
          JMP     TIME0F
TIME0C:   CJNE    R7,#3,TIME0D            ;如果显示的数码管的编号不是 3,跳转至 TIME0D
          MOV     P2,#37H
          MOV     P1,DS4
          JMP     TIME0F
TIME0D:   CJNE    R7,#4,TIME0E            ;如果显示的数码管的编号不是 4,跳转至 TIME0E
          MOV     P2,#2FH
          MOV     P1,DS5
          JMP     TIME0F
TIME0E:   MOV     P2,#1FH                 ;输出编号是 5 的数码管的位码
          MOV     P1,DS6                  ;将编号是 5 的数码管要显示的数值送至 7447 的输入端
TIME0F:   RETI                            ;中断返回

TIME1:    MOV     TH1,#HIGH(65536—50000) ;给 T1 赋初值
          MOV     TL1,#LOW(65536—50000)
          PUSH    A                       ;将 A 压入堆栈
          DJNZ    R6,TIME1A               ;没有连续中断 20 次,跳转至 TIME1A 处
          MOV     R6,#20                  ;连续中断 20 次为 1s
          CALL    TIME_ADD                ;调用时间加 1s 子程序
          CALL    UPDATE                  ;调用更新数码管显示数值子程序
TIME1A:   POP     A                       ;将 A 弹出堆栈
          RETI                            ;中断返回

TIME_ADD: INC     SEC                     ;时间加 1s
          MOV     A,SEC
          CJNE    A,#60,TIME_ADD0
          MOV     SEC,#0
          INC     MIN
          MOV     A,MIN
          CJNE    A,#60,TIME_ADD0
          MOV     MIN,#0
          INC     HOUR
          MOV     A,HOUR
          CJNE    A,#24,TIME_ADD0
          MOV     HOUR,#0
TIME_ADD0: RET

UPDATE:   MOV     A,HOUR                  ;更新数码管显示数值
          MOV     B,#10
          DIV     AB
          MOV     DS1,A
          MOV     DS2,B
          MOV     A,MIN
          MOV     B,#10
```

```
          DIV       AB
          MOV       DS3,A
          MOV       DS4,B
          MOV       A,SEC
          MOV       B,#10
          DIV       AB
          MOV       DS5,A
          MOV       DS6,B
          RET

DELAY:    MOV       R5,#20              ;延时约10ms
DELAY1:   MOV       R4,#249
          DJNZ      R4,$
          DJNZ      R5,DELAY1
          RET
          END
```

数字钟在 Proteus 中的仿真结果如图 10-13 所示。

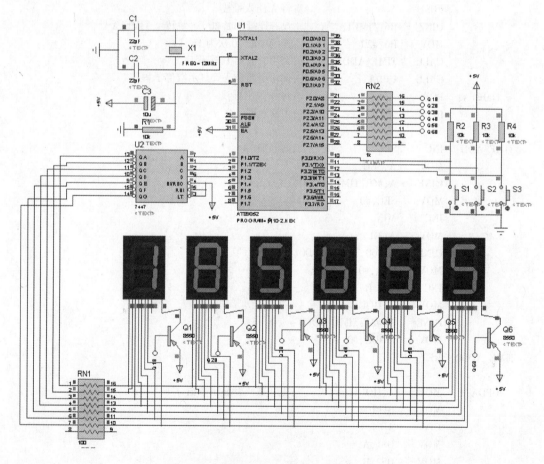

图 10-13   数字钟在 Proteus 中的仿真结果

10.3 实训 11 制作数字钟

1. 实训目的

1）掌握独立式按键的接口电路。

2）熟悉用定时/计数器设计数字钟的思路。

3）掌握定时/计数器及中断相关程序的调试方法。

4）熟悉独立式按键的程序设计及按键开关软件去抖动的方法。

2. 实训仪器及工具

万用表、稳压电源、电烙铁、计算机、WAVE6000 软件、下载线

3. 实训耗材

焊锡、万用板、排线、相关电子元器件

4. 实训内容

1）根据图 10-7 制作电路板。

2）根据要求编写、调试控制程序，并观察实际效果。

3）重新设计软件，使之增加闹铃功能。

第11章　温度湿度测量仪的设计

温度和湿度是两个基本的环境参数。在日常生产、生活中，要时刻关心环境的变化，只有把握好环境的差异变化，才能更好地生存与发展。例如在农业生产中，植物成长和温湿度是离不开的，它们只有在适宜的环境下，在适宜的温度和湿度下，才能成长得更快，我们才能获取更大的效益。准确测量温湿度在生物药学、食品加工、造纸业等行业更是至关重要。机房、档案馆、材料加工场等场所，都必须严格控制环境的温度和相对湿度，使其保持在一定的范围。总之，无论在日常生活中还是在工业、农业方面都离不开对周围环境温湿度的测量。本章用 DHT11 数字湿温度传感器设计一个温度湿度测量仪。

11.1　DHT11

11.1.1　DHT11 概述

DHT11 是广州奥松有限公司生产的一款湿温度一体化的数字传感器。该传感器包括一个电阻式测湿元件和一个 NTC 测温元件，并与一个高性能 8 位单片机相连。通过单片机等微处理器简单的电路连接就能够实时采集本地湿度和温度。DHT11 与单片机之间能采用简单的单总线进行通信，仅需要一个 I/O 口。40bit 传感器内部湿度和温度数据一次性传给单片机，数据采用校验和方式进行校验，有效保证数据传输的准确性。DHT11 功耗很低，5V 电源电压下，工作平均最大电流 0.5mA。

性能指标和特性如下：

1）工作电压范围：3.3～5.5V。

2）工作电流：平均 0.5mA。

3）湿度测量范围：20～95% RH。

4）温度测量范围：0～50℃。

5）湿度分辨率：±5% RH 8 位。

6）温度分辨率：±2℃ 8 位。

7）采样周期：1s。

8）单总线结构。

9）与 TTL 兼容（5V）。

DHT11 数字湿温度传感器连接方法极为简单。第 1 脚接电源正极，第 4 脚接电源地端。数据端为第 2 脚。可直接接主机（单片机）的 I/O 口。为提高稳定性，建议在数据端和电源正极之间接一只 4.7kΩ 的上拉电阻。第 3 脚为空脚，此引脚悬空不用。图 11-1 为 DHT11 实物，图 11-2 为 DHT11 引脚图，VCC：电源正极，GND：电源负极，Dout：输出，NC：空脚。

图 11-1　DHT11 实物

VCC　Dout　NC　GND

图 11-2　DHT11 引脚图

11.1.2　DHT11 数据结构

DHT11 数字湿温度传感器采用单总线数据格式。即单个数据引脚端口完成输入输出双向传输。其数据包大小有 5B（40bit）。数据分小数部分和整数部分，具体格式在下面说明。

一次完整的数据传输为 40bit，高位先出。

数据格式：8bit 湿度整数数据 + 8bit 湿度小数数据
　　　　　　+ 8bit 温度整数数据 + 8bit 温度小数数据 + 8bit 校验和

校验和数据为前四个字节相加。当前小数部分用于以后扩展，现读出为零。

传感器数据输出的是未编码的二进制数据。数据（湿度、温度、整数、小数）之间应该分开处理。例如，某次从传感器中读取如下 5B 数据：

byte4	byte3	byte2	byte1	byte0
00101101	00000000	00011100	00000000	01001001
整数	小数	整数	小数	校验和
湿度		温度		校验和

由以上数据就可得到湿度和温度的值，计算方法：

humi（湿度）= byte4. byte3 = 45.0（% RH）

temp（温度）= byte2. byte1 = 28.0（℃）

jiaoyan（校验）= byte4 + byte3 + byte2 + byte1 = 73（ = humi + temp）（校验正确）

注意：DHT11 一次通信时间最大 3ms，主机连续采样间隔建议不小于 100ms。

11.1.3　DHT11 的传输时序

用户 MCU 发送一次开始信号后，DHT11 从低功耗模式转换到高速模式，等待主机开始信号结束后，DHT11 发送响应信号，送出 40bit 的数据，并触发一次信号采集，用户可选择读取部分数据。从机模式下，DHT11 接收到开始信号触发一次温湿度采集，如果没有接收到主机发送开始信号，DHT11 不会主动进行温湿度采集。采集数据后转换到低速模式。DHT11 通信过程如图 11-3 所示。

总线空闲状态为高电平，主机把总线拉低等待 DHT11 响应，主机把总线拉低必须大于

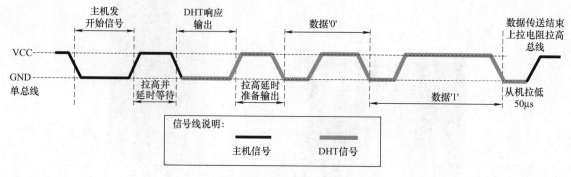

图 11-3　DHT11 通信过程

18ms，保证 DHT11 能检测到开始信号。DHT11 接收到主机的开始信号后，等待主机开始信号结束，然后发送 80μs 低电平响应信号。主机发送开始信号结束后，延时等待 20～40μs后，读取 DHT11 的响应信号，主机发送开始信号后，可以切换到输入模式，或者输出高电平均可，总线由上拉电阻拉高，如图 11-4 所示。

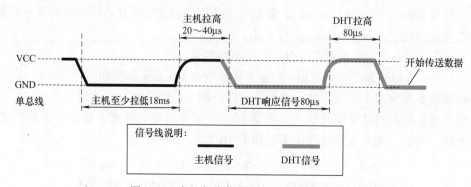

图 11-4　主机复位信号和 DHT11 响应信号

　　总线为低电平，说明 DHT11 发送响应信号，DHT11 发送响应信号后，再把总线拉高 80μs，准备发送数据，每一 bit 数据都以 50μs 低电平时隙开始，高电平的长短决定了数据位是 0 还是 1。格式见图 11-5 和图 11-6。如果读取响应信号为高电平，则 DHT11 没有响应，请检查线路是否连接正常。当最后一 bit 数据传送完毕，DHT11 拉低总线 50μs，随后总线由上拉电阻拉高进入空闲状态。

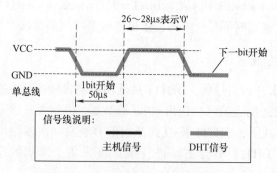

图 11-5　DHT11 数字 0 信号表示方法

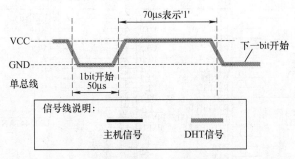

图 11-6   DHT11 数字 1 信号表示方法

11.2   设计要求

用 DHT11 设计制作一个温度湿度测量仪，每隔 1s 监测所处环境的温度和湿度，并通过数码管显示。

11.3   设计方案

用 8051 单片机作为主控制器，用 DHT11 负责湿度、温度的测量，显示采用数码管，显示方式采用动态扫描。每个数码管显示 4ms，4ms 的计时采用定时/计数器 T1 的方式 1 来实现。R7 中保存的是要显示的数码管的编号，取值范围为 0 ~ 3，0 是最左边的数码管的编号，3 是最右边的数码管的编号。数码管要显示的内容保存在 DS1、DS2、DS3、DS4 中。DS1 中存放的是温度的十位，DS2 中存放的是温度的个位，DS3 中存放的是湿度的十位，DS4 中存放的是湿度的个位。用 HUMI 记录湿度，用 TEMP 记录温度，存储空间的分配见表 11-1。

表 11-1   存储空间分配及其功能

名 称	地 址	功 能
DS1	30H	存放温度的十位
DS2	31H	存放温度的个位
DS3	32H	存放湿度的十位
DS4	33H	存放湿度的个位
HUMI	34H	记录湿度
TEMP	36H	记录温度

11.4   硬件电路设计

温度湿度测量仪的电路如图 11-7 所示，其采用 AT89S52 单片机作为主控制器，数码管显示用动态扫描方式实现，P1 口低四位输出显示数据，经 7447 译码后驱动数码管，P2 口低四位对数码管进行位选。为了提供数码管的驱动电流，用晶体管 8550 作电源驱动输出。用 P1. 4 口和 DHT11 进行通信。

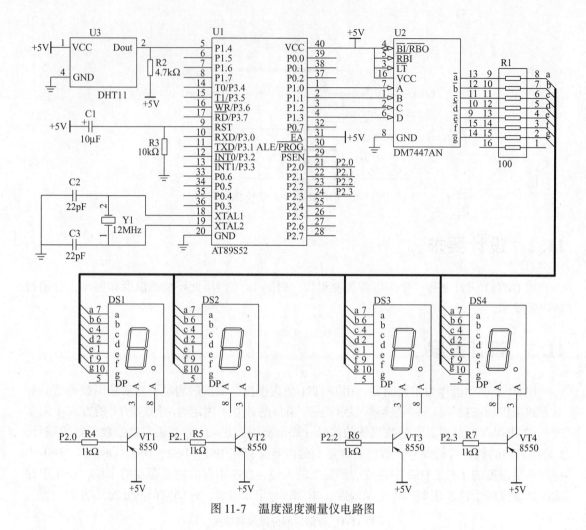

图 11-7　温度湿度测量仪电路图

11.5　软件设计

1. 主程序

在主程序中首先对系统初始化，包括设置堆栈指针、将 T1 设置为工作方式 1、给 T1 赋初值、设置要显示的数码管的编号为 0、设置数码管上显示的温度为 00、设置数码管上显示的湿度为 00、设置 HUMI 为 0、设置 TEMP 为 0、开启 T1 中断、启动 T1。

通过调用 READ_DHT11 子程序读取当前温度和湿度，然后调用 UPDATE 子程序更新数码管显示数值，延时约 1s，然后重新开始读取当前温度和湿度，周而复始。

主程序流程图如图 11-8 所示。

2. T1 中断服务程序

T1 中断服务程序负责数码管的动态扫描，流程图如图 11-9 所示。数码管的位码由 P2 口低 4 位输出，要显示的数由 P1 口低 4 位输出。

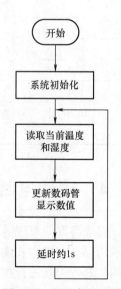

图 11-8　主程序流程图

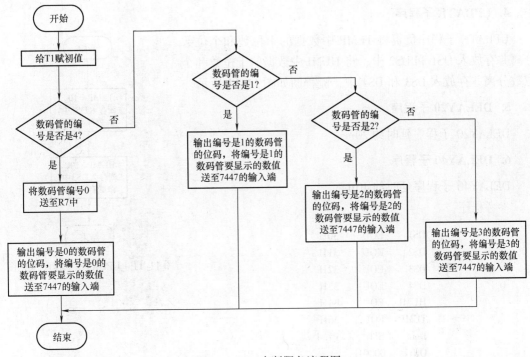

图 11-9　T1 中断服务流程图

3. READ_DHT11 子程序

READ_DHT11 子程序负责读取当前温度和湿度，需要连续读取 5B 的数据，在存储数据时，采用间接寻址方式，流程图如图 11-10 所示。

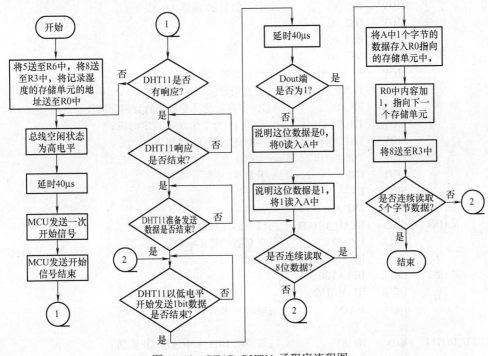

图 11-10　READ_DHT11 子程序流程图

4. UPDATE 子程序

UPDATE 子程序负责将 TEMP 中数据的十位数和个位数分离并存放入 DS1 和 DS2 中、将 HUMI 中数据的十位数和个位数分离并存放入 DS3 和 DS4 中，流程图如图 11-11 所示。

5. DELAY20 子程序

DELAY20 子程序延时约 20ms。

6. DELAY40 子程序

DELAY40 子程序延时约 40μs。

参考程序：

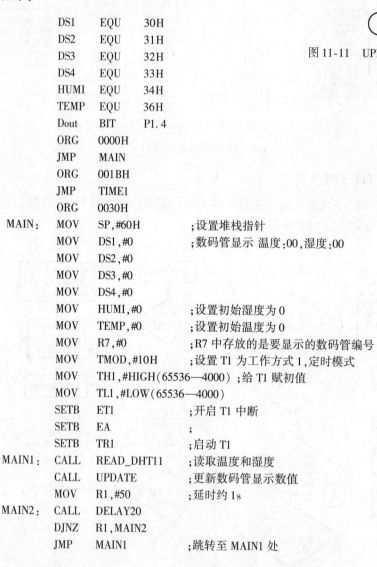

图 11-11　UPDATE 子程序流程图

```
            DS1     EQU     30H
            DS2     EQU     31H
            DS3     EQU     32H
            DS4     EQU     33H
            HUMI    EQU     34H
            TEMP    EQU     36H
            Dout    BIT     P1.4
            ORG     0000H
            JMP     MAIN
            ORG     001BH
            JMP     TIME1
            ORG     0030H
MAIN:       MOV     SP,#60H             ;设置堆栈指针
            MOV     DS1,#0              ;数码管显示 温度:00,湿度:00
            MOV     DS2,#0
            MOV     DS3,#0
            MOV     DS4,#0
            MOV     HUMI,#0             ;设置初始湿度为 0
            MOV     TEMP,#0             ;设置初始温度为 0
            MOV     R7,#0               ;R7 中存放的是要显示的数码管编号
            MOV     TMOD,#10H           ;设置 T1 为工作方式 1,定时模式
            MOV     TH1,#HIGH(65536—4000)  ;给 T1 赋初值
            MOV     TL1,#LOW(65536—4000)
            SETB    ET1                 ;开启 T1 中断
            SETB    EA                  ;
            SETB    TR1                 ;启动 T1
MAIN1:      CALL    READ_DHT11          ;读取温度和湿度
            CALL    UPDATE              ;更新数码管显示数值
            MOV     R1,#50              ;延时约 1s
MAIN2:      CALL    DELAY20
            DJNZ    R1,MAIN2
            JMP     MAIN1               ;跳转至 MAIN1 处

READ_DHT11: MOV     R6,#5               ;需要从 DHT11 中读取 5B 数据
            MOV     R3,#8               ;每个字节数据 8 个二进制位
```

240

```
        MOV     R0,#HUMI              ;将记录湿度的存储单元的地址送至 R0 中
READ1：SETB    Dout                  ;总线空闲状态为高电平
        CALL    DELAY40              ;延时 40μs
        CLR     Dout                  ;MCU 发送一次开始信号
        CALL    DELAY20              ;延时 20ms
        SETB    Dout                  ;MCU 发送开始信号结束
        CALL    DELAY40              ;延时 40μs
        JB      Dout,READ1           ;DHT11 无响应,跳转至 READ1
        JNB     Dout,$               ;DHT11 发出响应信号
        JB      Dout,$               ;DHT11 准备发送数据
READ2：JNB     Dout,$               ;DHT11 以低电平开始发送 1bit 数据
        CALL    DELAY40              ;延时 40μs
        JB      Dout,READ3           ;Dout 为 1,说明这位数据为 1,跳转至 READ3
        CLR     C                    ;Dout 为 0,说明这位数据为 0
        RLC     A                    ;将这位数据 0 读入 A 中
        JMP     READ4
READ3：SETB    C                    ;将这位数据 1 读入 A 中
        RLC     A
        JB      Dout,$
READ4：DJNZ    R3,READ2             ;没有连续读取 8 位数据,跳转至 READ2
        MOV     @R0,A                ;将 A 中 1 个字节的数据存入 R0 指向的存储单元中
        INC     R0                   ;指向下一个存储单元
        MOV     R3,#8                ;每个字节数据 8 个二进制位
        DJNZ    R6,READ2             ;没有连续读取 5B 数据,跳转至 READ2
        RET


UPDATE：MOV    A,TEMP               ;更新数码管显示数值
        MOV     B,#10
        DIV     AB
        MOV     DS1,A
        MOV     DS2,B
        MOV     A,HUMI
        MOV     B,#10
        DIV     AB
        MOV     DS3,A
        MOV     DS4,B
        RET


TIME1：MOV     TH1,#HIGH(65536—4000)  ;给 T1 赋初值
        MOV     TL1,#LOW(65536—4000)
        INC     R7                   ;要显示的数码管编号加 1
        CJNE    R7,#4,TIME1A         ;如果显示的数码管的编号不是 4
                                     ;跳转到 TIME1A 处
        MOV     R7,#0                ;如果显示的数码管的编号是 4,则重新从编号是 0 的数码管开始
        MOV     P2,#0EH              ;输出编号是 0 的数码管的位码
        MOV     P1,DS1               ;将编号是 0 的数码管要显示的数
                                     ;值送至 7447 的输入端
        JMP     TIME1D               ;跳转至 TIME1D 处
```

```
TIME1A：  CJNE    R7,#1,TIME1B        ;如果显示的数码管的编号不是1,跳转至 TIME1B
          MOV     P2,#0DH             ;输出编号是1的数码管的位码
          MOV     P1,DS2              ;将编号是1的数码管要显示的
                                      ;数值送至7447的输入端
          JMP     TIME1D              ;跳转至 TIME1D 处
TIME1B：  CJNE    R7,#2,TIME1C        ;如果显示的数码管的编号不是2,跳转至 TIME1C 处
          MOV     P2,#0BH             ;输出编号是2的数码管的位码
          MOV     P1,DS3              ;将编号是2的数码管要显示的
                                      ;数值送至7447的输入端
          JMP     TIME1D              ;跳转至 TIME1D 处
TIME1C：  MOV     P2,#07H             ;输出编号是3的数码管的位码
          MOV     P1,DS4              ;将编号是3的数码管要显示的
                                      ;数值送至7447的输入端
TIME1D：  RETI                        ;中断返回

DELAY20： MOV     R5,#40              ;延时约20ms
DELAY1：  MOV     R4,#249
          DJNZ    R4,$
          DJNZ    R5,DELAY1
          RET

DELAY40： MOV     R5,#19              ;延时约40μs
          DJNZ    R5,$
          RET
          END
```

由于 Proteus 中没有 DHT11 的模型，因此制作实物进行验证。实物效果如图 11-12 所示，左边两个数码管显示的是温度，右边两个数码管显示的是湿度。

图 11-12　温度湿度测量仪实物图

11.6　实训 12　制作温度湿度测量仪

1. 实训目的

1）掌握数码管动态扫描编程方法。

2）熟悉用单片机和 DHT11 进行通信方法。

2. 实训仪器及工具

万用表、稳压电源、电烙铁、计算机、WAVE6000 软件、下载线

3. 实训耗材

焊锡、万用板、排线、相关电子元器件

4. 实训内容

1）根据图 11-7 制作电路板。

2）根据要求编写、调试控制程序，并观察实际效果。

3）重新设计硬件电路及软件，使之增加手动设定温度、湿度报警阈值功能，当温度、湿度超出阈值能自动进行声光报警。

附录 8051 单片机汇编指令表

类型	助记符	功能	对标志位影响				机器代码	字节数	周期数
			Cy	AC	OV	P			
片内RAM传送指令	MOV A, Rn	Rn→A	×	×	×	√	E8 ~ EF	1	1
	MOV A, direct	(direct)→A	×	×	×	√	E5 dir	2	1
	MOV A, @Ri	(Ri)→A	×	×	×	√	E6/E7	1	1
	MOV A, #data	data→A	×	×	×	√	74 dat	2	1
	MOV Rn, A	A→Rn	×	×	×	×	F8 ~ FF	1	1
	MOV Rn, direct	(direct)→Rn	×	×	×	×	A8 ~ AF dir	2	2
	MOV Rn, #data	data→Rn	×	×	×	×	78 ~ 7F dat	2	1
	MOV direct, A	A→(direct)	×	×	×	×	F5 dir	2	1
	MOV direct, Rn	Rn→(direct)	×	×	×	×	88 ~ 8F dir	2	2
	MOV direct1, direct2	(direct2)→(direct1)	×	×	×	×	85 dir2 dir1	3	2
	MOV direct, @Ri	(Ri)→(direct)	×	×	×	×	86/87 dir	2	2
	MOV direct, #data	data→(direct)	×	×	×	×	75 dir dat	3	2
	MOV @Ri, A	A→(Ri)	×	×	×	×	F6/F7	1	1
	MOV @Ri, direct	(direct)→(Ri)	×	×	×	×	A6/A7 dir	2	2
	MOV @Ri, #data	data→(Ri)	×	×	×	×	76/77 dat	2	1
	MOV DPTR, #data16	data16→DPTR	×	×	×	×	90 datH datL	3	2
片外RAM传送指令	MOVX A, @Ri	外RAM (Ri)→A	×	×	×	√	E2/E3	1	2
	MOVX A, @DPTR	外RAM (DPTR)→A	×	×	×	√	E0	1	2
	MOVC @Ri, A	A→外RAM (Ri)	×	×	×	×	F2/F3	1	2
	MOVC @DPTR, A	A→外RAM (DPTR)	×	×	×	×	F0	1	2
读ROM指令	MOVC A, @A + PC	PC + 1→PC, ROM (A + PC)→A	×	×	×	√	83	1	2
	MOVC A, @A + DPTR	ROM (A + DPTR)→A	×	×	×	√	93	1	2
交换指令	XCH A, Rn	A⟷Rn	×	×	×	√	C8 ~ CF	1	1
	XCH A, @Ri	A⟷(Ri)	×	×	×	√	C6/C7	1	1
	XCH A, direct	A⟷(direct)	×	×	×	√	C5 dir	2	1
	XCHD A, @Ri	$A_{3 \sim 0}$⟷$(Ri)_{3 \sim 0}$	×	×	×	√	D6/D7	1	1
	SWAP A	$A_{3 \sim 0}$⟷$A_{7 \sim 4}$	×	×	×	×	C4	1	1
堆栈指令	PUSH direct	SP + 1→SP, (direct)→(SP)	×	×	×	×	C0 dir	2	2
	POP direct	(SP)→(direct), SP − 1→SP	×	×	×	×	D0 dir	2	2

类型	助记符	功能	Cy	AC	OV	P	机器代码	字节数	周期数
加法	ADD A, Rn	A + Rn→A	√	√	√	√	28 ~ 2F	1	1
	ADD A, @Ri	A + (Ri)→A	√	√	√	√	26/27	1	1
	ADD A, direct	A + (direct)→A	√	√	√	√	25 dir	2	1
	ADD A, #data	A + data→A	√	√	√	√	24 dat	2	1
	ADDC A, Rn	A + Rn + Cy→A	√	√	√	√	38 ~ 3F	1	1
	ADDC A, @Ri	A + (Ri) + Cy→A	√	√	√	√	36/37	1	1
	ADDC A, direct	A + (direct) + Cy→A	√	√	√	√	35 dir	2	1
	ADDC A, #data	A + data + Cy→A	√	√	√	√	34 dat	2	1
减法	SUBB A, Rn	A − Rn − Cy→A	√	√	√	√	98 ~ 9F	1	1
	SUBB A, @Ri	A − (Ri) − Cy→A	√	√	√	√	96/97	1	1
	SUBB A, direct	A − (direct) − Cy→A	√	√	√	√	95 dir	2	1
	SUBB A, #data	A − data − Cy→A	√	√	√	√	94 dat	2	1
加1	INC A	A + 1→A	×	×	×	√	04	1	1
	INC Rn	Rn + 1→Rn	×	×	×	×	08 ~ 0F	1	1
	INC @Ri	(Ri) + 1→(Ri)	×	×	×	×	06/07	1	1
	INC direct	(direct) + 1→(direct)	×	×	×	×	05 dir	2	1
	INC DPTR	DPTR + 1→DPTR	×	×	×	×	A3	1	2
减1	DEC A	A − 1→A	×	×	×	√	14	1	1
	DEC Rn	Rn − 1→Rn	×	×	×	×	18 ~ 1F	1	1
	DEC @Ri	(Ri) − 1→(Ri)	×	×	×	×	16/17	1	1
	DEC direct	(direct) − 1→(direct)	×	×	×	×	15 dir	2	1
乘法	MUL AB	A × B→BA	0	×	√	√	A4	1	4
除法	DIV AB	A ÷ B，商→A，余数→B	0	×	√	√	84	1	4
BCD调整	DA A	十进制调整	√	√	×	√	D4	1	1
与	ANL A, Rn	A∧Rn→A	×	×	×	√	58 ~ 5F	1	1
	ANL A, @Ri	A∧(Ri)→A	×	×	×	√	56/57	1	1
	ANL A, direct	A∧(direct)→A	×	×	×	√	55 dir	2	1
	ANL A, #data	A∧data→A	×	×	×	√	54 dat	2	1
	ANL direct, A	(direct)∧A→(direct)	×	×	×	×	52 dir	2	1
	ANL direct, #data	(direct)∧data→(direct)	×	×	×	×	53 dir dat	3	2
或	ORL A, Rn	A∨Rn→A	×	×	×	√	48 ~ 4F	1	1
	ORL A, @Ri	A∨(Ri)→A	×	×	×	√	46/47	1	1
	ORL A, direct	A∨(direct)→A	×	×	×	√	45 dir	2	1
	ORL A, #data	A∨data→A	×	×	×	√	44 dat	2	1
	ORL direct, A	(direct)∨A→(direct)	×	×	×	×	42 dir	2	1
	ORL direct, #data	(direct)∨data→(direct)	×	×	×	×	43 dir dat	3	2

类型	助记符	功能	对标志位影响				机器代码	字节数	周期数
			Cy	AC	OV	P			
异或	XRL A, Rn	A⊕Rn→A	×	×	×	√	68~6F	1	1
	XRL A, @Ri	A⊕(Ri)→A	×	×	×	√	66/67	1	1
	XRL A, direct	A⊕(direct)→A	×	×	×	√	65 dir	2	1
	XRL A, #data	A⊕data→A	×	×	×	√	64 dat	2	1
	XRL direct, A	(direct)⊕A→(direct)	×	×	×	×	62 dir	2	1
	XRL direct, #data	(direct)⊕data→(direct)	×	×	×	×	63 dir dat	3	2
循环移位	RL A	⌐A7←⋯←A0↩	×	×	×	×	23	1	1
	RLC A	⌐Cy←A7←⋯←A0↩	√	×	×	√	33	1	1
	RR A	↩A7→⋯→A0⌐	×	×	×	×	03	1	1
	RRC A	↩Cy←A7→⋯→A0⌐	√	×	×	√	13	1	1
求反	CPL A	A←$\overline{A}$	×	×	×	×	F4	1	1
清0	CLR A	A←0	×	×	×	√	E4	1	1
位传送	MOV C, bit	(bit)→C	√	×	×	×	A2 bit	2	1
	MOV bit, C	C→(bit)	×	×	×	×	92 bit	2	1
位修正	CLR C	0→C	√	×	×	×	C3	1	1
	CLR bit	0→(bit)	×	×	×	×	C2 bit	2	1
	CPL C	$\overline{C}$→C	√	×	×	×	B3	1	1
	CPL bit	($\overline{bit}$)→(bit)	×	×	×	×	B2 bit	2	1
	SETB C	1→C	√	×	×	×	D3	1	1
	SETB bit	1→(bit)	×	×	×	×	D2 bit	2	1
位逻辑运算	ANL C, bit	C∧(bit)→C	√	×	×	×	82 bit	2	2
	ANL C, /bit	C∧($\overline{bit}$)→C	√	×	×	×	B0 bit	2	2
	ORL C, bit	C∨(bit)→C	√	×	×	×	72 bit	2	2
	ORL C, /bit	C∨($\overline{bit}$)→C	√	×	×	×	A2 bit	2	2
无条件转移	LJMP addr16	addr16→PC	×	×	×	×	02 adr$_H$ adr$_L$	3	2
	AJMP addr11	PC+2→PC, addr11→PC	×	×	×	×	*1 adr$_L$	2	2
	SJMP rel	PC+2+rel→PC	×	×	×	×	80 rel	2	2
	JMP @A+DPTR	A+DPTR→PC	×	×	×	×	73	1	2
	LCALL addr16	PC+3→PC, 断点入栈, addr16→PC	×	×	×	×	12 adr$_H$ adr$_L$	3	2
	ACALL addr11	PC+2→PC, 断点入栈, addr11→PC	×	×	×	×	※1 adr$_L$	2	2
	RET	子程序返回	×	×	×	×	22	1	2
	RETI	中断返回	×	×	×	×	32	1	2

类型	助记符	功 能	对标志位影响				机器代码	字节数	周期数
			Cy	AC	OV	P			
	JZ rel	$A=0$，则 $PC+2+rel \to PC$	×	×	×	×	60 rel	2	2
	JNZ rel	$A \neq 0$，则 $PC+2+rel \to PC$	×	×	×	×	70 rel	2	2
	JC rel	$Cy=1$，则 $PC+2+rel \to PC$	×	×	×	×	40 rel	2	2
	JNC rel	$Cy=0$，则 $PC+2+rel \to PC$	×	×	×	×	50 rel	2	2
	JB bit, rel	（bit）$=1$， 则 $PC+2+rel \to PC$	×	×	×	×	20 bit rel	3	2
	JNB bit, rel	（bit）$=0$， 则 $PC+2+rel \to PC$	×	×	×	×	30 bit rel	3	2
	JBC bit, rel	（bit）$=1$， 则 $PC+2+rel \to PC$，$0 \to$（bit）	√	×	×	×	10 bit rel	3	2
条件转移	CJNE A, #data, rel	$A \neq data$，则 $PC+3+rel \to PC$	√	×	×	×	B4 bit rel	3	2
	CJNE A, direct, rel	$A \neq$（direct）， 则 $PC+3+rel \to PC$	√	×	×	×	B5 bit rel	3	2
	CJNE Rn, #data, rel	$Rn \neq data$， 则 $PC+3+rel \to PC$	√	×	×	×	B8~BF bit rel	3	2
	CJNE @Ri, #data, rel	（Ri）$\neq data$， 则 $PC+3+rel \to PC$	√	×	×	×	B6/B7 bit rel	3	2
	DJNZ Rn, rel	$Rn-1 \to Rn$，若 $Rn \neq 0$， 则 $PC+2+rel \to PC$	×	×	×	×	D8~DF rel	2	2
	DJNZ direct, rel	（direct）$-1 \to$（direct）， 若（direct）$\neq 0$， 则 $PC+2+rel \to PC$	×	×	×	×	D5 dir rel	3	2
空操作	NOP	$PC+1 \to PC$	×	×	×	×	00	1	1

注：*1——*表示 0、2、4…C、E；

※1——※表示 1、3、5…D、F。

参 考 文 献

[1] 张志良. 单片机原理与控制技术 [M]. 2版. 北京：机械工业出版社，2009.

[2] 姚国林. 单片机原理与应用技术 [M]. 北京：清华大学出版社，2009.

[3] 李明，毕万新. 单片机原理与接口技术 [M]. 3版. 大连：大连理工大学出版社，2009.

[4] 蒋辉平，周国雄. 基于Proteus的单片机系统设计与仿真实例 [M]. 北京：机械工业出版社，2015.

[5] 张瑞玲，杨丽. 单片机原理与应用 [M]. 西安：西北工业大学出版社，2012.

[6] 林毓梁. 单片机原理与应用 [M]. 北京：机械工业出版社，2009.

[7] 李广弟，朱月秀，王秀山. 单片机基础 [M]. 2版. 北京：北京航空航天大学出版社，2001.

[8] 彭刚，秦志强. 基于ARM Cortex - M3 的STM32系列嵌入式微控制器应用实践 [M]. 北京：电子工业出版社，2011.

[9] 彭建盛，谭立新，秦志强. AVR单片机与小型机器人制作 [M]. 2版. 北京：电子工业出版社，2015.